Josef H. Reichholf

# Der Ursprung
## der Schönheit

Josef H. Reichholf

# Der Ursprung
## der Schönheit

Darwins größtes Dilemma

Verlag C.H.Beck

Mit 23 Abbildungen, davon 22 in Farbe

© Verlag C.H.Beck oHG, München 2011
Gesetzt aus der Dante MT und der TheSans im Verlag
Druck und Bindung: CPI – Ebner & Spiegel, Ulm
Gedruckt auf säurefreiem, alterungsbeständigem Papier
(hergestellt aus chlorfrei gebleichtem Zellstoff)
Printed in Germany
ISBN 978 3 406 58713 9

*www.beck.de*

# Inhalt

# Vorwort

Schönheit ist keine Einbildung des Menschen. Sie ist kein Konstrukt. Es gibt sie wirklich. Und das nicht nur, weil unsere Augen möglicherweise das sehen, was wir sehen wollen und in das optische Bild hineininterpretieren, sondern auch, weil andere Augen offenbar grundsätzlich ähnlich wie wir Schönheit sehen. So ist das Prachtgefieder von Vogelmännchen nicht für uns bestimmt. Es sind die Augen der Weibchen von Pfauen und Paradiesvögeln oder Birkhähnen, die auf die Prachtentfaltung ihrer Männchen blicken. Die großartige Geweihe tragenden Hirsche wirken auf die Hirschkühe. Hätten diese andere Bevorzugungen, würden die Hirschgeweihe auch keine bevorzugten Jagdtrophäen für Jäger abgeben. Die Schönheit des Nachtigallengesangs richtet sich nicht an unser Ohr, sondern an ihre Weibchen und die anderen Männchen ihrer Art, wie auch der erhebende Gesang der Lerche den anderen Lerchen gilt. Die Pracht der Blüten lockt Insekten, die «ein Auge dafür» haben müssen. Unsere Begeisterung, die wir für die Blumen empfinden, bedeutet oft ihren verfrühten Tod in der Vase und nicht Fortsetzung ihres Lebens durch erfolgreiche Fortpflanzung.

Gewiss, wir sehen die Welt mit unseren Augen, hören ihre Klänge mit unseren Ohren, nehmen die Düfte mit unseren Nasen und die schmeichelnde Glätte oder Weichheit von Haut und Fell mit dem Tastsinn unserer Hände wahr. Wir können gar nicht anders. Aber dieser zwangsläufige Selbstbezug der Sinneswahrnehmungen bedeutet keineswegs, dass andere Lebewesen nicht ähnlich, sehr ähnlich sogar empfinden können. Im Gegenteil: Auch wenn die Sinnesleistungen anderer Lebewesen von den unsrigen abweichen, kommt deswegen kein grundsätzlicher Unterschied zustande. Häufig handelt es sich um Verschiebungen, um Verstärkungen oder Abwandlungen, wobei dennoch ein hohes

Ausmaß an Übereinstimmung erhalten bleibt. Die anderen Lebewesen nutzen auch das Licht zum Sehen, den Schall zum Hören und den Tastsinn zum fühlen. Wir leben mit ihnen zusammen in einer Welt. Es wäre absurd anzunehmen, ein an auffallender Stelle platziertes, intensives Rot wäre nur für uns etwas Besonderes, für die Träger dieses Signals aber nicht. Ob dieses Rot «genauso» auf andere Augen wirkt wie auf unsere, ist nachrangig, wenn das Verhalten zeigt, dass dieses Signal wirkt. Niemand wird ernstlich bezweifeln wollen, das Rad eines Pfauenhahns hätte nichts mit Schönheit zu tun, weil die Henne als Vogel kein Empfinden dafür haben kann. Man mag über den Begriff «Schönheit» unterschiedlicher Meinung sein. An der Besonderheit des Pfauenrades ändert das nichts. Wie hätte ein so luxuriöses Gebilde ohne besondere Bedeutung für die Pfauenhenne zustande kommen können?

Das Problem liegt also nicht darin, dass es Schönheit gibt, sondern vielmehr, warum es sie gibt. Warum ist nicht alles, was wir in der Natur vorfinden, überlebensnotwendige Anpassung? Charles Darwin hat in seinem Buch von 1871,[1] in dem er auch die Abstammung des Menschen behandelt, eine Antwort gegeben, die diese Frage sogar noch nachdrücklicher aufwirft. Er stellt zusammen, was in vielen Einzelfällen wohl bekannt gewesen war, nämlich dass die Weibchen wählerisch sind und solche Männchen bevorzugen, die besonders prächtig sind. Er nannte diese Damenwahl «sexuelle Selektion» und stellte sie seiner «Natürlichen Selektion» gegenüber. Mit großen Bedenken allerdings. Denn eigentlich widersprach die von den Weibchen ausgeübte Bevorzugung von Schönheit bei den Männchen seiner Natürlichen Selektion. Deren Ergebnis sollte eine immer bessere Anpassung an die Umwelt sein – eine Anpassung, welche dem Überleben zuträglich ist und dieses nicht riskiert. Wie kann, so fragte sich Darwin immer wieder, das schlicht gefärbte und dadurch gut getarnte Weibchen ein Männchen bevorzugen, das nicht nur auffällig gefiedert ist, sondern sich geradezu zur Schau stellt? Darf die natürliche Auslese, die doch Anpassung hervorbringt, Luxus überhaupt zulassen? Ist es nicht genug, dass die Natur so verschwenderisch mit ihrem Nachwuchs umgeht? Lediglich ein winziger Anteil der produzierten Nachkommen überlebt und schafft es selbst bis zur Fortpflanzung. Viele Arten von Tieren und Pflanzen erzeugen Hunderte, Tausende oder gar Millionen Nachkommen, nur um letztlich das Ausgangspaar zu ersetzen. Die Natürliche Selektion merzt unerbittlich aus nach dem Prinzip des ‹survival of the fittest›, wie Darwin ihr Ergebnis nannte: Überleben der Geeignetsten. Kann ein Pfauenhahn, der eine körperlange Schleppe von prächtigen Federn mit sich herum trägt, zu diesen «Fittesten» gehören? Seinen Albtraum nannte Darwin den Argusfasan mit dem schier unglaublichen Gefieder, aber Pfauen und Paradiesvögel gehörten für ihn in dieselbe Kategorie des unverständlichen Luxus. So sicher, wie er auch sein konnte, dass die Schönheit des Prachtgefieders der Weibchenwahl zuzuschreiben ist, so ratlos blieb er, wenn er sich fragte, warum nur all dies und so viel mehr als überlebensnotwendig erschien. Bis heute sind denn auch die Begründungen umstritten, weshalb Schönheit zulässig ist. An der Tatsache der Weibchenwahl und – viel seltener – umgekehrt der Männchenwahl ist nicht zu rütteln. Die sexuelle Selektion gibt es. Sie wirkt. Doch warum kann und darf sie wirken? Das ist die große Frage.

## *Am Anfang das Staunen*

An einem frostigen Märzmorgen zu Beginn der 1960er Jahre erlebte ich zum ersten Mal eine Birkhahnbalz. In den späten Nachtstunden waren wir, eine Gruppe Jungornithologen, zu einem kleinen Hochmoor am oberösterreichischen Alpenrand gefahren. Als wir ankamen, reichte die Sicht gerade weit genug, um dem schmalen Pfad folgen zu können, der ins Moor hinaus zu einem niedrigen Jagdschirm führte. Von diesem aus, so hatte uns der Jäger versichert, würden wir ganz gut auf den Balzplatz hinaus schauen können. Und wenn wir Glück hätten, würden auch die Hähne kommen. Ein Dutzend oder mehr könnten es schon werden. Sie kamen, als der Morgen graute. Mit purrendem Fluggeräusch traf der erste ein. Bei der Landung überschlug er sich beinahe auf der noch mit Schnee bedeckten Fläche. Ein zweiter folgte; ein dritter Hahn, dann weitere. Als zehn beisammen waren, fing die Schau an. Mit gesenkten Flügeln, deren äußerste Federn auf dem Schnee schleiften, mit gespreizten Schwanzfedern, die von hinten betrachtet ein leuchtend weißes Federdreieck bildeten, und kullernden Rufen drohten sie einander, machten Luftsprünge, fauchten dabei und versuchten, Brust an Brust bis zu einem Meter hochspringend, sich mit weit nach vorn gespreizten Zehen zu treten. Die roten Wülste über den Augen schwollen an. Kapriolen blauschwarz glänzender Körper, von der aufgehenden Sonne mit Goldschimmer überzogen, das gutturale Kullern im Hintergrund und die noch im Morgenfrost zitternde Luft erzeugten eine Stimmung, in der wir die Kälte vergaßen. Die Hähne wirbelten nicht planlos durcheinander. Es gab ein klares Zentrum. Innerhalb dessen sprangen sie am höchsten und forderten einander am heftigsten heraus. Die Hähne an den Rändern waren nicht so aktiv. Manche betrachteten die Szene, als ob sie das Geschehen vor Faszination erstarren ließ.

Ein Stück vom Balzplatz entfernt, wo das Moor noch feuchter und schon teilweise schneefrei war, erhob sich ein Brachvogel. Mit zitterndem Flügelschlag flog er einen großen Bogen. Dabei gab er lang gezogene, weithin schallende Flötentriller von sich. Er landete dort wieder, wo er aufgestiegen war. Mit einem Mal und ohne erkennbaren Grund flogen die Birkhähne auf. Sie strichen hinüber zum Birkenwald. Einige landeten mit einiger Mühe auf den dünnen Ästen in den Baumkronen und fingen an Knospen abzuzupfen. Die meisten Hähne verschwanden irgendwo hinter den Schleiern der Morgennebel. Das Schauspiel war vorüber. Wir ahnten nicht, dass es bald im ganzen nördlichen Alpenvorland mit der Birkhahnbalz vorbei sein würde.

Ziemlich durchfroren stapften wir zum Auto zurück, um heißen Tee aus den Thermosflaschen zu trinken. Dass wir keine einzige Birkhenne gesehen hatten, wurde uns nun klar. Wir waren zwar nicht sicher, ob wir sie nur übersehen hatten oder ob tatsächlich allein die Hähne zum Balzplatz gekommen waren. Später, im Gespräch mit dem Jäger, dem dieser Teil des Jagdreviers im Moor gehörte, erfuhren wir, dass man die Hennen kaum sieht. Zählen kann man nur die Hähne. Die Hennen sind zu scheu. Wie viele da sind, wisse er nicht und es interessiere ihn auch nicht weiter. Denn wie viele Birkhähne er schießen darf, richte sich nach ihrer Zahl und nicht nach den Hennen. Von zehn sei einer frei. Manchmal würde auch der Abschuss von zwei Hähnen genehmigt, wenn sich mehr als zehn am Balzplatz einfinden. Das verträgt der Bestand. Er vertrug es nicht. Ein paar Jahre später gab es keine Birkhühner mehr in diesem Moor. Dass eine Birkhenne alljährlich zehn und mehr Küken großziehen kann, reichte offenbar nicht mehr, um den Bestand zu erhalten. Das Birkwild, wie es die Jäger nennen, starb großflächig aus. Nur in den Hochlagen der Alpen konnte es sich weiterhin halten – und in den Weiten des Nordens und des Ostens, wo sein Areal mit der Taiga, dem nordischen Nadelwald, quer durch Nordasien bis Kamtschatka reicht.

Die Brachvögel blieben, wenngleich auch sie viel seltener wurden. Ihre Balzflüge sind weithin sichtbar, ihre Triller und Flötenrufe nicht zu überhören. Es bedurfte keines Ansitzes unter einem Schirm aus Schilfrohr in einer kalten Moormulde, um ihre Balz zu beobachten, außer man wollte ganz nahe an das Paar herankommen, um, wenn die Zeit dafür gekommen war, auch die Kopula zu sehen. Die Brachvögel leben paarweise in demselben Gebiet, in dem die Birkhähne ihre Schaubalz vollführen. Männchen und Weibchen der Brachvögel unterscheiden sich äußerlich so gut wie nicht voneinander. Beide tragen ein tarnfarbenes Federkleid. Birkhahn und Birkhenne sehen dagegen so anders aus, dass man sie ohne Kenntnis ihrer Zusammengehörigkeit für ganz verschiedene Vogelarten halten könnte. Das Gefieder der Birkhenne tarnt offensichtlich, das der Hähne tut dies ganz und gar nicht. Als dunkle Klumpen erkennen wir sie noch in der Ferne, wenn sie im Geäst der Birken Knospen abzupfen. Auf dem mit Schnee bedeckten Balzplatz fallen sie weithin auf.

Je höher die Sonne stieg, desto wärmer wurde es an diesem klaren Vorfrühlingsmorgen. Die Tag-und-Nacht-Gleiche des Frühjahrs war schon vorüber. Schmelzwasser aus den Schneefeldern rieselte in die Tümpel, die sich vorwiegend am Rand des Moores gebildet hatten. Darin wurde auch gebalzt, jedoch auf eine ganz andere Weise. Wie Miniaturausgaben von Tieren aus ferner Vorzeit staksten Bergmolche mit zeitlupenartig langsamen Bewegungen im flachen Wasser umher. Mit ein paar Schwanzschlägen schwammen die kleinen Molche, die nicht einmal die Länge einer Menschenhand erreichen, ein Stück vorwärts, ließen sich auf den von altem Laub bedeckten Boden hinabsinken und machten sich dort auf die Suche. Jede fremde Schlängelbewegung interessierte sie. Sie hielten Ausschau nach Weibchen. In den Abendstunden der letzten Tage waren sie aus ihren Verstecken am Waldrand hervorgekommen. Nach mühsamem Fußmarsch über den kalten Boden erreichten sie die Tümpel aus Schmelz- und Grundwasser gerade rechtzeitig, bevor der Nachtfrost einsetzte. Im Wasser war es zwar auch nur vier oder fünf Grad «warm», aber das genügt den Bergmolchen, um sie in Balzstimmung zu bringen. Ihre schwarzen Körper nehmen Sonnenwärme auf, wenn sie sich tagsüber dicht unter der Wasseroberfläche halten. Die Männchen entwickeln entlang des Rückens einen dünnen Hautsaum. Dieser wird am Schwanz so hoch, dass der Molch damit rudern und Wasser seitlich am Körper nach vorn fächeln kann. Er ist voller rundlicher schwarzer Flecken. Von den Körperseiten bis in die Spitze des Schwanzes zieht sich ein opalblauer Streifen hin. Der Bauch leuchtet intensiv orangerot auf, wenn sich der Molch nur ein wenig zur Seite dreht. Der vorher unscheinbar schwärzliche Kriecher von der Gestalt einer kleinen Eidechse hat sich im Wasser zu einer Farbenpracht gewandelt, die fast tropisch wirkt. Mit nach vorn gewinkeltem Schwanz fächelt das Männchen einen Wasserstrom dem Kopf des Weibchens zu, sobald es eines ausfindig gemacht hat. Die Weibchen sind schwer zu sehen. Sie bleiben dunkel und ihre Zeichnung ist viel schlichter ausgebildet. Es fehlen ihnen das opalisierende Blau und der hohe Hautsaum am Schwanz. Das Schauspiel der Balz entwickelt sich aus einer Abfolge von Zufächeln, Ausweichen, Nachfolgen und erneutem Fächeln. Wenn das Weibchen mitmacht, endet das Ritual damit, dass das Männchen wie ein winziges Spritzgebäck einen Pfropfen Sperma am Boden absetzt. Die Unterlage können alte Blätter im Wasser oder der Teichboden sein. Danach leitet das Männchen das Weibchen so darüber, dass dieses die Spermatophore genau mit der Kloake aufnehmen kann. Ein direkter Körperkontakt zwischen den Partnern kommt bei dieser Form von Paarung nicht zustande. Warum umklammern die Molchmännchen nicht einfach die Weibchen, wie das die ihnen in der Körperform ähnlichen Eidechsen tun? Warum dieser Aufwand? Zu keiner Zeit des ganzen Jahres sind die Molche so gut sichtbar wie ausgerechnet bei ihrer unnötig kompliziert wirkenden Balz. Wochen später, wenn es richtig Frühling geworden ist, werden in den Tümpeln im Moor die Frösche laut quaken und Weibchen ihrer Art nicht selten auch zu vergewaltigen versuchen.

Während wir den Molchen zusahen, sang auf dem Gipfel einer hohen Fichte am Rand des Moores laut und anhaltend eine Misteldrossel. Ihr Gesang ist wohlklingend, aber ziemlich einfach. Er enthält bei weitem nicht so viele Varianten wie das Lied der Amsel, das aus dem nahen Birkenwald herübertönte. Auch die perlenden Triller eines Rotkehlchens mischten sich in die Vogellieder dieses Frühlingsmorgens. Wer könnte sich dem Zauber einer solchen Stimmung entziehen?

Damals, Anfang der 1960er Jahre, war ich noch Schüler, aber schon begeisterter Ornithologe. Die Arten der heimischen Vogelwelt kannte ich bereits. Ein paar Jahre später, als Student, fuhr ich mit Freunden an den Neusiedler See. Ganz im Osten Österreichs liegt dieser Steppensee.

Unmittelbar vor der Grenze zu Ungarn, die damals noch «Eiserner Vorhang» war, gab es eine ganz besondere Vogelart, die Großtrappe. Wir hielten am Rand einer weiten Wiese, die in ein noch größeres Sumpfgebiet überging, und suchten diese mit Fernrohren ab. Von den ungarischen Wachtürmen hinter der Grenze wurden wir bei unserem Tun beobachtet. Aber da wir uns auf österreichischem Territorium befanden und der hohe Grenzzaun nicht zu übersehen war, störte uns das nicht weiter. Viel wichtiger war, dass weit und breit kein Mensch zugange war, der die großen Trappen hätte stören können. Hinter dem Auto hielten wir uns so gut wie möglich in Deckung und versuchten, mit Ferngläsern und Fernrohr die merkwürdigsten «Blumen» der großen Steppe ausfindig zu machen.

Großtrappen sind die schwersten flugfähigen Landvögel Europas. Bei der Balz kippen die Hähne ihr Gefieder von hinten nach vorn und drehen auch die Flügel nach vorn und nach unten, so dass sie zu einem Ball aus Federn werden, der in der Weite der Steppe wie eine aufgegangene Riesenblume wirkt. Kilometerweit ist diese gelblichweiße Federkugel zu sehen. Die Hennen aber, viel kleiner und ungleich scheuer als die Männchen, übersieht man schon auf wenige Meter Entfernung. So perfekt tarnt ihr fein braun gemustertes Gefieder, wenn sie sich an den Boden drücken. Zwei der gesuchten Federkugeln konnten wir ausmachen; vielleicht auch eine dritte, aber die war schon viel zu weit entfernt. Die Luft hatte zu flimmern begonnen. Für eine wirklich gute Beobachtung war die Entfernung zu den Trappenhähnen zu weit. Aber wenigstens gesehen hatten wir sie, die großen Trappen, diese Seltenheit der europäischen Vogelwelt.

Viel näher und gar nicht zu übersehen stolzierte ein Fasan vor einer sich fast zum Boden duckenden Henne. Er präsentierte die glänzend bronzefarben geschuppte Brust, hielt einen Flügel halb gefächert und den langen, spitz auslaufenden Schwanz schräg in die Höhe gereckt. Ähnlich den «Rosen» bei den Birkhähnen, schwillt beim Jagdfasan der gesamte Hautbereich um die Augen knallrot an. Die Henne tat uninteressiert, was den Hahn noch mehr reizte. Er hatte keine Augen mehr für den Rest der Welt. Unsere Anwesenheit tolerierte er, obgleich wir höchstens 15 Meter entfernt waren. Am Fasan liefen nun auch noch fünf, nein sechs Hasen den Feldweg entlang auf uns zu und uns fast zwischen die Beine. Der vorderste, zuerst übersehene Hase machte sich niedrig und hielt die Ohren flach zurückgelegt. Die fünf nachfolgenden Hasen reckten ihre langen

Ohren hoch aufgerichtet nach vorn. So folgen die Rammler der Häsin und lassen dabei alle hasentypische Vorsicht außer Acht. Verrückt sind sie, sagt der Volksmund über die vom Drang der Fortpflanzung erfassten Hasen. Auf die paar Meter Entfernung, auf die sich uns die Hasengruppe näherte, sahen Hase und Häsin im Grunde gleich aus. Einer der Nachfolger drehte sich plötzlich um und ohrfeigte den ihm folgenden Hasen mit den Vorderpfoten. Beide schnellten dabei wenigstens einen halben Meter hoch in die Luft. Da die Häsin weiterlief, hörten die beiden Rammler mit ihrer Rauferei gleich wieder auf und schlossen sich den anderen, in vielen Kurven weiterlaufenden an.

Das Reh, das weiter draußen auf der Wiese äste, war auch ohne Fernglas als Bock zu erkennen. Ein nicht weit davon entferntes weibliches Reh, eine Ricke, beachtete er (noch) nicht. Die Ricke war schwanger. Erst wenn die Kitze geboren sind und der Frühsommer in den Hochsommer übergeht, wird der Bock der Ricke folgen und sie «treiben», bis sie ihn – oder einen anderen – annimmt. Mit diesem, dem Konkurrenten, und mit weiteren Böcken wird er kämpfen müssen, weil ihn diese dazu herausfordern. Sollte er als Sieger bestehen, wird er dennoch abzuwarten haben, ob ihn die Ricke auch akzeptiert. Merkwürdiges geschieht in der Natur, wenn es um die Fortpflanzung geht. Das Verrückteste und Bizarrste wird beim Sex praktiziert. Die wenigen Beispiele aus der mitteleuropäischen Tierwelt mögen reichen, um die Vielfalt anzudeuten, die es im Zusammenhang mit der Fortpflanzung gibt. Weit mehr kommt auf anderen Kontinenten hinzu, vor allem in den Tropen. Die Regeln von Vernunft und Ökonomie setzt der Sex anscheinend außer Kraft.

Was geht hier vor? Wie ist es möglich, dass so viel Unnötiges entstanden ist, wenn doch der «Kampf ums Dasein» das Leben durchdringt und bestimmt? Warum vollführen in eiskalter Morgenfrühe Birkhähne eine Gesellschaftsbalz, obwohl gar keine Henne anwesend ist? Warum machen sie das überhaupt, wenn doch in demselben Lebensraum der Große Brachvogel auf viel einfachere Weise sein Revier anzeigen kann und ein Weibchen bekommt? Männchen und Weibchen unterscheiden sich bei den Brachvögeln äußerlich nur darin, dass bei der Paarung das Männchen «oben» ist. Ein tarnfarbenes Gefieder tragen bei ihnen beide Geschlechter. Die Birkhähne hingegen unterscheiden sich von den Birkhennen so stark, dass man sie für gar nicht zusammengehörig halten könnte. Die Brachvögel trillern und vollführen besondere Balzflüge. Drosseln singen mehr oder weniger variantenreich, ohne eine Schaubalz zu machen. Bei den Rotkehlchen sehen Männchen und Weibchen nicht nur gleich aus, sondern es singen auch die Weibchen, vor allem im Spätherbst. Die Molche geben unter Wasser keine Laute von sich, machen aber eine sehenswert farbenprächtige Balzvorführung. Die mit ihnen verwandten Frösche rufen laut und neigen zur Vergewaltigung. Manche, wie die Moorfrösche, verändern sogar die braungrüne Tarnfarbe und werden zur Balzzeit blau.

Bei uns Menschen gilt die Frau als das «schöne Geschlecht», was aber die Männer in vielen Kulturen und zu manchen Zeiten nicht daran hinderte, sich besonders prächtig herauszuputzen und Tänze zu vollführen, von denen manche an die Birkhahnbalz erinnern. Seltsam, wie sehr sich das Kulturwesen Mensch und die Naturwesen der Tierwelt ähneln, wenn es um die Fortpflanzung geht.

Zugegeben, solche Fragen bewegten mich noch nicht, als ich erstmals eine Birkhahnbalz erlebte, den Molchen zuschaute und sie danach auch im Aquarium hielt, um sie besser beobachten zu können. Ich lernte, die Vögel an ihren Gesängen und Rufen zu erkennen. Damals befand ich mich im Stadium des Staunens und Sammelns. Unermüdlich sog ich Eindrücke aus der Natur in mich auf, lernte Arten kennen und benennen, notierte meine Beobachtungen so genau wie möglich und vertiefte mich in Bücher, die mir Aufschluss über das Geschaute gaben. Die ‹Vergleichende Verhaltensforschung› durchlief gerade ihre Blütezeit. Konrad Lorenz, ihr wichtigster Vertreter, der für seine Forschungen den Nobelpreis erhielt, kam manchmal sogar ins Zoologische Institut in München, um wenigstens ein paar von den Stunden seiner angekündigten Vorlesung zu halten. Seine Mitarbeiter waren in dieser Hinsicht verlässlicher. Was Irenäus Eibl-Eibesfeldt über die Verhaltensforschung vortrug, mehrte mit exotischen Beispielen mein Staunen. Sehr oft ging es darin um Balz und Rituale, um Besonderes und Schönes, und nicht, wie wenige Jahre später, fast nur noch um Feinstrukturen, Chemie und Molekulares in der Biologie.

Mit Begeisterung las ich die Bücher des Schweizer Biologen Adolf Portmann. Immer wieder ging er darin auf die Schönheit ein und auf die Rätsel, die sie uns aufgibt. Wie bringen es die Federanlagen an einem Vogel zustande, all die Details getrennt zu entwickeln, die sich nachher, wenn das Gefieder fertig ist, zu einem stimmigen Muster zusammenfügen? Solche Fragen stellte Portmann. Er fand keine Lösung. Was er

«Selbstdarstellung» des Lebendigen nannte, blieb eine Bezeichnung für die Ausdrucksvielfalt der lebendigen Natur. Eine Erklärung ging daraus nicht hervor. Ein Jahrhundert vor Portmann hatte die gleiche Grundfrage Charles Darwin bewegt. Doch sein Lösungsvorschlag befriedigte Portmann nicht. Mich auch nicht, nachdem ich seine Bücher gelesen und die phantastischen Entdeckungen der neuen Vergleichenden Verhaltensforschung kennengelernt hatte. Irgendetwas Entscheidendes fehlte in Darwins Argumentation. Portmann versuchte diesem Etwas wenigstens einen Namen zu geben. Fortan wurde er von den allermeisten Biologen ausgegrenzt und für einen wissenschaftlichen Sonderling gehalten. Denn gänzlich unbiologisch und unwissenschaftlich sei diese «Selbstdarstellung». Als «Autopoiesie» tauchte sie jedoch in recht ähnlicher Form ohne Bezug auf Portmann wieder auf, als die neue Forschungsrichtung der «Selbstorganisation von Systemen» als Teil der mathematisch-physikalischen Chaosforschung entstanden war. Die grundsätzlichen Schwierigkeiten löste die Autopoiesie der Systemtheorie auch nicht. Wie kommt so Auffälliges wie ein balzender Trappenhahn oder die Gesellschaftsbalz der Birkhähne zustande? Was sind die ersten Ansätze dazu? Warum können die Weibchen ihre Männchen «weiterzüchten»? Dass die Weibchen wählen, erklärt nicht, warum sie so wählen und dass ihre Wahl auch zulässig ist. Denn nach dem darwinschen Prinzip der Natürlichen Selektion sollte Extravagantes gar nicht entstehen, da es nicht überlebenstauglich ist.

Die Natur ist zwar sehr reich an Varianten, aber sie ist nicht grenzenlos vielfältig. Ordnungsprinzipien regeln sehr vieles. Woraus ergibt sich, dass Birkhennen einen Geschmack für schöne Hähne und ein ritterspielartiges Balzverhalten haben, Brachvogelweibchen aber nicht? Bei manchen Arten unterscheiden sich Männchen und Weibchen sehr auffällig, bei anderen nur ein wenig und bei vielen äußerlich gar nicht. Warum ist das so? Einfach Zufall, wie bei den vielen Abweichungen, die so gänzlich unterschiedlich aussehende Geschlechter hervorgebracht haben? Allzu viele Zufälligkeiten müssten offenbar bemüht werden, um die in der Fülle vorhandene Ordnung zu erklären. Warum gibt es noch Ordnung in der Natur? Sollte sie nicht längst grenzenlos vielfältig geworden sein, wenn sie doch unablässig Vielfalt entwickelt? Dann allerdings wäre jeder weitere Erklärungsversuch unnötig, denn im Grenzenlosen gäbe es keine Muster mehr, die zu deuten wären. Darwin erkannte ganz klar, dass es

Ordnungsprinzipien geben musste, die Vielfalt zulassen und nicht allein bestmögliche Anpassung an die Umwelt erzwingen. Eines davon basiert darauf, dass es zwei Geschlechter gibt. Folgerichtig suchte er nach einem Mechanismus, der zur Unterschiedlichkeit von Männchen und Weibchen führt und das Zustandekommen erklärt. Er kam mit seinem Ergebnis weit, aber nicht weit genug. Er nannte es «Sexuelle Selektion». Die geschlechtliche Zuchtwahl, so die Ausdrucksweise des 19. Jahrhunderts, soll die Zauberin sein, die aus anfänglich Gleichem und meist recht Unscheinbarem Unterschiedliches, Auffälliges und Prächtiges macht. Die Sexuelle Selektion lockt das bestens Angepasste aus der Sicherheit guter Funktionsfähigkeit und Überlebenstüchtigkeit hinaus in die riskante Welt von Übertreibung und Zurschaustellung mit lebensgefährlicher Angeberei und nutzloser Verschwendung. Diese Natur ist ihrer Natur nach weiblich. Darwins Bezeichnung «Sexuelle Selektion» verlieh diesem Prinzip von Anfang an einen besonderen Reiz.

Teil I:

## Die Sexuelle Selektion

Schönheit wirkt. Ganz unmittelbar oftmals, mitunter auch subtil und langsam. Schönheit erleben und empfinden wir. Schönes lässt sich abbilden und damit nachempfinden, zur Kunst gestalten und auch mit dem Hässlichen konfrontieren. Man kann über den Grad der Schönheit geteilter Meinung sein, sie manchmal für übertrieben halten, ihr verfallen oder an ihr nachbessern wollen. Über Schönheit lässt sich trefflich streiten, aber man kann sie, wo sie vorhanden ist, nicht abstreiten. Sie kann sich steigern und schwinden, vergänglich sein wie der Augenblick und dauerhaft wie Bergszenerien oder die unablässig wiederkehrenden Wogen des Meeres. Schönheit braucht die rechte Distanz des Betrachters. Sie wirkt oft erst in der passenden Stimmung. Sie kann sich in allen Dimensionen von Größe und Zeit entfalten, ohne in allen gleich zu sein. Schönheit gibt es objektiv und subjektiv. Subjektiv in unseren Empfindungen, die sich nicht mit denen anderer Menschen decken müssen. Objektiv, wenn das, was wir für schön halten, offensichtlich auch auf ganz andere Lebewesen in vergleichbarer Weise wirkt. «Schönheit», so ein geflügeltes Wort, «liegt im Auge des Betrachters». Das ist richtig und irreführend zugleich. Denn es liegt keineswegs nur an dem einen Augenpaar, das zum «Betrachter» gehört, ob etwas für schön gehalten wird. Viele andere Augen können das genauso oder ganz ähnlich sehen. Augen sind zudem kein Privileg von uns Menschen. Feste Kategorien und scharfe Grenzen kann es daher naturgemäß gar nicht geben. Um Schönheit zu erfassen, muss man dafür erzogen sein – und auch nicht. Auch das ist kein Widerspruch. Sich wandelnde Schönheitsideale sind kein Gegensatz zu zeitlos Schönem, sondern Attribute der Veränderlichkeit des Lebens. Es ist weder absolut, noch beliebig, sondern relativ zum jeweiligen Stand der Entwicklung. Wie dem Leben selbst können wir uns seinen Ausdrucksformen zwar forschend nähern, sie aber nicht absolut und vollständig erfassen.

Wird Schönheit ihres Zaubers beraubt, wenn man sie zu verstehen versucht? Zerrinnt sie unter dem analysierenden Blick der Naturwissenschaft wie das Lebewesen vergeht, wenn es in seine Teile zerlegt wird und nicht mehr die Ganzheit ist, die es vorher war? Kann Ästhetik unabhängig vom Objekt, von Gestalt und Aktion, zur Theorie werden? Ist es überhaupt möglich, ohne Annahmen und Vorurteile dazu, was schön ist oder sein soll, Schönheit zu erforschen? Sollte Naturwissenschaft ihrer Sichtweise gemäß nicht dorthin verwiesen und darauf beschränkt werden, wo sie angemessen ist, also auf die Natur? Solcherart «grundsätzlichen» Einwänden sieht sich jeder ausgesetzt, der sich mit den oft als (zu) «hart» empfundenen Methoden der Wissenschaft an so etwas delikat Weiches, Unfassbares wie die Schönheit, anzunähern versucht.

Der Literaturwissenschaftler Winfried Menninghaus warnt in seinem Buch *Das Versprechen der Schönheit* vor diesem Ansinnen mit den Worten: «Der notorische Hang der Evolutionstheorie zu ‹wilden› Hypothesen steht hinter den spekulativen Momenten philosophischer Ästhetik und dem ‹wilden Denken› (Lévi-Strauss) der Mythen keineswegs zurück.» Schlagen wir uns daher am Anfang der Erörterungen zum Ursprung der Schönheit besser nicht mit ‹wilden› oder gewagten Hypothesen über die Schönheit an sich herum, sondern schauen wir möglichst unbefangen direkt hinein in die Natur. Sie bietet genug für den Einstieg; auch in unserer zivilisierten Welt und nicht nur in den ‹unberührten›, jungfräulichen Tropendschungeln. Wir können uns Schönes aus der Natur zu Gemüte führen beim Bewundern von Blumen im Garten und der Betrachtung ihrer Wirkung auf Insekten, ohne mit der Gefahr der Selbsttäuschung rechnen zu müssen. Was Bienen, Schmetterlinge oder Vögel anzieht, hat Wirkung. Das Lockmittel «Blüte», Vogellied oder Balzzeremonie darf mithin auch uns gefallen.

Die einleitend geschilderte, der Vergangenheit angehörende Stimmung bei der frühmorgendlichen Birkhahnbalz im Moor mögen kritisch-analytische Zeitgenossen als romantische Naturschwärmerei abtun. Es ist ihr gutes Recht, anders zu empfinden. Für die Birkhähne, die Singvögel und die Molche bleibt jede Meinung von Menschen zu diesem Geschehen bedeutungslos. Für sie zählt die ihrer Art gemäße Attraktivität, die von Ruf und Gesang, von Farbenpracht und Balztanz ausgeht.

Der Birkhahn mit zerfleddertem Gefieder und ohne schwellend rote «Rosen» über den Augen hätte bei den Hennen keine Chance; das Molchmännchen ohne die Farben seiner Balztracht bei seinen Artgenossinnen auch nicht. Der Wechsel vom «Schlicht»- zum «Pracht»-Kleid in der Vogelwelt drückt aus, dass nicht nur wir das so sehen, weil es uns gefällt, sondern andere Lebewesen auf jeweils ihre Weise auch. Am ähnlichsten in der optischen Betrachtung der Welt sind uns sicherlich die Vögel – und deshalb beginne ich mit ihnen. Sie machen es uns leichter als andere Lebensformen, uns ihrer Schönheit zu nähern.

## Prächtige Vögel

### Der Pfau

Wenn die Pfauenhähne ihr Rad schlagen, ziehen sie damit unsere Blicke geradezu magisch an. Viele Augen scheinen sich gleichzeitig auf die Betrachter auszurichten. Falsche Augen sind es zwar, die selbst nichts sehen, aber das schränkt ihre Attraktivität nicht ein – im Gegenteil. Je größer das Rad, je geschlossener seine Augenspiralen und je mehr Lichtglanz sie reflektieren, umso wirkungsvoller wird das Schauspiel. Zur buchstäblichen Krönung erheben sich auf den kleinen Köpfen der Pfauen auch noch Federchen gerade so, dass sie eine schwebende Krone bilden. Luxus pur ist das, befreit von den Zwängen der Überlebensnotwendigkeiten – dieser Eindruck kommt zwangsläufig zustande. Schon die einzelne Feder repräsentiert diesen Überschwang mit übertriebener Länge, mit den zu Samtstreifen gewordenen Federstrahlen, die sich nicht mehr in der üblichen Weise zur Fahne schließen, und dem übergroßen, geheimnisvoll dunklen Auge. Einen Lichtkegel täuscht es sogar vor, wie er sich in einer wirklichen Pupille abzeichnen würde. Brüchige Strahlen, die über das «Auge» auf der Feder hinausreichen, verstärken die Wirkung. Jede Feder des Gefieders auf den Oberschwanzdecken endet in einem solchen Auge. Eines allein reicht dem Pfau nicht, so eindrucksvoll es auch für sich genommen wirken könnte. Das Pfauenrad wird von einer Vielzahl solcher Augenfedern gebildet, die sich in ihrer Länge mit mathematischer Präzision gerade so unterscheiden, dass eine ausgreifende Spirale von Augen zustande kommt, wenn der Federfächer voll entfaltet worden ist. Federn stehen dafür genug zur Verfügung, denn das Pfauenrad wird nicht vom Dutzend der eigentlichen Schwanzfedern, den Steuerfedern, gebildet, sondern von den in mehreren Lagen angeordneten Federn der

Schwanzoberseite. Deshalb die Bezeichnung Oberschwanzdecken. Mit dem Flug haben diese also direkt nichts zu tun. Von ihnen, von einem Nebenbereich im Gefieder, geht die wundervolle Bildung des Pfauenrades hervor. Die gefächerten, eigentlichen Schwanzfedern stützen die Schmuckfedern und bringen sie als flachen Fächer in die wirkungsvollste Position. Nimmt der Pfau die Schwanzfedern in die Ruhelage zurück, klappt auch das Rad wie ein Fächer, der geschlossen wird, zusammen und ruht, mit jedem Schritt, den der Vogel macht, mitschwingend, fast waagerecht auf dem Schwanz. Die längsten Spitzen der Schmuckfedern ragen nun halbmondförmig nach außen, so als hätten die tragenden Becher ihre Augen verloren.

Auch das übrige Gefieder glänzt tief blau beim Blauen Pfau und smaragdgrün mit blauem Schimmer beim Ährenträgerpfau. Beide Arten sind nahe miteinander verwandt. Oft werden sie gar nicht als solche unterschieden. Die seltene weiße Mutante, bei der keine Federfarben ausgebildet werden, besticht durch ihre Form und als Rarität, nicht etwa mit einer besonderen Wirkung auf die Pfauenhennen. Diese sind, genauer betrachtet, gar nicht so «schlicht». Auch ihr Gefieder glänzt teilweise. Die Oberschwanzdecken sind deutlich verlängert, und mit dem Federkrönchen auf dem Kopf sehen sie erheblich prächtiger aus als die Hennen ihrer Fasanenverwandtschaft. Die Pfauen gehören zu den Fasanenvögeln (Phasianidae). Wenn die Hähne die Balzstellung einnehmen, zittern sie mit dem Körper und ihr Gefieder rasselt hörbar. Mitunter drehen sie sich sogar so, dass die angebalzte Henne auf ihr unschönes Hinterteil schauen müsste, wenn sie denn überhaupt «schaut». Die Pfauenhähne balzen viel länger, als die Paarungsstimmung der Hennen andauert. In Parkanlagen oder in Zoologischen Gärten balzen sie bei Mangel an Hennen durchaus auch Menschen an. Monatelang sind sie zur Balz bereit. Nur zur Zeit der Mauser, wenn sie die herrlichen Federn verlieren, als wären diese unnützes Zeug geworden, nimmt ihre Neigung zum Radschlagen stark ab. Wenn sie aber im vollen Ornat ihres Prachtgefieders über die Rasenflächen schreiten, entsteht der Eindruck, die Hähne würden von ihrem Federschmuck, den sie mit sich herumtragen, ziemlich belastet sein. Dieser Eindruck verstärkt sich, wenn sie einen Anlauf nehmen (müssen), um aufzufliegen. Dann wird er wie eine schwere Last nachgeschleift.

Mehrere Hähne balzen oft gleichzeitig, ohne einander jedoch allzu sehr zu bekämpfen. Das wäre der Schönheit ihres Gefieders abträglich.

Die jungen Pfauen, deren Prachtgefieder noch in Entwicklung begriffen ist und erst mit zunehmendem Alter größer wird, zanken sich untereinander mehr. Gemausert wird ohnehin Jahr für Jahr. Was für eine Verschwendung!? Die Pfauenrufe, die wie ein helles, gezogenes «au…» schallen, sind weithin zu hören; so weit, dass sich die private Pfauenhaltung nur bei hinreichender Entfernung zu Nachbarn empfiehlt. Man kann sich gut vorstellen, dass sie den Lärm der südasiatischen Dschungel durchdringen. Dort sind die Pfauen beheimatet und nach ihrem Ruf benannt worden, nicht nach der Pracht ihres Gefieders. Auch in den Dschungeln Indiens und Südostasiens präsentieren sich die Pfauenhähne, wenn sie nicht gerade nach Nahrung suchen oder in der Mauser sind. Wo sie aber, wie in den Zoologischen Gärten oder in herrschaftlichen Parks, gefüttert werden, balzen sie fast unentwegt. Die Pfauen sind der schiere Luxus, den sich die Natur leistet.

Pfauen sind zweifellos besonders schön. Einzigartig sind sie aber nicht. Ihre Verwandtschaft, die Familie der Fasanenvögel, enthält sehr viele Arten mit außergewöhnlichen Formen von Prachtgefieder. Darauf verweisen Namen wie Goldfasan, Diamantfasan, Pfaufasan, Glanzfasan oder Amherstfasan, der nach der vornehmen viktorianischen Lady Amherst benannt worden ist. Auch der Argusfasan gehört dazu. Darwin hatte die Schönheit des Argusfasans so großes Kopfzerbrechen bereitet, dass er ihn noch problematischer als den Pfau einstufte. Denn beim Argus sind nicht die für den Flug unbedeutenden Oberschwanzdecken verlängert, sondern die Hauptschwingen der Flügel. Das macht den Flug des Argusfasans noch mühsamer als den der Pfauenhähne. Bei genauerer Betrachtung kommt der Eindruck zustande, der Argusfasan betreibe sogar noch mehr Aufwand für sein Prachtgefieder und dessen Zurschaustellung als der Pfau. Ihn umgibt eine noch größere Aura des Geheimnisvollen, da er ungleich seltener als die Pfauen in Gefangenschaft gehalten wird. Mit kleinen Zeichnungen versuchte Darwin, das Zustandekommen der «Tausend Augen(flecken)» auf den Federn des Argusfasans zu skizzieren, um die vielen tatsächlich vorhandenen Übergänge darzustellen, die es von einfachen Flecken bis hin zur perfekten, hoch gewölbt wirkenden Augenzeichnung gibt. Darwin sah darin die vielen kleinen Schritte der Evolution, die zur Entwicklung eines solchen Prachtgefieders nötig gewesen sind.

Bei den Hähnen der Fasanenvögel sind alle drei Hauptformen der Zurschaustellung zu finden. Es gibt (1.) besondere, oftmals übertrieben wirkende Federformen, (2.) höchst intensive Farben, die sowohl durch echte Farben (Pigmente) als auch durch Feinstrukturen der Federn (Strukturfarben) zustande kommen, und (3.) aufwändige Verhaltensweisen bei der Balz. Anscheinend, so der erste Eindruck, bietet ihre tropisch-asiatische Umwelt dafür so günstige Lebensbedingungen, dass sie sich all diesen Aufwand leisten können. Mit dem in Europa aus jagdlichen Gründen eingebürgerten Jagdfasan erreicht die Familie unseren außertropischen Raum. «Tropisch» sind die Fasanenvögel dennoch nicht, auch wenn ihr Ursprung wahrscheinlich in Südostasien lag. In Ostasien sind verschiedene Arten sehr prächtig gefiederter Fasanenvögel bis in die winterkalten Regionen verbreitet. Sie besiedeln auch höhere Lagen in den Gebirgen. Nur ein einziger, geheimnisvoller Vertreter dieser Vogelgruppe, der Kongopfau, erreichte die innertropischen Regenwälder Afrikas. Erst zu Beginn des 20. Jahrhunderts wurde dieser eher matt dunkelblau gefiederte, nicht sehr auffallende Vogel entdeckt. Die Hähne tragen einen strohig wirkenden, struppigen und gelblichen Federschopf auf dem Kopf. Bei der Balz stellt der Kongopfau das Schwanzgefieder ähnlich wie ein Truthahn auf. Das Leben in den Tropen ist also keine ausreichende Erklärung für die Prachtentfaltung der Männchen vieler Arten der Fasanenvögel.

Was ist das Besondere an den Fasanenvögeln, dass gerade bei ihnen die Männchen so vielfältige und großartige Prachtkleider entwickelt haben? Was zeichnet sie aus? An Asien allein kann es nicht liegen, denn dann müssten viele andere Vogelgruppen ähnlich schön sein. An den Tropen auch nicht, denn der Jagdfasan kommt mit seinem Gefieder in seinem neuen Lebensraum Europa, auch in Deutschland, offensichtlich zurecht. Seine verschiedenen Unterarten, die bei uns vornehmlich gegen Ende des 19. Jahrhunderts ausgewildert worden sind, lebten in winterkalten Gebieten Vorderasiens und der Mongolei. Zahlreiche andere Vögel haben besondere Prachtkleider auch in kalten Regionen entwickelt. Dazu gehören die Raufußhühner (Tetraonidae), mit dem schon eingangs genannten Birkhuhn und zahlreichen anderen Arten. Sie bilden als Parallele zu den Fasanen die zweite große Gruppe der Hühnervögel. Raufußhühner kommen vorwiegend in winterkalten Regionen Eurasiens und Nordamerikas vor. In den Tropen fehlen sie. Bei den uns viel geläufigeren Entenvögeln stellen wir sogar einen «antitropischen Trend» fest. Die Enten mit den prächtigsten Männchen brüten an nordischen Gewässern, und die große Mehrzahl der Arten kommt auf der Nord- wie auf der Südhalbkugel der Erde in kalten Regionen vor. Es gibt einige Entenarten, bei denen sich die Männchen nur wenig von den Weibchen unterscheiden, aber viel mehr solche mit außerordentlich auffälligen Prachtkleidern der Erpel. Diese führen dann ähnlich wie die Birkhähne eine besondere Gesellschaftsbalz durch.

Betrachten wir daher diese Vögel ein wenig genauer. Sie bieten bessere Einblicke in die Bedeutung ihres Prachtgefieders als die Pfauen und exotische Fasane. Das Exotische reizt zwar stets stärker als das Bekannte. Aber die heimische Natur hat genug zu bieten, wenn wir nur darauf achten. Es müssen nicht die schon mehr zur Folklore gewordenen Birkhähne und ihre Balz sein, um sich die Problematik des Schönen in der lebendigen Natur vor Augen zu führen. Das darwinsche Kopfzerbrechen verstehen wir auch, wenn wir unseren Enten zusehen. Ein Spaziergang im Winter oder im Frühling an ein Stadtparkgewässer, einen See oder Stausee genügt, um uns die Vielfalt prachtvoller Männchen und die Einheitlichkeit schlichter Weibchen vor Augen zu führen, wenn wir die Gruppen von Enten verschiedenster Arten betrachten. Oft sind auch Schwäne und Gänse da. Bei ihnen sehen wir in Färbung und Zeichnung des Gefieders keinen Unterschied zwischen Männchen und Weibchen. Doch auch sie gehören zu den Entenvögeln. Warum gibt es im Artenspektrum der Entenvögel solche mit extrem bunt und auffällig gefiederten Männchen und andere ohne markante Unterschiede zwischen den Geschlechtern, wenn sie doch alle einer Verwandtschaftsgruppe angehören und nicht ganz verschiedenartigen?

### Enten

Enten zu beobachten fällt leicht. Es gibt sie überall auf den Gewässern. Besonders vertraut verhalten sie sich den Menschen gegenüber in den Städten. Dort werden sie nicht oder nur ganz selten gejagt. Sie haben gelernt, die Menschen als harmlos einzustufen oder in ihnen eine Futterquelle zu sehen. Man muss die Arten nicht einmal kennen und sieht doch gleich, dass die Männchen auffällig bunt, die Weibchen aber schlicht bräunlich gefiedert sind. So gut wie immer treffen wir auf den Gewässern in der Stadt Stockenten an. Sie sind «die Wildente» weiter Teile Europas, Nordasiens und Nordamerikas. Die Stockente ist die Stammart der gewöhnlichen Hausenten und für die Jäger die begehrteste Wildente. In den Städten, wo sie nicht bejagt werden, verhalten sich die Stockenten besonders vertraut. Sie wirken «gezähmt», obwohl sie frei leben. Die Männchen, bei den Entenvögeln allgemein Erpel genannt, sind mit ihrem zitronengelben Schnabel, flaschengrünen Kopf und Hals, der braunen Brust, die durch einen schmalen weißen Ring vom grünen Hals abgesetzt ist, und dem fein marmorierten, hellgrauen Rücken- und Bauchgefieder unverwechselbar. Das Körperende ist bis auf die weißen Schwanzkanten schwarz. Lockig hochgedrehte Federn, die sogenannte Erpellocke, zieren den Oberschwanz genau dort, wo beim Pfau die riesige Schleppe seines Prachtgefieders ausgebildet wird. Kein Erpel einer anderen Entenart sieht so aus. Deshalb fällt es schon nach wenigen Versuchen, die Enten mit einem dafür geeigneten Buch zu bestimmen, leicht, die richtige Art zu finden.

Ganz anders bei den Weibchen. Diese sind nämlich alles andere als charakteristisch gefärbt. Unscheinbar schuppig braun gefiedert, kennzeichnet sie bei genauerer Betrachtung, so sie das Merkmal nicht verdeckt halten, lediglich der blau schillernde «Spiegel» auf dem Flügel. Oft bleibt er im Gefieder so verborgen, dass kaum mehr als ein schmaler Streifen, wenn überhaupt, zu sehen ist. Kennern verraten mehr die Größe, die Körperform und – so die Beobachtungsbedingungen dies zu sehen erlauben – die schmutzig orangebraune Färbung des Schnabels (mit dunklem First), dass es sich bei dieser Ente um Stockentenweibchen handelt. Auf Parkgewässern können Mischlinge mit Hausenten vorkommen, weil beide ja zu derselben Art gehören. Dann gibt es alle Übergänge von ganz weißen oder ganz schwarzgrünen Enten zu den Normalfarbenen. Die Mischlinge können scheckig sein, fahlfarben («Gelblinge») oder kaum erkennbar vom Wildtyp abweichen. Manchmal gibt es sogar solche, die ähnlich den Pfauen Krönchen aus einige Zentimeter hoch emporgewachsenen Federn auf dem Kopf tragen. Anderen fehlen Teile des typischen Färbungs- und Zeichnungsmusters der Stockenten-Wildform. Wo die Mischlinge nicht in anachronistischem Rückbezug auf die «Rassereinheit» gezielt ausgemerzt werden, zeigt der Vergleich mit der außerordentlich einheitlichen Wildform, wie groß ihre Variabilität ausfällt. Dabei stammt all das, was die Mischlinge zeigen, aus dem Erbgut der Wildform unserer Stockenten und nicht aus Einkreuzungen durch andere Entenarten. Solche Artbastarde gibt es zwar auch, aber sie sind sehr selten. Diese Mischlinge bleiben zumeist steril und mithin ohne Nachwirkung. Dass sie nicht nur unter den Bedingungen von Zoo- oder Wassergeflügelhaltungen, sondern durchaus auch gelegentlich in der freien Natur auftreten, drückt aus, dass die im Prachtkleid der Männchen so unterschiedlich aussehenden Arten tatsächlich recht nahe miteinander verwandt sind.

Sehen wir uns nun den Jahreslauf dieser Entenart und ihre Balz etwas genauer an. Im Winter, wenn nicht große Kälte herrscht und die Gewässer zugefroren sind, können wir die Balz der Stockenten bereits beobachten. Sie beginnt eigentlich schon erheblich früher, nämlich oftmals bereits im Spätherbst oder Frühwinter, wenn die Erpel ihr schlicht weibchenfarbenes Gefieder gewechselt («gemausert») haben und wieder das kennzeichnende Prachtkleid tragen. Seit dem Hochsommer sahen die den Weibchen recht ähnlich. In diesem «Ruhe»- oder «Schlicht»-Kleid kann man die Erpel von den Weibchen am sichersten an ihrem zitronengelb gebliebenen, nur etwas blasser gewordenen Schnabel unterscheiden. Nach dem Gefiederwechsel im Herbst haben die Erpel das neue Prachtkleid entwickelt. Gerade im Winter, bei Kälte und unter schwierigen Lebensbedingungen, sind sie nun auffallend schön und sehr aktiv. Sie scharen sich in Gruppen zusammen, und bei jeder sich bietenden Gelegenheit beginnen sie mit einer besonderen Balz, die als Gesellschaftsbalz bezeichnet wird. Im Winter und im zeitigen Frühjahr bedarf es nicht einmal der Ankunft eines Weibchens, um bei den hochgradig stimulierten Erpeln die Gesellschaftsbalz auszulösen. Sie recken die Köpfe, tun aufgeregt, werden plötzlich «kurzhoch», wie das Konrad Lorenz genannt hat, geben mit einer bogenförmigen Kopf- und Halsbewegung den «Grunzpfiff» von sich und erregen sich gegenseitig umso stärker, je mehr Erpel sich versammeln. Wird die Gruppe mit 10 bis 15 Erpeln zu groß, teilt sie sich auf, und jede der neu entstandenen Gruppen macht getrennt weiter.

Dieses Balzverhalten ist von Konrad Lorenz und anderen Verhaltensforschern sehr genau untersucht und beschrieben worden. Um die Details geht es hier nicht und auch nicht darum, welche Bewegungen bei den Stockenten denjenigen anderer Arten der Schwimmentengruppe entsprechen, die auch eine Gesellschaftsbalz machen. Wichtig ist, festzuhalten, dass es sich um eine reine Gruppenbalz von Männchen handelt, die in ihrem Ablauf streng ritualisiert ist. Die Erpel kämpfen dabei nicht miteinander. Sie stellen sich in der Gruppe zur Schau. Eine Rangordnung, wie bei der Balz der Birkhähne, entwickelt sich darin nicht. Auf deren Balz-

Arena haben die Plätze große Bedeutung, die die einzelnen Hähne einnehmen. Wer sich im Zentrum behaupten kann, wird Favorit der Weibchen sein. Wer nur an der Peripherie balzen darf, den übersehen die Hennen. In die Balzgruppe der Stockerpel hingegen können weitere Männchen hinzukommen oder die Balzgruppe verlassen. In ihrer Gesellschaftsbalz gibt es keinen Streit. Die Balzbewegungen laufen formalisiert ab. Sie sind ein Ritual. Die ganze Gruppe kann sich rasch wieder auflösen und an anderer Stelle neu anfangen. Sie bleibt flexibel, bis Erpel um Erpel nach und nach verschwindet. Denn mit fortschreitender Jahreszeit über das Frühjahr zum Frühsommer hin werden die Balzgruppen kleiner und seltener. Immer häufiger zeigen sich im Frühjahr Stockentenpaare, die fest zusammen halten. Sie bildeten sich, weil sich die Weibchen aus solchen Balzgruppen «ihr» Männchen ausgesucht haben. Mit diesem bleiben sie bis zur Eiablage verpaart. Bis dahin begleitet der Erpel seine Ente ununterbrochen. Er bleibt immer möglichst nahe bei ihr. Konkurrenten wehrt er ab. Die Ente hetzt ihn sogar mit bestimmten, die Richtung weisenden Kopfbewegungen und mit einem charakteristischen Ruf auf fremde Erpel. Es sieht so aus, als würde sie ihrem Erpel sagen; «Den, den …» – «musst du vertreiben!» Immer öfter ist dann eine ganz andere Form von Balz zu beobachten, die Paarbalz. Dieses Ritual, an dem nur die beiden Partner des Paares beteiligt sind, geht der Kopula voraus. Beide «pumpen» zunächst mit bezeichnendem Kopfnicken, wobei der Erpel die Ente zu lenken scheint, diese aber den Rhythmus vorgibt. Ist sie bereit, streckt sie sich flach auf der Wasseroberfläche aus, lässt sich besteigen und durch schnelles Aufeinanderdrücken der beiden Kloaken den Samen einspritzen. Der Erpel verfügt dazu über ein penisartiges, ziemlich langes Gebilde. Wenngleich die ersten dieser echten Paarungen erfolglos bleiben, weil die Eier noch gar nicht gereift und entsprechend entwickelt sind, kommt über diese Paarbalz eine immer bessere Synchronisation der Partner zustande. Sie garantiert, dass die meisten Eier auch befruchtet werden, wenn es so weit ist. Die dazu nötigen Paarungen werden schnell und wirkungsvoll zur rechten Zeit vollzogen.

Es gibt also bei den Stockenten zwei ganz unterschiedliche Formen der Balz. Der einen, die Befruchtung der Eier gewährleistenden Paarungsbalz geht die andere, die Gesellschaftsbalz der Erpel, voraus. Das ist merkwürdig genug, zumal eine solche Gesellschaftsbalz bei den meisten Entenarten vorkommt. Tragen die Erpel ein vom Weibchengefieder deutlich verschiedenes Prachtkleid, können wir davon ausgehen, dass es eine spezielle Gesellschaftsbalz gibt. Beide hängen also miteinander zusammen. Doch warum reicht die normale Balz nicht, die zur Begattung führt? Warum der zusätzliche Aufwand einer Gesellschaftsbalz, der sich die Erpel über ein halbes Jahr lang hingeben? Wo doch ein paar Tage mit jeweils wenigen Minuten Kopulation auch ausreichen würden, die Eier zu befruchten und Nachwuchs zu erzeugen. Die tiefere Einsicht in diese Zusammenhänge verdanken wir ausgerechnet den bei Stockenten auf den Parkgewässern verhältnismäßig häufig auftretenden Vergewaltigungen. Bei diesen Vergewaltigungen durch mehrere Erpel wird die Ente manchmal sogar getötet.

Im Frühjahr tritt bei den Stockenten eine weitere Form von «Balz» auf, bei der es nicht mehr ritualisiert «gesittet» zugeht. In der Jägersprache hat man die zugehörigen Flüge das «Reihen» genannt. Bis in den Juni hinein lässt es sich beobachten. Dabei fliegen zwei oder mehr Erpel hinter einer meist sehr laut quakenden Ente her und verfolgen sie mitunter kilometerweit. Ein Teil dieser «Reihflüge» endet damit, dass einer der Erpel abdreht und dem nachfolgenden die Ente «überlässt». Bei letzterem handelt es sich zumeist um den verpaarten Partner der Ente. Der oder die Verfolger war/en «ledig». Manchmal geben diese aber nicht auf. Die Ente wird müde geflogen und nach der Landung auf dem Wasser mehrfach vergewaltigt. In Extremfällen, wie sie mitunter auf Stadtparkgewässern auftreten, kann sie dabei so lange ins Wasser gedrückt werden, dass sie ertrinkt. Je länger sich auf den Gewässern Balzgruppen von Männchen aufhalten, desto größer ist auch das Risiko für die Enten, vergewaltigt zu werden. Bei den Parkstockenten können wir das leicht und aus der Nähe beobachten. Ihre oftmals recht individuelle Färbung und Zeichnung ermöglicht es, weit besser als draußen bei den Wildenten festzustellen, mit wem die Ente verpaart war und wie das Ergebnis der Verfolgungsjagden ausfiel.

Beide Formen der Balz, die Gesellschaftsbalz der Erpel und die Balz des Paares vor der Kopula, sowie erzwungene Kopulationen kommen bei dieser Entenart also ganz normal vor. Dass die Vergewaltigungen an Stadtparkgewässern häufiger als draußen in der freien Natur auftreten, ist ein «Stadteffekt», aber ein nur indirekter. Zugrunde liegt keine «Wohlstandsverwahrlosung» der Parkstockenten, wie Konrad Lorenz gemeint und wofür er den von seinem Wiener Kollegen Otto Koenig geprägten

Ausdruck verwendet hatte, sondern etwas ganz anderes. Um das zu verstehen, müssen wir den Jahreslauf der Stockenten weiter betrachten. Aus den Balzgruppen der Männchen hatten die Enten einen Partner gewählt, mit dem sie sich für die neue Saison verpaaren. Im April, bei günstiger Witterung auch schon im März, suchen die Enten, noch immer in Begleitung ihrer Männchen, nach einem geeigneten Nistplatz. Sie bauen ein Nest, polstern es weich aus und legen ihre Eier hinein – Tag für Tag ein Ei, bis das Gelege voll ist. Es kann bis über zehn Eier umfassen. Vier Wochen lang bebrütet das Weibchen nun ihr Gelege. Wenn alles gutgeht, schlüpfen dann die Jungen. Sie sind recht weit entwickelt, können, nachdem sie trocken geworden sind und sich ihr Flaumgefieder aufgestellt hat, aufstehen, zum Wasser laufen und gleich schwimmen. Bei manchen Entenarten tauchen die Jungen auch schon in den ersten Lebenstagen. «Nestflüchter» werden solche Jungvögel genannt, die schon sehr selbständig sind und auch selbst ihre Nahrung suchen, während die «Nesthocker» auf die mitunter recht lange Versorgung durch die Altvögel im Nest angewiesen sind. Die Ente wärmt die Kükenschar nachts, schützt sie am Tag bei schlechtem Wetter und sorgt dafür, dass die Kleinen unter ihrem Bauch rasch wieder trocken werden, wenn sie aus dem Wasser kommen. Hat die Ente in einer gut geschützten Nische oder in einer großen Baumhöhle gebrütet, gehört es zu den ersten Lebenstätigkeiten der Jungen, zum Boden hinabzuspringen. Bei manchen Entenarten, wie zum Beispiel bei der Schellente, kann das ein Sprung aus mehreren Metern Höhe bedeuten. Küken von Gänsesägern, einer anderen Art von Enten, die sich von Fischen ernährt, springen aus noch größerer Höhe, etwa aus Kirchtürmen ab. Sie werden dann von der Mutter zum nächsten Gewässer geführt. Sie bleibt mit ihren Jungen zusammen, bis diese die Flugfähigkeit erreicht haben und selbständig lebensfähig geworden sind.

Die gesamte Brutzeit der Stockenten und anderer Entenarten zieht sich daher vom Frühjahr mit dem Nestbau und der Eiablage bis in den Sommer hinein. Die Erpel verlassen ihre Ente, sobald diese mit dem Bebrüten des Geleges begonnen hat. Sie beteiligen sich nicht daran. Ihr buntes Gefieder würde sie zu auffällig machen, wenn das Nest im Schilf oder im Gestrüpp am Ufer angelegt worden wäre. Die Ente hingegen tarnt ihr Gefieder. War sie mit dem Brüten erfolgreich, kommt sie mit ihrer Jungenschar häufig auch aus der Deckung, um diese an ergiebigere Nahrungsgründe zu führen. Anhand der Junge führenden Weibchen lassen sich der Bruterfolg und die Jungenverluste während des Heranwachsens bis zum Flüggewerden ganz gut ermitteln. Diese Verluste sind groß. Dass das von Natur aus so ist und nicht etwa ein Effekt der zu wenig natürlichen Lebensbedingungen an und auf den Parkgewässern geht aus der Gelegegröße hervor. Wenn das durchschnittliche Vollgelege bei den Stockenten je nach Region acht bis zwölf Eier umfasst, drückt dies aus, dass die Verluste sehr hoch ausfallen müssen. Denn letztlich sind nur zwei erfolgreiche Junge nötig, um das Paar langfristig zu ersetzen. Leben die Stockentenpaare im Durchschnitt nur drei Jahre lang und schaffen sie damit drei Brutzeiten, dürfen von 30 Eiern jedes Weibchens 28 irgendwelchen Verlustursachen zum Opfer fallen, ohne dass deswegen der Bestand abnehmen würde.

Je früher die Enten brüten, desto größer fallen die Gelegeverluste sogar aus. Aber desto besser ist auch die Kondition der überlebenden Jungen zu Beginn des Winters. Damit wirkt die natürliche Selektion zugunsten eines frühen Bruttermins, weil nicht entscheidend ist, dass Gelege erfolgreich waren, sondern dass die Jungen des betreffenden Jahres in ausreichender Kondition sind, wenn der Winter beginnt und den eigentlichen Engpass setzt. Wochenlang kann Nahrung knapp oder gar nicht verfügbar sein. Wer nicht genügend Reserven hat, überlebt den Winter nicht. Frühe Gelege sind jedoch, da die Deckung im März oder April natürlich viel weniger wirksam ist als im Mai oder Juni mit dicht gewordener Vegetation, besonders gefährdet, von sogenannten Nesträubern entdeckt zu werden. Die Enten verlieren sie zu einem hohen Prozentsatz. Doch wenn auch nur eines mit zehn Eiern durchkommt und davon zehn Jungenten in guter Kondition den ersten Winter ihres Lebens überstehen, ist mehr gewonnen als durch zwei oder drei Totalverluste solcher Gelege für die Lebensleistung einer Ente verloren geht. Sie tut sogar gut daran, einen frühen Gelegeverlust so schnell wie möglich durch ein Nachgelege auszugleichen. Dieses wird zwar weniger Eier enthalten, aber bei günstigem Verlauf des Jahres kann es dennoch Erfolg bringen.

Und dazu benötigt sie nun die Balzgruppen der Erpel. Ihr Begleiter hatte sie verlassen, als sie mit dem Brüten begann. Nun braucht sie für die Befruchtung ihrer Eier neue Kopulationen. Dieses Bedürfnis drückt sich in den Vergewaltigungen aus. Die Erpel sind noch aktiv. Sie halten sich durch die Gesellschaftsbalz sexuell stimuliert. Viele kehren, wenn sie «ihre» Weibchen verlassen haben, zu den anderen Erpeln zurück. Die

Ansammlung von Männchen regt die weitere Aktivität der Hormone an. Das Balzen geht weiter, auch wenn vielleicht wochenlang kein einziges Weibchen mehr kommt. Ist es aber dann doch wieder so weit, dass Bedarf gegeben ist, sind sie einsatzbereit. Es sind daher vor allem die späten Gelegeverluste oder der Totalverlust einer Jungenschar, die Weibchen der Gefahr der Vergewaltigungen aussetzen. Die Erpel sind noch aktiv, der Ente fehlt der Schutz des Partners. Bei späteren Verfolgungsflügen, dem Reihen, wehrt kein Erpel die anderen ab, sondern jeder versucht an die Ente zu kommen. Die erzwungene Paarung drückt die Ente unter Wasser, weil die Erpel sie mit dem Schnabel fassen und ihren Kopf und Hals ausgestreckt halten, dabei selbst aber schon von den anderen Erpeln bedrängt werden. Erst wenn bei den Erpeln die Balzbereitschaft erloschen ist und die Mauser eingesetzt hat, sind die erfolglosen Weibchen sicher. Zusammen mit den anderen, die Junge zu führen hatten, kommen sie später in den Gefiederwechsel als die Männchen. Auch diese Zeitverschiebung schützt sie vor der ansonsten doppelten Belastung einer zu späten Brut und einer brutalen Vergewaltigung gerade dann, wenn sie Ruhe brauchen.

Anders als die meisten Vögel werfen die Enten nämlich bei der großen Mauser im Sommer die Federn des eigentlichen Fluggefieders gleichzeitig ab. Ohne die Hand- und Armschwingen und die Steuerfedern des Schwanzes können sie nicht fliegen. Es dauert etwa drei Wochen, bis die neuen Federn nachgewachsen sind. In dieser Zeit sollten sie möglichst ungestört bleiben können. Dann entwickeln sich die neuen Federn gut und gleichmäßig elastisch-fest. Die Mauser stellt daher eine besonders kritische Zeit im Jahreslauf der Entenvögel dar. Sie fliegen vorher bis über 1000 Kilometer weit, um ein geeignetes Mauserquartier an einem nahrungsreichen und möglichst ungestörten Gewässer zu finden. Die Erpel treffen dort etwa drei bis vier Wochen früher als die Weibchen ein. Manche Weibchen, die mit ihrer Brut spät dran waren, bleiben auch auf dem Gewässer, an dem sie brüteten, um dort zu mausern. Dieses Verhalten trennt beide Geschlechter in der kritischen Zeit und minimiert auf diese Weise Konflikte, die sich aus der langen Paarungsbereitschaft der Erpel und ihrer Fähigkeit, mit einem Penis Vergewaltigungen erzwingen zu können, ergeben. Doch schon wenige Wochen später beginnt bei den Enten eine neue Mauser. Diese betrifft nun nicht mehr das Fluggefieder, sondern das Kleingefieder, aus dem sich das Prachtkleid zusammensetzt.

Die Geschlechtshormone sind wieder wirksam geworden. Die männlichen Keimdrüsen, die Hoden, die während der Zeit des weibchenähnlichen Ruhekleides stark geschrumpft waren, beginnen erneut zu wachsen. Im Spätherbst oder Winter erreichen sie die «Arbeitsgröße» und bald kann die Samenproduktion beginnen. Während der Ruhe im Sommer waren sie eigentlich ein Neutrum, weder männlich, noch weiblich, auch wenn ihr Gefieder einen weibchenähnlichen Zustand ausgedrückt hat. Schon bilden sich die ersten Paare bei den Stockenten. Im Winter und im Vorfrühling, bevor die Weibchen die Nistplatzsuche beginnen, können wir daher sowohl reine Männchengruppen als auch paarweise zusammenhaltende Stockenten antreffen. Ein komplizierter Lebensablauf? Ein sehr wirkungsvoller, wie sich noch zeigen wird. Betrachten wir kurz ein paar weitere Entenarten.

Die Stockente ist keineswegs die einzige Ente mit einer Gesellschaftsbalz. Die kleineren Krickenten, deren Männchen ein so bezeichnendes «gelbes Heck» tragen und die namengebende Rufe hören lassen, gehören ebenso dazu wie ein halbes Dutzend weiterer Arten europäischer Schwimmenten. Balzgruppen mit zum Teil sehr markanten Körperbewegungen und Rufen bilden auch Tauch- und Meeresenten aus. Häufig zu sehen sind sie wegen der plakativen Schwarz-Weiß-Färbung der Erpel bei den Reiherenten, weithin zu hören bei den mit «eckigem» grünen Kopf und einem runden weißen Fleck hinter dem Schnabel gekennzeichneten Schellenten, die als Wintergäste von den nordischen Seen nach Mitteleuropa kommen, hier aber nur vereinzelt brüten. Höchst eindrucksvolle Balzgruppen bilden die schmucken Gänsesäger. Mit ihrem flaschengrünen Kopf könnte man sie am ehesten noch mit Stockenten verwechseln, aber sie sind viel schlanker gebaut und liegen tiefer im Wasser. Das weist sie als gute Taucher aus. Ihr recht dünner Schnabel ist rot. An der Spitze trägt er einen Haken. Dieser erleichtert das Erfassen der schlüpfrigen Fische, ebenso wie die «Sägezähnchen» an den Schnabelseiten, die dieser Untergruppe der Enten die Bezeichnung «Säger» eingetragen hat. Fast der ganze Körper der Männchen ist weiß mit einer lachsrosafarbenen Tönung, so dezent wie mit Make-up aufgetragen. Wenn die Gänsesäger im Frühjahr auf Parkgewässern balzen, gehören ihre Vorführungen zu den eindrucksvollsten aus der heimischen Welt der Enten. Balzgruppen von Männchen bilden sich bei zahlreichen weiteren Arten aus der Familie der Entenvögel. Am ausgeprägtesten treten sie bei solchen Arten auf, die an kalten Gewässern brüten, während die wenigen Arten dieser Familie, die subtropische oder gar tropische Gewässer als Lebensraum nutzen, kaum Gruppen bilden oder überhaupt nur paarweise leben. Bei ihnen gibt es dann lediglich die Paarbalz.

Hätte man, wie oben angemerkt, die Pracht der Fasanenvogel-Hähne dem tropischen Klimabereich zuordnen wollen, so kommt bei globaler Betrachtung der Entenvögel genau das Gegenteil heraus. Die prächtigsten Arten leben außerhalb der Tropen in den kalten Regionen und die ausgeprägtesten Formen von Gruppenbalz gibt es bei diesen und nicht bei den Enten, die in der tropischen Wärme leben. In beiden Vogelgruppen unterscheiden sich die Männchen von den Weibchen sehr stark. Die wenigen Ausnahmen bestätigen die Regel. So macht die unter unseren mitteleuropäischen Entenarten im Prachtkleid der Erpel am schlichtesten gefärbte Schnatterente auch die am geringsten ritualisierte Gruppenbalz. Zu dieser treffen sich beide Geschlechter schon kurz nach der Mauser im Hochsommer. Danach leben die Schnatterenten nahezu das ganze Jahr über in fest zusammenhaltenden Paaren. Die Männchen unterscheiden sich mit ihrem schwarzen Körperende und der graueren Gefiedertönung nur wenig von den Weibchen.

*Schwäne und Gänse*

Die Enten haben aber noch andere Mitglieder in ihrer Familie. Markante Gruppen, wie die Gänse und die Schwäne, gehören auch zu den Entenvögeln. Für diese gilt jedoch, dass sich Männchen und Weibchen nahezu gar nicht oder nur ganz geringfügig voneinander unterscheiden. Die Schwanarten der Nordhalbkugel sind ganz weiß. Körpergröße und Färbung des Schnabels kennzeichnet die Arten, von denen der überall auch auf Parkgewässern anzutreffende Höckerschwan die bei weitem bekannteste Art ist. Doch nicht alle Schwäne sind weiß. In Australien lebt der auch in Europa stellenweise eingebürgerte Schwarze oder Trauerschwan; im südlichen Südamerika der Schwarzhalsschwan. Dort gibt es auch den kleinen weißen Koskorobaschwan, der eher einer großen Gans ähnelt. Bei allen Schwänen sind aber die Geschlechter gleich und abgesehen von etwaigen Größenunterschieden höchstens noch an der Intensität der Schnabelfärbung nach männlich oder weiblich zu unterscheiden. Ähnlich verhält es sich mit den Gänsen. Auch bei ihnen sind die Geschlechter gleich. Aber die Gruppe der Gänse enthält neben eher einförmig grauen oder dunklen Arten auch solche mit recht bunter Färbung.

Diese würden sich ohne weiteres unter die Prachtkleider der Enten einreihen lassen, wenn die Weibchen entsprechend «schlicht» wären, was sie aber nicht sind. So sind bei den Brandgänsen *Tadorna tadorna* der europäischen Meeresküsten, bei den Rostgänsen *Tadorna ferruginea* und Rothalsgänsen *Branta ruficollis* der südosteuropäischen und vorderasiatischen Steppengewässer die Weibchen kaum weniger farbkräftig gefiedert als die Männchen und nur durch Kleinigkeiten äußerlich von ihnen unterschieden. Sie halten also unabhängig von der Farbigkeit die ‹Gänse- und Schwäne-Regel› ein: Geschlechter gleich. Wie so oft bei «Regeln» gibt es in der Natur jedoch Ausnahmen. An der Südspitze Südamerikas leben fünf Arten von Gänsen, die zur Untergruppe der ‹Halbgänse› gerechnet werden, bei denen drei aus der Reihe tanzen und stark unterschiedlich gefärbte und gezeichnete Männchen und Weibchen haben, während zwei derselben Gattung *(Chloephaga)* der ‹Gänseregel› entsprechen. So sehr ins Detail zu gehen, mag für Vogelkundler interessant sein. Bringt es auch etwas in unserem allgemeinen Zusammenhang? Durchaus, denn für die insgesamt fast 150 verschiedenen Arten von Entenvögeln können wir eine Bilanz erstellen, bei wie vielen Arten von ihnen es spezielle Prachtkleider bei den Männchen gibt und wie es sich damit in Bezug auf andere Eigenschaften dieser in ihrer Lebensweise sehr gut erforschten Vogelgruppe verhält. Das Ergebnis sieht folgendermaßen aus:

Gleiches Gefieder tragen alle Arten der Schwäne (100 %), fast alle Arten der Gänse (87 %), drei ausgenommen, die jedoch überleiten zu den Enten, aber nur 28 (= 24 %) der «Entengruppe» unter den Entenvögeln. Somit handelt es sich bei der Ausbildung des männlichen Prachtgefieders nicht um ein Entweder-Oder, sondern um mehr oder weniger gleitende Übergänge innerhalb dieser Familie der Entenvögel (Anatidae). Nicht einmal die direkte Verwandtschaft ist entscheidend, da zwei Arten der Kelpgänse aus der oben angeführten Gattung *Chloephaga* gleich, die drei anderen aber ungleich gefiedert sind. Umgekehrt sind in der Tauchentengattung *Aythya* bei den meisten Arten die Erpel durch ein eigenes Prachtkleid ausgezeichnet, aber bei der seltenen, auch in Mitteleuropa vorkommenden Moorente *Aythya nyroca* ist der Unterschied fast bedeutungslos gering. Dass bei den europäischen Schwänen und Gänsen Männchen und Weibchen keine markanten Gefiederunterschiede zeigen, hängt somit nicht unmittelbar von ihrer Verwandtschaft ab. Was ist aber dann der Grund?

Eine kurze vergleichende Betrachtung des Lebens unserer auf fast allen größeren Gewässern und in Stadtparks vorkommenden Höckerschwäne *Cygnus olor* und Graugänse *Anser anser* mit den Stockenten *Anas platyrhynchos* und den Reiherenten *Aythya fuligula* offenbart den entscheidenden Unterschied: Bei den Schwänen und Gänsen führen beide Partner des Paares die Jungen, bei den Stock- und Reiherenten aber nur die Weibchen. Die Erpel kümmern sich weder um die Brut, noch verteidigen sie Nistterritorien. Darin stimmen sie mit den Birkhähnen, den Fasanen und Pfauen überein. Selbst wenn sie, wie manche Erpel, «ihre» Ente wochen- oder monatelang begleiten und gegen fremde Erpel zu verteidigen versuchen, interessiert sie die Brut nicht mehr. Mit den Entenküken müssen die Weibchen alleine zurechtkommen. Die Erpel sind zu weiteren sexuellen Abenteuern unterwegs – zu jenen bereits oben geschilderten Reihflügen mit Vergewaltigungsversuchen von Enten, die noch nicht brüten oder deren Gelege und Brut vernichtet worden waren. Bei den Schwänen und Gänsen betreuen hingegen beide Partner die Brut. Gerade die Männchen verteidigen das Nest und die Jungen so heftig, dass Parkschwäne sogar Menschen angreifen, wenn diese zu nahe kommen.

Innerhalb der Enten im engeren Sinne unterscheiden sich solche Erpel in ihrem Brutzeit-Gefieder wenig(er) von den Weibchen, die lange bei diesen bleiben. Je bunter, auffälliger und abweichender vom schlichten Weibchenkleid, desto kürzer währt die «Bindung» der Partner und umso ausgeprägter sind Formen der Gesellschaftsbalz der Erpel miteinander. Eine direkte Folge dieser Gesellschaftsbalz besteht wohl darin, dass die Erpel durch fortgesetzte gegenseitige Anregung viel länger dazu in der Lage sind, männliche Hormone in starkem Maße auszuschütten, als das ohne die Gesellschaftsbalz der Fall wäre. So verfügen sie bei Bedarf, das heißt, wenn Weibchen ihre Gelege oder kleinen Jungen verloren haben, über befruchtungsfähiges Sperma. Die Nest- oder Brutverluste und die Nachgelege begünstigen eine lange Paarungsbereitschaft der Erpel und verstärken entsprechend ihre Teilnahme an der Gesellschaftsbalz, während intensive Nachwuchsbetreuung mit vermindertem Risiko von Totalverlusten der Brut den Zusammenhalt der Partner im Paar verstärkt. Die Ganter halten damit ganz zwangsläufig Abstand voneinander und nehmen ihre Aufgabe beim Schutz der Jungen umfänglich wahr.

Dieses «Prinzip» hoher oder geringer Beiträge der Männchen zu Brut und Aufzucht der Jungen durchzieht nicht nur die gesamte Entenfamilie, sondern es gilt genauso für die Hühnervögel und für andere Vögel mit einem ausgeprägten Prachtkleid der Männchen. Mithin kann das Problem als «gelöst» gelten. Kann es das aber wirklich? Dann wäre jede weitere Betrachtung und Vertiefung überflüssig. Doch die Feststellung, *dass* etwas so ist, enthält noch keine Erklärung dafür, *warum* es so ist. Aus dem Geschilderten geht nicht hervor, warum Schwäne und Gänse den Zusammenhalt als Paar sogar so weit entwickelt haben, dass sie über viele Jahre hinweg einander «treu» bleiben, während auf die allermeisten Enten nicht einmal der Ausdruck «Saisonehe» passt. Beide Partner eines Stockentenpaares halten nur so lange zusammen, wie dies für die erfolgreiche Befruchtung der Eier nötig und dem Fernhalten der zu Vergewaltigungen bereiten anderen Erpel dienlich ist. Mit der Schilderung der Grundzüge des Lebenslaufes von Stockenten haben wir einen typischen Vertreter der Enten mit Gesellschaftsbalz betrachtet. Wie sieht es bei den Schwänen aus, die eine dauerhafte Paarbindung eingehen und lebenslang zusammen bleiben, wenn alles gut geht?

Beginnen wir auch bei ihnen im Winter und wählen wir unseren Höckerschwan als leicht zu beobachtendes Beispiel. An den Futterstellen drängeln sich die Schwäne, um Brot von mildtätigen Menschen zu erhalten, wenn die Gewässer weitgehend zugefroren sind und zur Ernährung keine Wasser- und Uferpflanzen mehr zur Verfügung stehen. Doch das Gewimmel der Schwanenleiber hat eine andere Struktur als das der Enten. Einige, die kräftiger als die anderen aussehen, halten die Flügel halbhoch angehoben. Andere beißen sie mit einem Hieb ihres lackroten Schnabels von den attraktivsten Stellen weg. Genaueres zeigt sich, sobald die Witterung im Vorfrühling mild genug und die städtischen Gewässer eisfrei geworden sind. Dann kreuzt da und dort ein Schwanenpaar umher. Von den anderen ist nichts zu sehen. Sie halten weiter in einer Gruppe zusammen, ruhen vielleicht am Ufer und putzen sich oder halten weiterhin Ausschau nach Menschen, die ihnen Futter bringen könnten. Der Frühling kommt und es ändert sich nichts wesentlich. Die Paare, die ganz offensichtlich ein recht großes Revier haben, halten dieses von anderen Schwänen, ihren Artgenossen, frei. Die Männchen, nun als solche eindeutig zu erkennen, halten die Schwingen drohend angehoben. Auch Menschen, die sich dem Ufer nähern, fauchen sie an. Irgendwo an passender Stelle am Ufer fängt indessen die Schwänin mit dem Nestbau an. Zustande kommt eine bis über zwei Meter im Durchmesser große Plattform, die sie aus Röhrichthalmen oder anderen Pflanzen errichtet und unter ihrem Gewicht verfestigt. Schließlich legt das Weibchen in die nur zehn bis zwölf Zentimeter tiefe Mulde im Nestzentrum das erste Ei hinein. Weitere folgen im Abstand von etwa zwei Tagen, bis das Gelege mit fünf bis sieben Stück, im Mittel sind es sechs, manchmal auch bis zu zehn und mehr, angefüllt ist. Dann beginnt sie zu brüten. Die Eier sind groß. Sie messen der Länge nach 10 bis 15 Zentimeter und wiegen pro Stück 265 bis 380 Gramm. Nach 35 bis 36 Tagen Bebrütung schlüpfen die Jungen. Sie tragen wie alle Entenvögel ein dichtes Dunenkleid, können bald nach dem Schlüpfen und Trocknen schwimmen und klettern der Mutter oft auf den Rücken, wenn sie müde sind und mit ihren kleinen grauschwarzen Füßen nicht weiter paddeln wollen. Viel langsamer als die Entenküken wachsen sie heran. Wenn sie im Herbst annähernd ausgewachsen sind, fällt der Größenunterschied zu den erwachsenen Schwänen stark auf. Ihr Hals ist noch ein gutes Stück kürzer, was bedeutet, dass sie im Herbst und Winter auch nicht so tief hinabreichen können, um Wasserpflanzen, ihre Hauptnahrung, heraufzuholen. Noch sind sie auch graubraun gefiedert, nicht weiß, es sei denn, es handelt sich um eine verhältnismäßig häufig auftretende Mutante, bei der die Jungen gleich mit einem weißen Dunen- und Jugendkleid beginnen. ‹Immutabilis›, die Unveränderliche, wird diese Mutante genannt. Sie ist nicht vorteilhaft, wie sich zeigt, weil die Träger dieser Eigenschaft früher sterben als die normalen Höckerschwäne.

Bedeutend scheint der Unterschied zur Stockente zunächst also gar nicht zu sein. Die frisch geschlüpften Jungen sind Nestflüchter. Die Nahrung suchen sie sich selbst. Ist es bei der Stockente allein die Mutter, die sich um die Jungen kümmert, so kommt beim Höckerschwan der Vater mit dazu. Doch der spreizt die Flügel, tut böse und hält Artgenossen fern. Am Hudern der Jungen beteiligt er sich hingegen gar nicht und auch an der Führung zu ergiebigen Futterstellen kaum. Es würde völlig ausreichen, wenn sich die Schwänin um ihre Jungen kümmerte, so der Eindruck. Dennoch verhält es sich ganz anders. Wir müssen nämlich die anderen, in der lockeren Gruppe verbliebenen Schwäne in die Betrach-

tung mit einbeziehen. Sie brüten nicht. Sie versuchen es zumeist gar
nicht, sondern ergreifen die Flucht, ohne sich einem Kampf zu stellen,
wenn ein Schwan, der ein Brutrevier hat, mit das Wasser peitschenden
Flügelschlägen und gesenktem Kopf auf sie zudonnert. «Donnern» ist gar
nicht so übertrieben. Man muss den heranrauschenden Schwan auf dem
Wasser und in Kopfhöhe der anderen Schwäne hören, denen der Angriff
gilt. Schwimmer, die von einem wütenden Schwan angegriffen werden,
erschrecken ganz zu Recht, auch wenn der Ansturm schlimmer aussieht
als er dann wird. Jedenfalls ergreift selbst eine Gruppe von 40 oder 50
revierlosen und demzufolge nicht brütenden Schwänen die Flucht, wenn
der «Herr» des Brutreviers auf sie losgeht. Einer gegen fünfzig! Kaum zu
glauben. Es ist schon eindrucksvoll genug, wenn eine Gruppe von einem
Dutzend Schwäne Reißaus nimmt.

Das Ergebnis dieser aggressiven Revierverteidigung sieht folgendermaßen aus: An größeren Gewässern, wie Ketten von Stauseen oder an
den Ufern von Seen, gibt es eine klare, weithin sichtbare Aufteilung von
Brutrevieren. Anfänglich beide Partner, dann aber fast nur noch das
Männchen, verteidigen diese Reviere heftig. Der größere Teil des Gesamt-
bestandes der Schwäne geht hingegen leer aus. Als Nichtbrüter-Gruppe
halten die Revierlosen zusammen und harren an Stellen aus, die ihnen
die Revierbesitzer überlassen haben. Dort beginnen sie früh die Mauser.
Überall schwimmen dann die weißen Federn herum, werden vom Wind
verfrachtet, und wenn die großen Schwungfedern mit dabei sind, ist auch
bei ihnen die Zeit der Flugunfähigkeit gekommen. Dann sind auch sie
wochenlang darauf angewiesen, zu schwimmen und zu Fuß zu gehen,
um sich fortzubewegen. Fliegen können sie nicht mehr, bis die neuen
großen Federn nachgewachsen sind. Inzwischen führen die Paare ihre
Jungen.

Selbstverständlich fallen die Gelege- und Jungenverluste bei den
Schwänen viel geringer aus als bei den Enten. Nur wenige natürliche Feinde sind in der Lage, ein so großes, recht stabiles Schwanenei aufzubre-
chen. Füchse würden das kaum wagen, so heftig schlagen die Schwäne
mit ihren Schwingen zu. Krähen und Elstern wären allemal zu klein, die
Eier zu knacken. Sogar die großen Kolkraben würden sich schwer tun, so
sie jemals eine Chance bekämen, an ein Schwanengelege oder an kleine
Junge, die zudem auf dem Wasser schwimmen, heranzukommen. Ver-
bleiben große Hechte und Welse als Raubfische, die kleine Schwanen-

junge erbeuten können. Vielleicht ist dies auch mit ein Grund dafür, dass die müden Jungen auf den Rücken der Mutter klettern. Was immer wir an Gefahren in Erwägung ziehen, es bleibt klar, dass die Schwäne weitaus geringere Brutverluste haben sollten als die im Vergleich zu ihnen wenig wehrhaften Enten. Dennoch liegt ihre mittlere Eizahl ähnlich hoch wie bei den Enten und übertrifft einige Entenarten sogar. Mit durchschnittlich sechs Eiern pro Vollgelege und fünf überlebenden Jungen pro Brut müssten die Gewässer längst übervoll mit Schwänen sein, denn diese werden durchaus um die 20 Jahre alt. Zwar brauchen sie drei bis vier Jahre, bis sie erwachsen und fortpflanzungsfähig sind; aber sechzehnmal fünf Junge großgezogen zu haben würde bedeuten, dass eine Schwänin am Lebensende 80 Schwäne Nachwuchs hinterließe, von denen ein Großteil selbst schon wieder Junge hätte, die auch wieder Junge bekommen haben. Denn die Jungen der ersten drei oder vier Bruten werden bereits fortpflanzungsfähig, wenn ihre Eltern noch ein ganzes Jahrzehnt Lebenszeit vor sich haben.

Tatsächlich haben Schwäne, die in die Freiheit von Seen und Stauseen hinausgezogen waren, in den 1960er und 1970er Jahren in der Spanne von nur einem Jahrzehnt große frei lebende Bestände aufgebaut, die sich nun genauso wie Wildschwäne verhalten. Aber nach rund einem Jahrzehnt war die explosive Vermehrung vorüber. Die regionalen Bestände wuchsen nicht weiter an, sondern fingen an, um einen Mittelwert zu schwanken. Ohne nennenswerte natürliche Feinde hatte eine Bestandsregulierung eingesetzt. Sie ging von den Schwänen selbst aus. Ihre Wirkung äußerte sich in der schon geschilderten Zweiteilung des Bestandes bei den «Stadtschwänen». Nur wenige Paare schaffen es, ein geeignetes Brutrevier für sich zu erobern. Die meisten anderen gehen leer aus. Sie müssen zuwarten, bis Plätze frei werden. Und da die erwachsenen Schwäne recht lange leben, dauert auch das Warten entsprechend lang. Sieben und mehr Jahre können vergehen, bis ein Paar, das in der Gruppe der Nichtbrüter zusammengefunden hat, es schafft, ein Brutrevier zu erobern. Doch dieses Warten lohnt, wie eine einfache Rechnung beweist. Selbst wenn sie, geschlechtsreif geworden, noch zehn Jahre warten müssen, dann aber in den verbleibenden fünf bis sechs Jahren ihres Lebens jeweils fünf Junge erfolgreich großziehen, schicken sie zehn und mehr zukünftige Paare in die Konkurrenz um ein Revier. Das reicht allemal, um sie selbst, das Elternpaar zu ersetzen.

Ob sich die Jungen durchsetzen werden, hängt von der Kondition ab, die sie erreichen. Schlechte Reviere bedeuten schlechte Ergebnisse. Genaue Untersuchungen ergaben, dass die Höckerschwäne versuchen, Super-Reviere zu behaupten, in denen weit mehr Nahrung vorhanden ist oder sich den Sommer über an Wasser- und Uferpflanzen entwickelt, als sie und ihre Jungen brauchen. Dann entlassen sie ihren Nachwuchs in der bestmöglichen Kondition in die Selbständigkeit. Im ersten Winter werden die Jungschwäne besonders gefordert. Die Erwachsenen sind ihnen überlegen, der Schutz der Eltern fehlt: Ihre Sterblichkeit steigt an. Der erste Winter ist der entscheidende Engpass für ihr Überleben. Je mehr Jungschwäne es gibt, desto schlechter sind die Chancen durchzukommen. Daher lohnt es nicht, in minderwertigen Revieren Brutversuche zu machen. Der Nachwuchs hätte keine Chance, wenn der Bestand bereits voll entwickelt und die Konkurrenz infolgedessen groß ist. Würden alle Schwäne, die dazu in der Lage sind, versuchen zu brüten, kämen so hohe Verluste an Jungen zustande, dass sich der Aufwand überhaupt nicht mehr lohnte, sondern den Alten nur Konditionsverluste brächte. Auch das zeigt wiederum eine einfache Rechnung.

Wenn sich aus einem Bestand von 100 erwachsenen Schwänen 50 Paare bilden, die pro Jahr und Paar fünf Junge großziehen, sind nach zwei Jahren bereits 500 Jungschwäne vorhanden, die selbst noch nicht fortpflanzungsfähig sind. Die natürliche Sterberate der Altschwäne beträgt aber lediglich etwa zehn Prozent pro Jahr. Also sind dem Ausgangsbestand 20 Altschwäne verlustig gegangen, deren Positionen von nachrückenden Jungen ersetzt werden können. 480 der Jungschwäne sind daher zum Tode verurteilt. Pro Paar würden von den zehn Jungen beider Bruten im rechnerischen Durchschnitt lediglich 0,4 Junge überleben. Ein so geringer Erfolg lohnt den Aufwand nicht. Brüten aber anstelle der 50 möglichen Paare nur zehn, so kann ein Jungschwan pro Paar und Jahr die ausgefallenen Altschwäne ersetzen. In zwei Jahren schon haben sich somit die beiden Partner des Brutpaares selbst ersetzt. Solche Rechnungen mögen sehr theoretisch aussehen, weil die Schwäne selbst natürlich nicht rechnen und das Verhältnis von Aufwand zu Erfolg bilanzieren. Genau das geschieht aber durch die natürliche Selektion. Ihr ist es zuzuschreiben, welche Formen von Fortpflanzung sich etablieren oder auch zu welchen anderen Formen übergegangen wird, wenn sich die Verhältnisse ändern. So brüten die Höckerschwäne in besonders günstigen, an

Wasserpflanzen sehr reichen Jahren mitunter plötzlich in Kolonien. Die Männchen unterdrücken ihre Aggressivität. Die Nester liegen nur noch wenige Meter auseinander. Aber sobald sich die Normalität wieder eingestellt hat, kehren sie zum alten System großer Brutreviere zurück. In der wechselhaften, seitens der Niederschläge sehr wenig vorhersagbaren Natur Australiens neigen die dortigen Schwarzen Schwäne zum Brüten in Kolonien, wenn sich plötzlich günstige Verhältnisse dafür aufgrund überdurchschnittlicher Regenfälle eingestellt haben, während sie bei uns noch aggressiver als die Höckerschwäne ihr Brutrevier verteidigen. Die Höckerschwäne bei uns finden sich in den Nichtbrütergruppen zunächst zu Paaren zusammen und müssen in der Regel zuwarten, bis Platz für sie frei geworden ist. Dann lohnt der Zusammenhalt; Neuverpaarungen würden Zeit kosten und den Revierverlust bedeuten. Mithin weist das Beispiel der Höckerschwäne darauf hin, dass die Lebensbedingungen offenbar einen sehr großen Einfluss auf das Fortpflanzungssystem ausüben. Ein Prachtgefieder würde bei den Schwanenmännchen keinen Sinn ergeben. Das weithin leuchtende Weiß der Schwäne zeigt den Artgenossen viel wirkungsvoller an, dass das Revier besetzt ist als jede andere Farbe des Gefieders. Es wirkt abstoßend, nicht anlockend wie das Prachtkleid der Enten.

Das Prachtkleid der Enten hingegen signalisiert nicht allein den Weibchen, dass hier ein Erpel ihrer Art schwimmt, sondern es signalisiert dies auch den Erpeln selbst, die sich zur Gesellschaftsbalz zusammenfinden. Wo sich, wie auf vielen Gewässern mit flachen Ufern, zahlreiche verschiedene Arten von Enten aufhalten, bewirkt diese Doppelfunktion die artgemäß richtige Entmischung, wenn es darauf ankommt. Ansonsten sind die Enten recht gesellig. Sie ruhen zusammen auf dem Wasser oder dicht gedrängt am Ufer. Wo Hunderte beisammen sind, können es sich die meisten leisten zu schlafen, weil immer einzelne Enten die Augen wachsam offen halten. Naht ein Feind, ein Falke oder ein Seeadler, fliegt die Schar auf und erzeugt mit dem Schwarm ein Durcheinander, das es dem Feind schwer macht, sich auf eine Ente zu konzentrieren. Je gemischter an Arten, desto größer das optische Chaos. Allein die Zahl vermindert das Risiko, von einem Feind erbeutet zu werden. Wäre eine Ente allein und würde sie dann das Ziel eines Angriffs, hingen die Chancen ihres Davonkommens auch von ihr allein, von ihrer Wachsamkeit und Kondition ab. Unter 100 oder 1000 anderen Enten trifft sie von vornherein ein

Hundertstel oder ein Tausendstel des Risikos. Diese Gegebenheit wird sich als recht wichtig erweisen, wenn wir der Frage nachgehen, ob – und wenn ja, in welchem Ausmaß – die bunten, auffälligen Erpel ein höheres Risiko zu tragen haben, einem Feind zum Opfer zu fallen als die tarnfarbenen Weibchen.

Zurück zu den Schwänen. Ihr auffälliges Weiß, das auch das brütende Weibchen auf dem nach oben nicht sichtgeschützten Nest verrät, könnte sie einem besonderen Risiko aussetzen. Doch bei ihrer Größe ist dieses sehr gering, weil einzig Seeadler, und das nur eingeschränkt, stark genug wären, sich einen Schwan zu greifen und zu töten. Eingeschränkt deswegen, weil das Gefieder der Schwäne so dicht ist, dass selbst die Krallen der großen Adler kaum weit genug durchkommen, um den Schwan zu «binden» und das Zuschlagen mit seinen starken Flügeln zu verhindern. Daher fallen höchstens durch anhaltende Winterkälte und Nahrungsmangel geschwächte Schwäne einem solchen Feind zum Opfer. Einen Schwan kann auch ein starker Seeadler als Beute nicht tragen. Der Adler wiegt mit seinen drei bis sieben Kilogramm weniger als die meisten Höckerschwäne, deren Gewicht von knapp sechs bei schwachen Weibchen bis über 20 Kilogramm bei starken Männchen reicht. Gegen Raubtiere, die von der Landseite kommen, verteidigen sich die Schwäne höchst wirkungsvoll, wie so mancher Hund erfahren musste, der sich zu nahe ans Wasser und an einen drohenden Schwan herangewagt hat. Füchse haben keine Chance. Also kann im Fall der Höckerschwäne der ebenso häufig wie oberflächlich bemühte «natürliche Feind» als unbedeutend zurückgestellt werden. Die Artgenossen untereinander bestimmen über ihr Sozialverhalten, auf welche Weise die Nahrungsgrundlage, Wasser- und Uferpflanzen, genutzt und in die Produktion von Nachwuchs umgesetzt werden.

Bei den Gänsen, die in festen Paaren leben und ihre Jungen gemeinsam führen, finden wir insbesondere bei den großen Arten ein den Schwänen ähnliches Leben. Die Paare halten fest zusammen – so fest, dass beim Abschuss eines Partners der andere oft noch lange rufend herumfliegt und aus dem Schwarm zurückbleibt. Die Bindung hält viele Jahre an. Das bestätigten Freilandforschungen an mit Erkennungsringen markierten Gänsen wie auch die langjährige Gänseforschung von Konrad Lorenz an einem zahmen, frei fliegenden Bestand an einem kleinen oberbayerischen See südlich von München. Das Männchen, der Ganter, verteidigt die oft zu Fuß an Land nach Nahrung suchende Schar von Gänseküken so heftig, dass in der Regel auch Hunde weichen. Menschen können angegriffen werden. Es schließen sich auch Gruppen von Gänsen zusammen und wehren mit heftigem, «böse» klingendem Geschnatter Feinde ab. Die Sage von der Rettung Roms vor den Galliern im Jahr 387 vor Christus durch schnatternde Gänse am Capitol ging sogar in die Geschichte ein. Die Ganter halten am Nest der brütenden Weibchen Wache und lenken mit ihren Angriffen durchaus erfolgreich Polarfüchse ab, die sich mit ihrer Geschwindigkeit und ihrem Geschick Junge aus der Kükenschar zu greifen suchen. Die Mutter kann dann unter Umständen erfolgreich die Jungenschar zum Wasser führen, während der Ganter den Fuchs in Schach hält.

Aus alldem folgt, dass die Jungen sehr gute Überlebenschancen haben müssten. Wo Gänse, Graugänse *Anser anser* oder Kanadagänse *Branta canadensis,* in Städten leben, trifft das auch zu. Man kann beobachten, wie die Familien im Herbst ihre Flugrunden über der Stadt drehen oder wie die Familiengruppe im Winter beisammen bleibt. Doch unter ganz natürlichen Bedingungen sieht es für sie erheblich schlechter aus. Die Gänse, deren beste, ergiebigste Brutgebiete in der arktischen Tundra oder an den flachen Seen und feuchten Niederungen des Nordens liegen, müssten Hunderte von Kilometer weit ziehen, um dem Winter zu entgehen. Sie haben mit dem Mangel an Pflanzennahrung und zugefrorenen Gewässern zu kämpfen. Der weite Flug in die Winterquartiere und die Überwinterung selbst verursachen große Verluste. Nur mit guten Bruterfolgen können sie diese ausgleichen. Der verlustreiche Vogelzug «rechnet» sich in der Bilanz nur durch die Erfolge im Brutgebiet. Das gilt für alle ziehenden Arten. Ursprünglich flogen auch die großen Höckerschwäne quer über Europa nach Süden, um auf den Buchten des Schwarzen Meeres und anderen Flachgewässern zu überwintern. Deshalb war und ist es, wo die Wildschwäne weiterhin ziehen, so wichtig, so früh wie möglich im Jahr zu brüten und große Brutterritorien zu verteidigen, damit die flügge gewordenen Jungen bis zum Herbst in eine Kondition kommen, mit der sie den 1000-Kilometer-Flug durchhalten.

*Buntes Gefieder in der Vogelwelt*

Bunt und «auffällig» gefiedert sind nicht nur Enten und Fasane, sondern viele Vögel. In unserer Vogelwelt fallen insbesondere Finkenvögel damit auf. Ein rotes Gesichtchen und gelbe Flügelstreifen kennzeichnen den Stieglitz *Carduelis carduelis,* rotbäuchig bis zum Hals ist der Gimpel *Pyrrhula pyrrhula,* weitgehend rot sind die Kreuzschnäbel *Loxia*-Arten, aber, wie auch beim bräunlichroten Buchfinken *Fringilla coelebs,* ausschließlich die voll erwachsenen Männchen. Die Weibchen bei Gimpel, Buchfink und Kreuzschnäbel tragen ein eher tarnendes, farblich schwer zu kennzeichnendes, braungrünes oder matt gelblichgrünes «Schlichtkleid». Unterschiede im Gefieder von Männchen und Weibchen treten sehr häufig auf, aber nicht bei allen Arten. Manche, wie Rohrsänger und Laubsänger, beides artenreiche Singvogelgattungen, sind durchweg unscheinbar schlicht gefärbt, andere weisen innerhalb ein und derselben Gattung so starke Unterschiede auf, dass man sie gar nicht für näher verwandt halten möchte. So gehören Nachtigall *Luscinia megarhynchos* und Blaukehlchen *Luscinia svecica* oder das nordostasiatische Rubinkehlchen *Luscinia calliope* aus der Taiga zur selben Gattung *Luscinia,* aber die Nachtigall trägt, wie auch ihre östliche Zwillingsart, der Sprosser *Luscinia luscinia,* ein unauffällig rötlich braunes Gefieder ohne besondere Kennzeichen, während die erwachsenen Männchen von Blau- und Rubinkehlchen prächtig kornblumenblaue bzw. rubinrote Kehlen präsentieren. Ihre Weibchen sind auch schlicht gefiedert. Bei den Blaukehlchen wird die Kehle zudem von einem rostroten Band gegen die helle Brust abgegrenzt und inmitten des schimmernden Blau befindet sich ein weißer oder ein roter «Stern». Singen die Männchen, präsentieren sie ihre Kehlen und der Stern kommt dadurch besonders zur Geltung. Nahe verwandt mit diesen Arten, die zu den kleinen Drosseln gehören, ist auch das Rotkehlchen *Erithacus rubecula,* eine der bekanntesten unserer Vogelarten. Die rotgelbe Brust, die bis zum Gesicht hoch reicht, entwickeln beide Geschlechter gleichermaßen nach der Mauser aus dem fleckig bräunlichen Jungendkleid, in dem sich all die hier aufgeführten Arten sehr stark ähneln. Wir treffen somit wieder auf vergleichbar verwirrende Verhältnisse wie bei den Entenvögeln. Die Geschlechter können einander gleichen und schlicht oder auffällig gefärbt sein und es gibt Arten mit prächtigen Männchen und schlichten Weibchen.

So geht es weiter quer durch die ganze Vogelwelt auf allen Kontinenten. In Nordamerika trägt zum Beispiel der Rote Kardinal *Cardinalis cardinalis* ein knallrotes Gefieder mit intensiv rotem Schnabel, sein Weibchen aber ist nur verwaschen rötlich und grünlich, hat aber ebenfalls einen roten Schnabel. In den nordwest- und westamazonischen Bergregenwäldern lebt der Rote Felsenhahn *Rupicola rupicola*. Die Männchen tragen ein ganz prächtiges gelblichrotes Gefieder mit einer «Hochfrisur» auf dem Kopf. Sie vollführen eine Schaubalz an besonderen Balzplätzen. Die Weibchen sind schlicht und scheu. Die Vielfalt scheint grenzenlos, vor allem, wenn man sich in die so farbenfrohe und bunt schillernde Vogelwelt der Tropen vertieft. Bezeichnungen wie Paradiesvögel (Paradisaeidae) oder Schmuckvögel (Cotingidae) heben ganze Vogelfamilien als besonders prächtig hervor. Gibt es Ordnung in dieser Vielfalt?

Ein Befund ist klar: Unterscheiden sich Männchen und Weibchen sehr ausgeprägt und tragen die Männchen ihr Prachtkleid nicht das ganze Jahr, handelt es sich um Vögel, bei denen die Weibchen alleine brüten und ihre Jungen ohne Hilfe der Männchen großziehen. Sind beide Partner mehr oder weniger «schlicht» und somit auch «tarnend» gefärbt, beteiligen sich auch beide an Brut und Jungenaufzucht. Je schlichter die Männchen und je mehr sie ihren Weibchen ähneln, desto größer ist ihr Anteil an Brut und Jungenaufzucht. Doch so klar und einfach verhält es sich nicht immer und überall in der Vogelwelt. Es gibt viele Ausnahmen, etwa Arten, bei denen beide Partner bunt und auffällig sind, beispielsweise manche Papageien, darunter vor allem große und sehr große Arten. Aber auch Tukane, Turakos und andere Vögel scheinen die Tarnung nicht so nötig zu haben, wie man meinen möchte, wenn man ihre (schwachen) Schnäbel und Füße betrachtet. Adler und Falken, die kräftig sind und sich wehren können, sollten sich eher den Luxus bunter Befiederung leisten können als kleine Singvögel wie Meisen oder Finken. Doch Adler und Falken präsentieren sich nicht sonderlich bunt. Auffälligkeit passt für sie nicht. Sie jagen schnelle Beute, die sie überraschen müssen. Warum können dann manche «Würger», Angehörige der Singvögel, die ähnlich wie kleine Falken jagen, so knallig rot oder bunt sein? Wenn Insekten und nicht Kleinvögel die Hauptbeute sind, liegt das am Farbensehen. Die meisten Insekten sehen «unser» Rot, das auch so viele Vögel im Gefieder tragen, gar nicht, weil ihr Farbensehen vom langwelligen Bereich, zu dem Rot gehört, ins Ultraviolett des Lichtspektrums verschoben ist. Deswegen erkennen wir erst neuerdings mit technischen Hilfsmitteln, dass manches Vogelgefieder ziemlich anders aussieht als es uns vorkommt, weil es im UV-Bereich abstrahlt, den viele Vögel zumindest in den langwelligen Anteilen auch sehen können. Rabenschwarz zu sein, muss nicht «Schwarz» bedeuten, wenn das Gefieder im UV abstrahlt.

So bringt uns bereits das Farbensehen der Vögel in gewisse Schwierigkeiten, was die Deutung des Gesehenen betrifft, obgleich es unserem eigenen Sehen besser als das der meisten Säugetiere oder gar der Insekten entspricht. So wie wir etwas sehen, muss es nicht auf Angehörige der betreffenden Arten wirken. Was sie sehen, kann anders, mitunter sogar recht verschieden von unseren optischen Eindrücken sein. So sehen Rotkehlchen ihre gelblich rote Brust selbst wahrscheinlich durchaus ähnlich wie wir. Im Experiment greifen sie nicht nur Papierstücke, sondern sogar ein Büschel Federn in dieser Farbe heftig an. Die Katze oder der Marder, die diesen Vögelchen auflauern, sehen das Rotkehlchenrot nicht, weil sie für diesen Teil der Wellenlängen des Farbspektrums unempfänglich sind. Die meisten Säugetiere entsprechen in etwa dem Zustand, mit dem rotgrün-blinde Menschen zurechtkommen müssen. Rot-Grün-Schwäche und -Blindheit kommen bei ungefähr neun Prozent der männlichen und einem halben Prozent der weiblichen Bevölkerung als Erbkrankheit vor. Ein Rotkehlchen ist für Katzen und Marder, die rot-grün-blind sind, von der Brust- wie von der Rückenseite betrachtet, unauffällig «bräunlich» und weit eher durch die Bewegungen als durch die Farben zu erkennen. Entsprechend ergeht es Wölfen oder Hunden, wenn sie ein rotbraunes Reh vor dem grünen Hintergrund von Wald oder Wiese sehen sollten. Sie können dies nicht, wenn die Graustufen beider Farben übereinstimmen, weil auch sie rot-grün-blind sind. Die Zäpfchen, die auf der lichtempfindlichen Netzhaut des Auges das Farbensehen ermöglichen, sind bei den meisten Säugetieren entweder zu schwach oder nicht richtig entwickelt. Die Einbußen im Farbensehen gleicht aber ihre weit bessere Fähigkeit, Restlicht zu verwerten, bei weitem aus. Bei Nacht sind zwar alle Katzen grau, aber sie sehen einander und vieles mehr. Wir Menschen sind wie unsere Primatenverwandtschaft mit sehr gut entwickeltem Farbensehen privilegiert und darin fast so gut wie die meisten Vögel.

Aus dieser Zwischenbetrachtung ergibt sich, dass Vögel die Farben auch selbst sehen können sollten, die sie in ihrem Gefieder in präzisen Mustern oder in besonderen Kombinationen und vielfach auch in der

Haut tragen. So selbstverständlich dies auch klingen mag, so wichtig ist es, die Beschränkungen, die damit verbunden sind, zu berücksichtigen. Kein noch so guter Hund kann uns auf für uns nachvollziehbare Weise mitteilen, was an einem fürchterlich stinkenden Kadaver so gut riecht, dass er kaum davon abzubringen ist, sich damit zu «parfümieren». Unser Riechvermögen ist zu schwach entwickelt, um entsprechend differenzieren zu können. Ähnlich geht es uns bei Tönen im Ultraschall. Erst moderne Technik vermittelt uns eine Vorstellung davon, was für eine ungeahnte Welt von Tönen jenseits unserer Hörgrenzen tatsächlich vorhanden ist. Wird Ultraschall in sichtbare Bilder seiner Frequenz und Dauer umgesetzt, sehen wir, was unsere Ohren nicht mehr hören können. Die Vögel hören sicherlich, insbesondere bei den hohen Tönen, weit mehr als wir, wenn sie den Gesängen ihrer Artgenossen lauschen. Aber wenigstens überlappen sich die «akustischen Fenster» von Mensch und Vogelwelt gut genug, um unsererseits an ihren Gesängen teilhaben zu können. Bei Fledermäusen und Delphinen gelingt uns dies nicht.

Zurück zu den Farben. Wir wissen nun, dass wir vorsichtig sein müssen, bestimmte Farben oder Muster zu deuten, die uns «ins Auge stechen». Wir können aber davon ausgehen, dass das meiste, was wir am Gefieder der Vögel sehen. für sie selbst auch sichtbar und von Bedeutung ist. Aus ihrem Verhalten gehen drei Grundfunktionen von Gefiederfärbung und -zeichnung hervor: Tarnung, Werbung und Warnung. Die Bedeutung von Tarnung bedarf hier keiner weiteren Erörterung, zumal klar ist, dass verschiedene Lebensräume auch unterschiedliche Tarnfärbungen und dazu passende Zeichnungsmuster bedingen. Weiß kann am Eis(rand) oder im Schnee bestens tarnen, auf braunem oder grünem Boden jedoch höchst auffällig werden. Umgekehrt wird Ackerbraun nicht in eine Schneelandschaft passen, auch wenn es in der Wiese einen oberflächlich abgetrocknetem Maulwurfshaufen ähneln mag und so trotz des Kontrastes zum Grün nicht sonderlich auffällt. Schwieriger wird die Deutung, wenn zum Beispiel im subtropisch-sumpfigen Buschland Südamerikas ein nur etwa sperlingsgroßer Vogel in schneeweißem Gefieder (mit schwarzen Flügeln) frei und gut sichtbar auf der Spitze eines Busches sitzt. Dieses Vögelchen wird dort die «Kleine Witwe» (viudita) genannt. Fernab ihrer Heimat, in Deutschland, wird sie als ‹Witwenmonjita› oder ‹Weißnonnentyrann› bezeichnet. Wissenschaftlich lautet ihr Name wenig nachvollziehbar *Xolmis irupero*. Die Weibchen unterscheiden sich von den

Männchen durch die graue Tönung auf dem Rücken. Die ‹Kleinen Witwen› sind häufig und wo sie vorkommen nicht zu übersehen. Sie fliegen schnell und wendig, aber meistens nur kurze Strecken. Weiße Vögel gibt es also nicht nur in Lebensräumen mit Schnee und Eis, sondern sogar in den heißen Zonen. In Australien sind die weißen Kakadus so häufig, dass sich sogar ein habichtsartiger Greifvogel ihrer bedient. Der Grauhabicht *Accipiter novaehollandiae* kommt dort in einer rein weiß gefiederten Form vor, die sich in den Scharen der Kakadus «versteckt» und aus den Gruppen dieser für Kleinvögel harmlosen Papageien heraus seine Jagdflüge startet. Intensiv rote Papageien, wie manche der großen Aras in den tropischen Wäldern Mittel- und Südamerikas, können sich mit ihrem Rot aus den geschilderten Gründen im Grün der Vegetation tropischer Wälder durchaus auch tarnen – zwar nicht gegen große Greifvögel wie die Harpyie, wohl aber gegen so flinke Vogeljäger im Geäst der Urwaldbäume wie den Baumozelot *Felis wiedii*.

Bei fast 10 000 verschiedenen Vogelarten, die es global gibt, verliert sich jede genauere, auf einzelne Arten bezogene Betrachtung unweigerlich in der Fülle der Möglichkeiten. Zu entscheiden, was wirklich tarnt, was wichtiger Bestandteil des Balzgefieders ist oder was, als dritte Hauptfunktion, auf die Feinde oder andere Vogelarten abschreckend wirkt, erfordert jeweils genaue Untersuchungen der Details. Sie würden hier nicht weiterführen, sondern eher verwirren. Betrachten wir daher einige Sonderfälle, die Aufschluss über die allgemeinen Prinzipien geben.

Flamingos sind allgemein bekannt. Vertreter dieser in vielerlei Hinsicht ganz außergewöhnlichen Vogelfamilie, die nur fünf Arten umfasst, gibt es in den meisten Zoos und Vogelparks zu sehen. Oft handelt es sich um den Rosa Flamingo *Phoenicopterus ruber* oder um den Chileflamingo *Phoenicopterus chilensis*. Die übrigen drei Arten werden seltener oder nur ausnahmsweise gehalten. Flamingos erkennt jeder an der Gestalt und am bezeichnenden Rosarot großer Teile ihres Gefieders. Vor allem die Flügeloberseite ist intensiv rot gefärbt. Im Flug leuchtet sie so sehr auf, dass diese Vögel ‹Flammenvögel› genannt werden und wahrscheinlich das Vorbild für den antiken Sagenvogel Phönix gewesen sind. Flamingos leben an brackigen und salzigen Flachgewässern tropischer und subtropisch-mediterraner Meeresküsten, an den Salzseen Afrikas und Südasiens sowie an den Salaren im Hochland der Anden. Da sie ganz besondere Ansprüche an ihren Lebensraum stellen, kommen sie nur an wenigen Orten vor, dort aber in großen bis riesigen Scharen, die in die Hunderttausende oder Millionen gehen können. Die Hauptnahrung der Flamingos bilden bestimmte Kleinkrebse des salzhaltigen Wassers, die Salinenkrebschen *Artemia salina*, und Algen der Gattung *Spirulina*. Die Zoohaltung der Flamingos ist nicht schwierig. Sie lassen sich durchaus an anderes Futter gewöhnen. Doch früher verblassten die «Zooflamingos». Ihr Rot schwand dahin. Wo das Gefieder rötlich, rosa oder intensiv rot war, wurde es mit der Zeit blasser und schließlich weiß. Die schwarze Befiederung blieb erhalten, ebenso wie die Flugfähigkeit und andere Eigenheiten ihrer Lebensweise. Was den Flamingos fehlte, fand man heraus: Carotinoide, rote Farbstoffe, die auch in den Karotten enthalten sind. Sie nehmen diese natürlicherweise in großen Mengen mit ihrer Nahrung auf und scheiden den Farbstoff ins Gefieder ab. Fehlen diese in der Nahrung oder enthält diese zu wenig davon, verblassen die Flamingos. Werden sie in entsprechender Menge dem Kunstfutter zugesetzt, das ihnen in den Zoos geboten wird, nehmen die Flamingos nach dem nächsten Gefiederwechsel wieder ihre schön rote Färbung an. Die nächste Mauser muss abgewartet werden, weil die Federn als tote Gebilde nachträglich nur äußerlich, etwa über die fettigen Absonderungen der Bürzeldrüse, eingefärbt werden können. Die Eigenfarbe bekommen sie mit, während sie sich entwickeln und heranwachsen. Nur in dieser Zeit ihres Wachstums versorgt sie der Körper mit Blut und all den Stoffen, die in den Federn abgelagert werden. Generell werden Federn erst über solche Einlagerungen «farbig». Ihr Grundstoff, das Keratin, das dem Horn unserer Haare und Nägel entspricht, wäre ohne Einlagerung von Farbstoffen farblos. Die vielen feinen Federstrukturen streuen jedoch das Licht und erzeugen so den Eindruck von «Weiß». Auch das Braun oder Schwarz in den Federn stammt von Farbstoffen. Sie gehören zur Gruppe der Melanine. Ihre Einlagerung macht die Feder elastischer, härter und widerstandsfähiger. Sind solche Farben, wie das von Carotinoiden stammende Rot, nicht fest genug «verpackt» in den Federn, kann es vorkommen, dass sie bei einem starken Regen ausgewaschen werden. Dies kann mitunter mit dem Rot der Schulterfedern afrikanischer Turakos geschehen, wenn sie einem heftigen Tropenregen ausgesetzt sind.

Die Farbstoffe stammen entweder direkt aus der Nahrung oder sie werden aus Inhaltsstoffen der Nahrung im Stoffwechsel des Vogels gebildet. Dazu müssen Vorstufen der betreffenden Farbe oder der hierfür nötigen chemischen Zusammensetzungen in den Früchten oder den Insekten enthalten sein, von denen sich die Vögel ernähren. Nach der Verdauung werden sie in veränderter, farbiger Form ins Gefieder eingebaut. Den Mengenverhältnissen in Früchten, Beeren und anderen Pflanzenteilen vorkommender Farbformen entsprechend, überwiegen gelbe, rote, braune und dunkelbraun-schwarze Farben im Gefieder der Vögel, wenn es sich um «echte Farben» handelt. Von ihnen stammt allerdings nur ein Teil der Farbigkeit des Vogelgefieders. Besondere Farbwirkungen kommen durch Lichtbrechung an Feinstrukturen der Federn zustande. Häufig handelt es sich dabei um blaue, grüne oder violette Tönungen. Stets ist Lichtbrechung bei Schillereffekten beteiligt. Oft entsteht zum Beispiel Grün durch Kombination von echten Farben mit Lichtbrechung an Feinstrukturen. Eine chemische Farbe Grün ist dann nicht vorhanden und tatsächlich auch bei Vögeln und Säugetieren sehr selten. Die Vogelfedern eignen sich weit mehr für solche Feinstruktureffekte als die Haare der Säugetiere. Diese sind mit ihrer drehrunden Form zu einfach gebaut.

Über die Farben in der Natur liegen so umfangreiche Forschungen vor, dass hier nur einige wenige Aspekte angerissen werden können, soweit es zur Behandlung unseres Themas ‹Ursprung der Schönheit› und insbesondere zum Verständnis der Sexuellen Selektion notwendig ist. Wir wissen, wie die Farben zustande und ins Gefieder kommen. Für sehr viele Vogelarten kennen wir auch die Bedeutung der Farben für die Balz oder im sonstigen Leben. Die Herausforderung der Farben ergibt sich aus einem anderen Ansatz. Dass eine besondere rote Gefiederpartie aller Wahrscheinlichkeit nach «wirkt», ist klar. Wie sie wirkt, lässt sich gegebenenfalls im Experiment klären. Doch warum bereits das erste, kaum sichtbare rote Federchen zu Beginn der Entstehungsgeschichte eines markanten roten Farbflecks im Gefieder so gewirkt haben sollte, dass es von der Sexuellen Selektion gefördert und verstärkt wurde, ist alles andere als klar. Genau darum dreht sich der Streit seit Darwins Zeit bis in die Gegenwart. An der Wirkung von Pfauenrad, Prachtkleid der Erpel balzender Enten oder der Birkhähne auf der spätwinterlichen Arena im Moor zweifelt niemand. Nicht allein der Argusfasan mit seinen so übertrieben vielen Augen bereitete Darwin Alpträume, sondern eigentlich alles Auffällige, Bunte und Bizarre, das sich offenbar seinem Prinzip der Anpassung durch Natürliche Selektion widersetzte. Die Vogelwelt hat uns bis hierher eine Fülle von Beispielen und Fakten gegeben, aber keine Erklärung für dieses zentrale Problem. Betrachten wir daher nun die akustische Seite, wobei der Ausdruck «betrachten» unserer so bevorzugt optischen Sichtweise entlehnt ist.

### Gesänge

Noch größer werden die Schwierigkeiten zu verstehen, was wirklich geschieht, wenn wir uns den Gesängen der Vögel zuwenden. Das Lied der Nachtigall hört sich, zumal wenn sie ‹aus voller Brust schluchzt›, für uns besonders wundervoll an. Wir tun uns schwer, hinzunehmen, dass damit «nur» ein Weibchen angelockt und anderen Männchen signalisiert werden soll, dass dieses Revier besetzt ist. Immer wieder wird vermutet, die Vögel sängen auch aus Freude und um sich selbst auszudrücken. In seinem Buch *Warum Vögel singen* hat sich der Musiker und Naturphilosoph David Rothenberg auf eine anspruchsvolle und gewagte «musikalische Spurensuche» begeben. Er schreibt den Vögeln die grundsätzliche Fähigkeit zu, Musik hervorzubringen. Immer wieder sind Gesänge oder markante Rufreihen von Vögeln in Notenschrift übertragen worden und in Kompositionen eingeflossen. Ein weithin bekannter Vertreter dieser Richtung war der 1992 verstorbene französische Komponist Olivier Messiaen. Musikkundige Ornithologen benutzten die Notenschrift sogar, um Rufe und charakteristische Vogellieder in Bestimmungsbüchern sichtbar zu machen, wie etwa Alwin Voigt mit seinem Klassiker, dem *Exkursionsbuch zum Studium der Vogelstimmen*, das 1961 in letzter Auflage erschien. Die verbesserte Aufnahmetechnik hatte mit Hilfe sogenannter Sonagramme die Stimmen und Gesänge bildhaft sichtbar gemacht. Sie lösten nun in den Bestimmungsbüchern die Notenschrift ab, die ohnehin nur dann einigermaßen nachvollziehbar war, wenn die Nutzer schon einen entsprechend sicheren Grundstock an Kenntnissen zu den Vogelstimmen hatten. Ob der Zilpzalp *Phylloscopus collybita*, ein in fast ganz Europa sehr häufiger kleiner grünlicher Laubsänger, seinem deutschen Namen gemäß ‹zilp-zalp› singt oder, wie es im Englischen heißt ‹chiff-chaff›, spielte von da an keine Rolle mehr. Die Sonagrammzeichen bilden seinen Gesang sprachneutral ab. Das solcherart gewonnene Bild der Töne und Rufe gilt, da mit physikalischen Methoden ermittelt, allgemein und unabhängig von Sprachen oder Vorprägungen im Ohr, wie sie in früher Kindheit geschehen. Verständlicher werden die Vogellieder damit nicht, sondern lediglich eindeutig optisch vergleichbar. Diese Vergleichbarkeit reicht, um zweifelsfrei zu belegen, was die Kenner von Vogelstimmen immer schon gehört hatten, aber nicht ausdrücken konnten: Manche Gesänge sind sehr variabel und individuell, andere weniger, aber in den meisten steckt aller Wahrscheinlichkeit nach ein individueller Ausdruck.

Nachtigallen, Amseln *Turdus merula* oder Zaunkönige *Troglodytes troglodytes* singen somit nicht allein ‹arttypisch› und unterscheiden sich mit ihren Gesängen klar von Gartengrasmücken *Sylvia borin*, Singdrosseln *Turdus philomelos* oder Heckenbraunellen *Prunella modularis,* die neben ihnen in demselben Waldstück singen können. Sie drücken in ihren Liedern auch mehr aus als nötig ist, um sie als Vertreter ihrer Art zu identifizieren. Sie teilen ihren Nachbarn nicht nur mit, ein Artgenosse ist da, frisch und munter, sondern «wer» es ist, der da singt. Die Nachbarn erkennen, wer hier singt, etwa ob sich eine ihnen fremde Stimme der eigenen Art plötzlich hinzugesellt und zwischen sie und den bekannten Nachbarn schiebt. Aus dem Gesang geht zudem die Kondition des Sängers hervor, und zwar nicht nur die körperliche Verfassung, die sich in der Lautstärke und in der Häufigkeit der Wiederholung ausdrückt, sondern auch die sexuelle Bereitschaft. Geht der Hormonspiegel zurück, nimmt der Gesang ab und ein solches Männchen wird keine Partnerin für einen Seitensprung anlocken können. Beinahe unverständlich bleibt in der Rückschau allerdings, warum es überhaupt so große Widerstände gegen die Annahme gab, die Vogelmännchen singen auch für sich selbst, um sich selbst ganz individuell auszudrücken. Einige Vogelarten führen dieses Individuelle ihrer Gesänge sogar für unsere Ohren gut hörbar vor. So mischt ein singender Star alle mögliche Motive, auch Töne aus der Menschenwelt, in sein Repertoire, das er flügelschlagend auf dem traditionellen Starenhäuschen vorträgt. Die «Spötter» in der Vogelwelt, wie der früher viel häufigere Gelbspötter *Hippolais icterina* und sein Artzwilling aus dem Südwesten, der Orpheusspötter *Hippolais polyglotta,* dem sein wissenschaftlicher Name schon bescheinigt, vielsprachig, ‹polyglott› zu sein, mischen noch reichlicher Motive anderer Singvögel zu einem individuellen Repertoire. Seit über einem halben Jahrhundert ist zudem bekannt, dass Seevögel in ihren oftmals riesigen Brutkolonien die eigenen Jungen an den individuellen Rufen im Gewirr der Tausende und Abertausende von Stimmen ihrer Artgenossen und deren Jungvögel ganz sicher erkennen. Bei einfachen Bettelrufen der Jungen sollte ein persönliches Erkennen allemal schwieriger sein als bei komplexen Liedern mit ihren unendlichen Variationsmöglichkeiten.

Tatsächlich bietet diese kombinatorische Vielfalt in den Gesängen weit bessere Möglichkeiten, sich individuell auszudrücken als das Gefieder. Die Federn sind tote Gebilde. Sie wachsen ziemlich schnell in der Zeit der Mauser und werden danach monatelang unverändert getragen. Nur abgenutzt können sie werden, nicht aber individuell variiert. Was einmal fertig ausgebildet ist, ist fertig. Der «fertigen Strophe» hingegen kann alsbald eine neue Variation nachfolgen. Wie beim Menschen das gesprochene Wort viel und nichts bedeuten kann, ‹darf› der Vogel ohne Zwang und ohne bestimmte Notwendigkeit singen. Er muss singen, wenn es um für ihn so Wichtiges wie ein Weibchen oder die Abwehr von Konkurrenten geht. Folglich sollten die Gesänge vielfältiger und variantenreicher sein als das Äußere eines Vogels.

Genau diese Schlussfolgerung bestätigt der Verlauf der Evolution der Vögel, was wir leicht im Spektrum der in unserer Gegenwart lebenden Vogelfamilien feststellen können. Die verschiedenen Familien sind stammesgeschichtlich unterschiedlich alt. Gleichsam uralte Vertreter der Vogelwelt, wie Strauße *Struthio camelus* und Kiwis *Apteryx sp.,* geben kaum besondere Laute von sich. Enten und Gänse schnattern. Hühnervögel oder Adler schaffen auch nichts gerade «Stimmgewaltiges». Eulen erzeugen «schauriges» Geheule und eintönige flötenartige Rufreihen. Doch welche Gesangesvielfalt eröffnet sich auch unseren Ohren, wenn wir in die stammesgeschichtlich jüngste Vogelgruppe, die Singvögel, hineinhören. Ganz zu Recht tragen sie diese Bezeichnung, wenngleich bei weitem nicht alle Singvögel auch «schön» singen. Aus gutem Grund wurde ein sehr früher, stammesgeschichtlich weit zurückreichender Zweig der Entwicklung der Sperlingsvögel «Schreivögel» genannt. Sie gehören wie die Singvögel zu der besonderen, die Artenvielfalt der noch lebenden Vogelwelt beherrschenden Ordnung der Sperlingsvögel. «Sub-oscine (Sperlings-)Vögel» nennt sie die Wissenschaft und deutet damit an, dass diese vornehmlich in Südamerika verbreiteten Vögel «unter» den echten Singvögeln stehen. Eines ihrer Hauptmerkmale ist der Entwicklungsstand der Stimmbänder im «zweiten Kehlkopf», Syrinx genannt. Sie sitzt an der Gabelung der Bronchien vor der Lunge. Bei den echten Singvögeln sind dort die Stimmbänder am differenziertesten entwickelt. Viele Arten singen daher tatsächlich ‹aus voller Brust› und nicht nur aus der Kehle. Ihre Gesänge können sie ähnlich vielfältig gestalten wie wir Menschen unsere Stimme beim Sprechen und Singen.

Die Singvögel wurden im Verlauf der letzten Jahrmillionen die mit weitem Abstand artenreichste Vogelgruppe. Zwei Drittel aller gegenwärtig lebenden Vogelarten gehören zu ihnen. Ihre Aufspaltung in verschiedene Arten ist feiner und vielfältiger als in jeder anderen Vogelfamilie. Mit der Differenzierung ihrer Stimmen eroberten sich die Singvögel die Position größter Lebensvielfalt unter allen Wirbeltieren an Land. Ihre artspezifischen Gesänge entsprechen in mancher Hinsicht der menschlichen Sprachenvielfalt. Singvögel entwickeln Dialekte, örtliche Variationen, die bevorzugt werden, und Gesangstraditionen. Selbst so «einfältig» wirkende Vertreter dieser Vogelgruppe, wie die Gimpel *Pyrrhula pyrrhula,* können lernen, Volkslieder zu pfeifen.

Einander ansonsten extrem ähnliche Arten, wie die in Europa weit verbreiteten Fitislaubsänger *Phylloscopus trochilus* und der fast gleich aussehende Zilpzalp *Phylloscopus collybita,* lassen sich mühelos am Gesang voneinander unterscheiden. Hat man diese Vögelchen in der Hand, um sie für Forschungszwecke zu beringen, stehen nur unzureichend zuverlässige Merkmale, wie dunklere oder hellere Beine oder die relative Länge der ersten und zweiten Handschwinge im Flügel, zur Verfügung. Hingegen hat die Verwechslung ein Ende, sobald die Laubsänger zu singen anheben. Ihr Gesang, der kaum unterschiedlicher sein könnte, befreit gleichsam von den begrenzten Möglichkeiten, sich äußerlich und auf den ersten Blick erkennbar zu halten. Die Vogellieder würden, können wir nur besser in sie hineinhören, sicherlich noch viel mehr über die Sänger verraten als das, was wir am Federkleid von ihnen sehen. Beim sprechenden Menschen ist das nicht viel anders.

Durch die Sprachen kam der Mensch als biologische Art zur abgrenzenden und ausgrenzenden Vielfalt der Kulturen. Die Sprache dient keineswegs nur als Verständigungsmittel. Das ist sie nur innerhalb der Gruppe, die diese Sprache spricht. Sie verbirgt gleichzeitig das Gesagte vor den Anderen, die sie nicht verstehen, und zwar ungleich besser als das mit veränderter nichtsprachlicher Ausdrucksweise (Körpersprache, Emotionen) möglich wäre. Mit der Sprache lässt sich lügen. Andere kann sie in die Irre führen und sie als nicht zur eigenen Gruppe bzw. Gesellschaft zugehörig identifizieren. Zudem wird über den Grad der intuitiv erfassbaren Unterschiedlichkeit der Sprache die Distanz, die Fremdheit der oder des Anderen diagnostiziert. Umgekehrt bekommt jeder Sprecher durch die Sprache eine ganz persönliche Note. Sie fördert die Individualität. Als Folge davon setzt eine stark beschleunigte Evolution ein. Die frühere Einheit der Menschen fing an, sich durch die Sprachen auseinanderzuentwickeln und eigene Wege zu gehen. Die neue kulturelle Evolution überholte die alte, die biologische Weiterentwicklung rasch und eilte ihr davon. Vieles wurde möglich, was vorher nicht realisierbar erschien. Der Mensch verließ mit der Entstehung der Kultur seine Einbindung in die Natur. Seine früheren biologischen Anpassungen drückte das nach und nach in den Hintergrund. Obwohl aus den Tropen stammend, gelang es dem Menschen, mit Hilfe der Kultur und den davon geprägten, höchst unterschiedlichen Lebensstilen alle Lebensräume auf der Erde zu erobern. Dieser kurze Hinweis erscheint hier am Platz, denn es drängt sich der Vergleich mit den Singvögeln geradezu auf. Auch sie leben in tropischen Regenwäldern und am Eisrand der Arktis, an Meeresküsten, in Tiefländern und an hohen Bergen, bis nackter Fels oder Gletschereis beginnen. Unter dem Gefieder gleichen die über 6000 Singvogelarten einander sehr. Aber sie spezialisierten sich auf die unterschiedlichsten Lebensräume und sehr fein differenzierte Lebensstile. In Körperbau und innerer Funktionsweise sind sie hingegen viel einheitlicher als die übrigen Vögel. Was sie so besonders macht, das sind ihre stimmlichen Fähigkeiten. Wie die Artenvielfalt der unter dem Gefieder einander so gleichen Singvögel auf der Grundlage der darwinschen Evolution durch Anpassung an den Lebensraum zu verstehen ist, wird später noch ein ganz wichtiger Punkt in der vertieften Behandlung der Natürlichen Selektion werden. Die reine Notwendigkcit lässt sich in der Vielfalt der Gesänge noch weniger erkennen als in den Prachtkleidern vieler Vögel. Das Theorem von der ausschließlichen Anpassung an die Umwelt wäre viel plausibler, gäbe es weit weniger Artenvielfalt, dafür aber umso klarere Spezialisten. Die Flamingos sind solche Spezialisten sowie auch der Höckerschwan und die Graugans. Schwieriger wird es dagegen, die Artenvielfalt der Enten rein ökologisch zu rechtfertigen. Bei den kleinen Singvögeln, die entweder überwiegend von kleinen Insekten, von Würmern und Kleingetier am Boden oder von Pflanzensamen leben, fällt es noch weniger leicht zu begründen, weshalb in Mitteleuropa über 80 verschiedene Arten und in tropischen Wäldern sogar ein Mehrfaches davon vorkommen.

Nun könnten die Vögel insofern eine Besonderheit sein, als sie dank ihres Flugvermögens schnell und leicht den Ort wechseln oder Feinden entgehen. Der Flug eröffnet ihnen Freiheiten, die den bodengebundenen Tieren verwehrt sind. Vielleicht unterliegen sie deswegen weniger dem Druck der Umwelt als andere Lebewesen, die sich stärker anpassen müssen, um zu überleben. Auch diese Möglichkeit müssen wir im Auge behalten. Allein, es ist merkwürdig genug, dass wir Menschen als Säugetiere ausgerechnet über die Vögel am meisten wissen. Mit ihrer starken Ausrichtung auf das Optische sind sie uns näher als die viel enger mit uns verwandten Säugetiere, deren Welt im Regelfall weit mehr eine «Nasen- und Ohrenwelt» ist als unsere so stark auf das Sehen ausgerichtete.

## Eindrucksvolle Säugetiere

*Das Hirschgeweih*

Suchen wir nach Beispielen für ausgeprägte Unterschiede zwischen Männchen und Weibchen bei Säugetieren, so nimmt in unserer mitteleuropäischen Tierwelt der Hirsch die erste Stelle ein. Mit seinem prächtigen Geweih repräsentiert er für die Jäger die «Hohe Jagd» und die erstrebenswerteste Jagdbeute. Schon auf steinzeitlichen Höhlenbildern ist er zu finden. Auch in zeichnerischer Verbindung mit dem Menschen, wie beim «Hirschmensch» der Höhle ‹Les Trois Frères›, der vor etwa 15 000 Jahren gemalt wurde, ist die Symbolik des Hirschgeweihs präsent. Intuitiv wird der Hirsch bewundert, und zwar genau in dem Maße, in dem sich seine Stärke über Körperkonstitution und Geweihgröße ausdrückt. Dem Junghirsch mit noch schwachem Geweih, aber gutem Körperbau billigen wir zu, dass er «Zukunft hat». Der gealterte Kämpfer «setzt zurück», wie es die Jägersprache ausdrückt, auch wenn sein Geweih noch sehr eindrucksvoll aussieht. Entspricht es nicht mehr dem körperlichen Eindruck, können wir voraussagen, dass er den Kampf um das Weibchenrudel verlieren wird. Und darum geht es: um den Kampf. Das Geweih ist die Waffe dafür, die gleichzeitig davor schützt, zu schnell zu schwere Verletzungen zu verursachen. Die Verzweigungen, die «Sprossen», verhaken sich beim Kampf ineinander. Die letzte Spitze am Ende ist sogar oft deutlich gebogen, so dass sie nicht direkt stechen könnte. Zudem reichen beide Geweihstangen so weit auseinander, dass sie sich seitlich vom Körper und nicht diesen selbst treffen, wenn die Rivalen aufeinanderprallen. Das Duell zweier nahezu gleich starker Hirsche hat etwas Uriges an sich. Wer es aus der Nähe, aber in der Natur und nicht im umzäunten Gehege mitverfolgen kann, spürt förmlich, worum es den Hirschen geht – um den totalen Sieg über alle Gegner, und nicht um einen momentanen Erfolg. Das Ziel ist klar, denn es steht mehr oder minder nervös oder auch mit scheinbarem Desinteresse am Brunftplatz. Es ist das Rudel der Weibchen, der Hirschkühe. Der Sieger über alle Herausforderer wird sich mit den Weibchen paaren und so nach einer herbstlichen Kampfsaison im nächsten Frühsommer Vater von vielleicht mehreren Dutzend Hirschkälbern sein. Denn das Weibchenrudel wird sich ihm, dem Sieger, zuwenden und die Abgeschlagenen nicht oder nur ausnahmsweise annehmen. An der Tiefe und Stärke der Brunftschreie des Platzhirsches erkennen die Herausforderer, ob zu kämpfen sich überhaupt lohnt oder es besser ist, die Kräfte zu schonen.

Diese Schreie und gegebenenfalls ein längeres Androhen der Gegner durch einen herausfordernden, stolzierenden Gang des Platzhirsches bilden das umfangreiche, sich oft stunden- oder tagelang hinziehende Repertoire der Einschüchterungen. Nutzlose, weil aussichtslose Kämpfe werden vermieden. Die Hirsche jüngerer und mittlerer Altersklassen, die sich wie neugierig am Brunftplatz eingefunden haben, betrachten die Schauspiele, die sich bei den Kämpfen der Haupthirsche abspielen. Sie probieren schon einmal zwischendurch spielerisch die Auseinandersetzungen. Diese wirken wie jugendliche Rangeleien. Es fehlt ihnen die Ernsthaftigkeit. Vor wenigen Wochen noch waren sie zusammen mit den ganz starken Hirschen in einer Männergruppe gewesen. Ihre Geweihe wuchsen. Sie verhielten sich untereinander friedlich. Nach der Tagundnachtgleiche im Herbst haben die Hormone ein anderes Verhalten ausgelöst. Aggressivität gewinnt die Oberhand, während sich die Hirschkühe umso mehr aneinander drängen und das Weibchenrudel bilden, um das es im Kampf der Giganten gehen wird. Die dünneren, weniger verzweigten Stangengeweihe der Junghirsche verraten auch ohne Prüfung der körperlichen Verfassung, dass sie für den ernsten Kampf noch zu jung sind. Sie werden noch mehrere Jahre warten müssen, bis für sie die Zeit kommt, wenn sie denn überhaupt kommt. In dieser Hinsicht tun sich überraschende Parallelen zu den Höckerschwänen auf, bei denen Paare, die sich schon lange vorher in den Gruppen nicht brütender, also sich noch nicht fortpflanzender Schwäne gefunden hatten, auf ihre Zeit warten müssen, wie wir gesehen hatten. Sechs, sieben und mehr Jahre können es werden, so nicht anders bei den Hirschen. Erst im fortgeschrittenen Alter erreichen sie eine ausreichende, sich in Geweihstärke und Körperkraft ausdrückende Kondition, um einen ernsthaften Kampf zu wagen. Denn das Risiko von Verletzungen ist trotz verzweigter Geweihe und einem, den kommenthaften Regeln folgendem Kampf groß. Keuchend ausgestoßene Töne, das «Röhren», signalisieren, über wie viel Lungenkapazität der Rivale verfügt. Diese ist oft entscheidend, wenn die Hirsche an Muskelkraft und Geweihstärke einander ziemlich gleichwertig sind. Es kann sein, dass ein Junghirsch über die Jahre heranwächst und dann im passenden Alter auf dem Höhepunkt seiner Kraft oder schon im Jahr zuvor das Weibchenrudel übernehmen kann. Ist das Hirschvorkommen aber groß genug, so dass sich mehrere oder viele Rudel zur Brunftzeit bilden können, passiert es nicht selten, dass über ihn letztlich der Herausforderer aus einem anderen Rudel den Sieg davon trägt, weil er selbst schon in zu viele Kämpfe mit den starken Beihirschen verwickelt war. Der biologische Vorteil liegt auf der Hand. Der «fremde» Hirsch wird weniger nahe verwandt mit den Hirschkühen sein als einer aus dem Rudel selbst.

Doch wie bei Pfau, Fasan und anderen Prachtstücken der Vogelwelt besagt die Feststellung, dass das Hirschgeweih im Kampf der Hirsche um die Gunst der Weibchen sehr nützlich ist, nichts über seinen Ursprung. Als Jagdtrophäe war es gewiss nicht «vorgesehen». Im Kampf ist es, genau genommen, eher hinderlich. Nur wenn sich die Geweihstangen an genau denselben Stellen verzweigen, kommt die Abfangwirkung zustande. Hirsche mit hierfür ungünstig gewachsenen Stangen können im Kampf andere, auch größere und stärkere Hirsche durchaus schwer bis tödlich verletzen – «forkeln», wie es die Jäger nennen. Sogenannte Mordhirsche töten mit gänzlich unverzweigtem, langspießigem Geweih den kräftigsten Platzhirsch. Genau das wollen auch die Jäger nicht. Ihr Hegeziel besteht in «schönen» Kronenhirschen. Sie versuchen aberrante Hirsche rechtzeitig zu schießen, bevor sie mit dieser Missbildung des Geweihs Schaden unter den normalen Hirschen anrichten. «Mordhirsche» mögen jedoch auch die Hirschkühe nicht. Sie haben, so andere Hirsche mit normalem Geweih vorhanden sind, weitaus geringere Chancen zur Paarung mit ihnen. Um den Tod des Gegners geht es also nicht. Diese Feststellung, die bei zahlreichen anderen Säugetieren gilt, hatte Konrad Lorenz dazu veranlasst, den Ausdruck ‹das sogenannte Böse› zu prägen und damit die arterhaltende Funktion der innerartlichen Aggression zu betonen. Tatsächlich ist das Hirschgeweih bei näherer Betrachtung etwas Absonderliches. Über seine Entwicklung schließt es die jüngeren Hirsche von der

Fortpflanzung aus, so dass mancher überhaupt nie dazu kommt, während einige wenige mit besonderer Geweihentwicklung den Hauptanteil an der Zeugung von Nachwuchs gewinnen. Welche Logik steckt dahinter? Warum ist es nicht besser, bei einem ausgewogenen Geschlechterverhältnis alle männlichen und weiblichen Vertreter gleichermaßen zur Fortpflanzung kommen zu lassen? Sehen wir uns im Hinblick auf diese Fragen den Jahreslauf eines Hirschlebens noch etwas genauer an.

Mit der Brunftzeit fängt eigentlich schon die harte Zeit im Leben des Rothirsches an. Die Herbstfröste haben eingesetzt, frische, proteinreiche Nahrung wird knapp. Die Pflanzen, von denen sich das Rotwild den Sommer über vornehmlich ernährt, sterben oberirdisch ab. Davor ziehen insbesondere die Gräser einen Großteil der wertvollen Inhaltsstoffe ins unterirdische Wurzelwerk zurück. Dort werden sie bis zum Wiederbeginn des Wachstums im nächsten Frühjahr gespeichert. Was oben bleibt, wird daher zunehmend unergiebiger. Das Rotwild vermindert seine Aktivität. Wo es das noch kann, wandert es zu den günstigeren Wintereinständen. Bevor ihnen der Mensch den Zugang dazu verwehrte, waren dies vornehmlich die Auwälder. Die meisten Rotwildvorkommen Mitteleuropas sind außerhalb der Alpen mehr oder minder eingehegt hinter Wildzäunen oder durch Fütterungen an bestimmte Stellen in den Wäldern gebunden. Je nach Schneehöhe wird es die Wintermonate über schwierig, an geeignete Nahrung in der nötigen Menge heranzukommen. In den räumlich genau festgelegten Rotwildrevieren wird daher gezielt und viel gefüttert. Das geschieht auch, um den Wildschaden zu verringern, der durch den Verbiss von Jungbäumen und das Schälen von Rinde entsteht. Denn diese enthält für das Rotwild gut verwertbare Inhaltsstoffe, die in aller Regel als Nahrung sogar besser ist als das dürr gewordene Gras am Boden.

In dieser Zeit des Winters wächst in den Hirschkühen das Jungtier heran. Fast alle haben während der Brunft aufgenommen. 230 bis 283 Tage wird die Embryonalentwicklung dauern. Noch läuft sie langsam, erst im Frühjahr verstärkt sie sich. Dann zehrt das sich entwickelnde Junge an den Reserven der Hirschkuh. Die Hirsche, die nach der Brunft wieder ruhig und deutlich verträglicher ihren Geschlechtsgenossen gegenüber geworden sind, verlieren nun gegen Ende des Winters ihr Geweih. An der Sollbruchstelle an den sogenannten Rosenstöcken dicht über der Schädelkapsel wird der Knochen, aus dem das Geweih besteht, aufgelöst.

Plötzlich brechen die Stangen ab. Der Hirsch kümmert sich nicht weiter darum, sondern zieht, «kahl» geworden, umher. Bald fängt ein neues Geweih zu sprießen an. Es wächst, von einer samtartigen Haut, «Bast» genannt, überzogen, im Frühjahr und Frühsommer schnell heran. Von Jahr zu Jahr wird es größer, bis der Hirsch den Höhepunkt seiner Körperkraft erreicht hat. Dann «setzt er zurück». Das Geweih wird schwächer, vor allem aber weniger eindrucksvoll. Am stärksten wirkt es, wenn sich am Ende die «Krone» ausbildet und der Hirsch zum Kronenhirsch geworden ist. Während das Geweih wächst, wird es vom reich durchbluteten Gewebe der Basthaut versorgt. In dieser Zeit schließen sich die Hirsche zu Gruppen zusammen, ruhen gemeinsam viel und nehmen nach Bedarf Nahrung auf. Die Hirschkühe bringen indessen im Mai/Juni ihre Kälber zur Welt, führen und säugen diese. Die Hirsche kümmern sich nicht um den Nachwuchs. Auch für den Schutz des Kalbes ist allein die Mutter zuständig. Es wächst schnell, weil die Hirschkuh eine sehr gehaltvolle Milch erzeugt. Drei bis vier Monate lang wird das Junge von der Mutter gesäugt; also genau die Zeit über, in der sich die Hirsche zusammentun, während ihr Geweih wächst und gedeiht.

Als typisches Laufjunges ist das Hirschkalb den Nestflüchtern in der Vogelwelt vergleichbar. Das Hirschkalb steht wenige Stunden nach der Geburt auf eigenen Beinen und folgt der Mutter, die es nur anfangs an geschützten Stellen ablegt, wenn es draußen noch zu riskant ist, weil das Junge nicht schnell und anhaltend genug laufen kann. Füchse, Hunde oder auch Wölfe, die sich dem Kalb zu nähern versuchen, werden von der Mutter mit Hieben der Vorderbeine abgewehrt. Die Hufe daran sind hart, spitz und scharfkantig. Kleinere und einzeln jagende Raubtiere kann das Muttertier damit durchaus vom Jungen fernhalten. Beim Angriff eines Wolfsrudels geht das nicht. Wölfe sind daher die bedeutendsten natürlichen Feinde der Rothirsche. Nur gebietsweise kann auch der Lauerjäger Luchs einem noch nicht groß genug gewordenen Jungtier gefährlich werden. Wölfe jagen durchaus erfolgreich alte Hirschkühe und auch die Hirsche selbst. In welchem Umfang, lässt sich nicht einmal so recht abschätzen, weil so gut wie alle Rotwildbestände von der Jagd kontrolliert werden. Die Kugel der Jäger wirkt bei dieser Wildart ungleich stärker als alle natürlichen Feinde zusammen. Vielfach werden auch Krankheiten und Parasitenbefall durch Verabreichung entsprechender Medikamente mit dem Futter zurückgedrängt oder ausgeschaltet. Mithin unterliegen, von seltenen Ausnahmefällen in extremer Lage abgesehen – wie auf einigen abgelegenen Inseln im Nordatlantik oder im Schweizer Nationalpark in den Hochalpen –, die Rotwildbestände keiner natürlichen Bestandsregulierung mehr.

Daher bestimmen die Abschüsse das Zahlenverhältnis der Geschlechter beim Rotwild. Jüngere Hirsche werden bevorzugt geschossen, um einige starke Kronenhirsche zu fördern. Die jagdliche Attraktivität der Hirsche steigt mit der Größe ihrer Geweihe und der Zahl ihrer Enden. Ein Achtzehnender oder gar ein Hirsch mit mehr als zehn Sprossen pro Geweihstange gehören zu den höchsten Hegezielen. Die Jäger legen weitgehend fest, welcher Hirsch «seine guten Anlagen» vererben soll und welcher von späterer Fortpflanzung durch Abschuss ausgeschieden wird. «Aufartung», Artverbesserung, hieß das bis vor wenigen Jahrzehnten in der Ausdrucksweise der Jäger noch. Fassen wir kurz zusammen: Im Jahreslauf haben die Hirsche im Wesentlichen nur für sich selbst zu sorgen. Die Brunft bildet zwar den Höhepunkt, aber jahrelang bleiben die Junghirsche dabei nur Zuschauer. Die Hirschkühe dagegen tragen acht bis neun Monate lang ihr Kalb und versorgen es nach der Geburt weitere drei bis vier Monate. Ihr Nachwuchs nimmt sie somit im Grunde das ganze Jahr über in Anspruch. In der kurzen «Freizeit» während der herbstlichen Brunft bleibt ihnen genau genommen auch keine freie Zeit. Die Gefahr, von Feinden angegriffen zu werden oder ihr Kalb zu verlieren, ist für sie erheblich größer, weil sie mit ihrer viel geringeren Körpermasse eine leichtere Beute als die großen Hirsche abgeben. Diese können all ihre Energie auf die kurze Fortpflanzungszeit konzentrieren. Das sind zweifellos höchst unausgewogene Verhältnisse zwischen den Geschlechtern.

Es bietet sich an, einen weiteren Blick auf die Höckerschwäne hier anzufügen. Bei diesen werden die Männchen ebenfalls mit zunehmendem Alter immer schwerer. Mit bis über 20 Kilogramm übertreffen sie schließlich die Weibchen um das Dreifache an Körpergewicht. Beim Rothirsch kommt ein ganz ähnliches Gewichtsverhältnis zustande. Die Hirschkühe wiegen 90 bis 130 Kilogramm, alte starke Hirsche aber bis über 350 Kilogramm. Wie die Höckerschwäne werden die Rothirsche bis zu 20 Jahre alt und die Jungen erreichen nach drei bis vier Jahren die Fortpflanzungsfähigkeit. Beide Arten ernähren sich von Pflanzen mit mäßigem bis geringem Nährstoffgehalt. Schwan und Hirsch, Vogel und Säugetier, entsprechen einander in Grundzügen ihrer Lebensweise. Dieser

Befund wird später in einem anderen Zusammenhang noch bedeutsam. An dieser Stelle ist festzuhalten, dass der Sieger im Rivalenkampf, wie nicht anders zu erwarten, das Weibchenrudel gewinnt. Weit weniger selbstverständlich ist, dass die Hirschkühe in der Regel auch bereit sind, den Sieger anzunehmen. Würde sich während des Kampfes oder danach das Rudel in alle Richtungen zerstreuen, könnte der Gewinner allenfalls die eine oder die andere Hirschkuh verfolgen, nicht aber 10, 20 oder mehr weibliche Tiere zusammenhalten. Diese müssen schon beim Sieger bleiben wollen. Eine Absicht im menschlichen Sinne ist den Hirschkühen selbstverständlich nicht zu unterstellen. Es muss jedoch Veranlassungen geben, dass es dazu kommt und sie nicht davonlaufen.

## «Zurschaustellung» und Kommentkämpfe

Der Rothirsch ist kein Sonderfall. Ähnliche Verhaltensweisen sind bei vielen Säugetieren vorhanden. Betrachten wir zunächst seine engere Verwandtschaft, die Hirschartigen (Familie Cervidae). Vier weitere Arten gibt es davon wildlebend in Europa. Am bekanntesten und am weitesten verbreitet ist das Reh *Capreolus capreolus*. Von Nordosten her breitet sich die größte Hirschart gegenwärtig aus, der Elch *Alces alces*. Die Elche können bis zu 600 Kilogramm schwer werden. Ihr Geweih entwickelt sich nach einem jugendlichen Beginn mit Stangen, die drei bis vier stumpfspitzige Enden tragen, zu markanten Schaufeln, von deren Außenrand fünf bis zwölf kurze Spitzen abstehen können. Ein «Elchschaufler», wie die großen Elchbullen genannt werden, beeindruckt mit seinem Geweih mindestens so stark wie ein Kronenhirsch, wenn nicht mehr, weil es auch durch seine Massigkeit wirkt. Bis über 20 Kilogramm kann ein großes Elchgeweih wiegen; so viel wie ein ganzes Reh. Doch der Elch folgt nicht dem Verhaltensmuster des Rothirsches. Es bilden sich keine Brunftrudel aus Elchkühen. Zu Gruppen schließen sich die Elche, meist unter Führung einer alten, erfahrenen Elchkuh, höchstens im Winter zusammen. Dann dient die Gruppenbildung der Verteidigung. Zur Brunftzeit ziehen die Elche einzeln umher. Sie beginnt bereits im August, erreicht aber den Höhepunkt im September oder Oktober. Dabei schließt sich ein Elchbulle zunächst einer Elchkuh an und umwirbt diese, bis sie die Paarung zulässt. Danach zieht der Bulle weiter und sucht eine neue. Trifft er auf eine Kuh, die schon in Begleitung ist, weicht der sichtlich Schwächere oder es kommt bei ungefährer Gleichheit der Kräfte zum Kampf. Ein starker Bulle erringt so durchaus mehrere Weibchen, aber die übrigen Elchhirsche müssen deswegen nicht leer ausgehen. Ein großer Harem von weiblichen Elchen kommt jedenfalls nicht zustande, da sie einander eher aus dem Weg gehen.

Somit weicht das Fortpflanzungsverhalten der Elche stark von dem der Rothirsche ab, obwohl es ansonsten durchaus bedeutende Übereinstimmungen gibt. So bringen die Elchkühe nach einer Tragzeit von etwa acht Monaten im Mai oder Juni ihr Kalb zur Welt. Zwillinge gibt es ziemlich häufig, nämlich zu einem Drittel bis fast zur Hälfte aller Geburten, und sogar Drillinge kommen vor, während die Rothirschkühe meistens nur ein Junges gebären. Das neugeborene Elchkalb wiegt aber nur 7 bis 16 Kilogramm, also nur wenig mehr als ein kräftiges Rothirschkalb. Die Elchkühe hingegen sind mehrjährig mit 240 bis 450 Kilogramm Gewicht mehr als doppelt so schwer wie die Rothirschweibchen. Der Gewichtsunterschied zu den Elchbullen fällt deutlich geringer aus als zwischen Hirsch und Hirschkuh beim Rothirsch. Bei gleichem Alter wiegen die Elchbullen nur knapp oder gerade das Doppelte der Elchkühe. Ihre Jungen könnten also größer geboren werden. Doch der Unterschied macht im Vergleich zum Rothirschkalb bei Zwillings- oder Drillingsgeburten sehr wenig aus. Die Elche investieren stärker in Mehrlingsgeburten als in eine größere Körpermasse des Neugeborenen. Für den Elchbullen bedeutet dies, dass er ohne anhaltende, seine Kräfte aufzehrende Kämpfe, wie sie die Platzhirsche unter den Rothirschen durchstehen müssen, mit drei bis vier Elchkühen, die er in zwei bis zweieinhalb Monaten erfolgreich umwirbt, pro Saison doch auch auf eine persönliche Vaterschaft an fünf bis zehn Kälbern kommt. Ein Platzhirsch, der sich drei Jahre lang behaupten kann und dessen Rudel aus 20 Hirschkühen besteht, bringt es in dieser Zeit allerdings auf 60 Nachkommen. Der Elchbulle muss sechs bis zwölf Jahre erfolgreich bleiben, also mindestens doppelt bis viermal so lang wie der Rothirsch, um denselben Erfolg zu erzielen. Die «Harems-Strategie» des Rothirsches erweist sich, auf die Nachkommenzahl pro Brunftperiode bezogen, der «Individual-Strategie» der Elche klar überlegen. Diese können nur mit sehr viel längerem Leben auf eine ähnliche Bilanz kommen. Warum wenden dann die größeren, viel kräftigeren Elchbullen diese Strategie nicht auch an? Offensichtlich hängt das mit den

Weibchen zusammen. Denn letztlich liegt es an ihnen, wie erfolgreich die Männchen werden. Bekommen sie, sobald sie fortpflanzungsfähig geworden sind, Jahr für Jahr ein Kalb, könnten ihnen die Auseinandersetzungen der Hirsche eigentlich ziemlich gleichgültig sein. Halten wir jedoch vorerst nur fest, dass es bei den Elchen recht häufig Mehrlingsgeburten gibt, bei den Rothirschen aber nur sehr selten. Die durchschnittliche Nachwuchszahl ergibt beim Rothirsch im Grunde genau ein Junges pro Jahr, wenn Totgeburten berücksichtigt werden, bei den Elchen aber mit knapp zwei Jungen fast das Doppelte.

Stellen wir das nur im Hohen Norden lebende Rentier *Rangifer tarandus* vorerst auch zurück. Es wird später betrachtet. Hier passt in der Abfolge die vierte europäische Hirschart besser. Ihr Geweih erweckt den Eindruck einer körperlich zu klein geratenen Kreuzung zwischen Rothirsch und Elch. Es ist der Damhirsch *Dama dama*. Er stammt ursprünglich aus dem Vorderen Orient, aus Mesopotamien. Dieser schöne und sich recht umgänglich verhaltende Hirsch wurde schon zu Zeiten der Römer an verschiedenen Stellen in Europa eingebürgert. Vom Rothirsch unterscheiden ihn neben der erheblich geringeren Körpergröße das auf der Rückenseite weiß getupfte Fell und die schaufelartige Ausbildung des Endteils der Geweihe. Die Hirsche werden 40 bis 125 Kilogramm schwer, die Damhirschkühe 25 bis 50 Kilogramm. Wiederum ergibt sich daraus ein ungefähres Verhältnis der Körpermasse der Hirsche zu dem der Hirschkühe von drei zu eins. Die Brunftzeit fängt später an als beim Rothirsch, Ende Oktober bis Mitte November, aber der Ablauf ist recht ähnlich. Der Sieger im Kampf mit den Herausforderern «erhält» das Weibchenrudel. Dam- und Rothirsch können wir also durchaus zusammenfassen. Auch der Lebenslauf der Damhirschkühe gleicht weitestgehend dem der Rothirschweibchen. Es gibt nahezu keine Zwillingsgeburten. Die Geburtsgewichte fallen mit etwa 4,5 Kilogramm auf die Körpermasse der Weibchen bezogen ganz ähnlich aus wie bei den Rothirschkühen. Das Junge wiegt etwa zehn Prozent des Gewichtes der Mutter. Bei den Hirschen zeigen Form und Größe der Geweihe an, in welchem Reifezustand sie sich befinden. Die Geweihe der ein- und zweijährigen Hirsche entwickeln noch keine Schaufeln. Das Damwild stellt speziellere Ansprüche an den Lebensraum als das Rotwild. Das hängt auch mit seiner geringeren Körpermasse zusammen. Sie bedingt ein ungünstigeres Verhältnis von Körperoberfläche und -masse. Sehr kalte

Winter bringen das Damwild daher in Schwierigkeiten, weil es zu grazil gebaut ist.

Welche Bedeutung das Verhältnis zwischen Körpermasse und Oberfläche hat, ist an unseren Rehen vom Wildbiologen Hermann Ellenberg näher untersucht worden. Er stellte fest, dass Jungrehe, die zu Beginn ihres ersten Winters noch keine 12,5 Kilogramm Gewicht erreicht haben, auch bei guter Winterfütterung im Revier kaum Chancen haben zu überleben. Ihr Stoffwechsel kann nicht genügend Wärme erzeugen. Deshalb ist es für die Rehe wichtig, ihre Kitze so früh wie möglich im Jahr zur Welt zu bringen, auch wenn ihnen im Mai nicht selten noch kalte Witterung droht. Rehe sind, auch wenn ihr wissenschaftlicher Name *Capreolus* «Kleine Ziege» darauf hindeutet, mit den Ziegen nicht verwandt und auch nicht sehr nahe mit den echten Hirschen. Sie führen ein anderes Leben als diese. Beide Geschlechter, Bock und Ricke, wie die fortpflanzungsfähigen weiblichen Rehe von den Jägern genannt werden, leben im Sommerhalbjahr einzeln, ohne Gruppen oder Rudel zu bilden. Die Brunftzeit im Juni folgt schon kurz nach der Geburt der Kitze. Der Bock verfolgt die Ricke mit intensivem Werben. Es kommt zu keinerlei Zusammenschluss der Rehe, zu keiner gemeinsamen Brunft. Jeder erwachsene Bock hat daher grundsätzlich die Chance, die Gunst einer Ricke zu erringen und sich damit fortzupflanzen.

Der geringen Körpermasse der Rehe zufolge – die Ricken werden nur 15 bis 20 Kilogramm schwer, die etwa 10 Prozent größeren Böcke erreichen ein paar Kilo mehr – sollten die Kitze nach einer Befruchtung im Hochsommer im Winter geboren werden. Das jedoch wäre die gewiss unpassendste Zeit. Tatsächlich kommen die etwa ein Kilogramm schweren Jungen im Mai oder Anfang Juni zur Welt, gerade als ob die Paarung im Januar oder Februar erfolgt wäre. Eine Keimruhe bewirkt diese Zeitverschiebung von der ungeeigneten in die richtige Phase des Jahres. Die Embryonalentwicklung ruht bald nach ihrem Beginn und kommt erst im Frühjahr wieder in Schwung. Diese Besonderheit ermöglicht es den Ricken, ohne Belastung durch die Schwangerschaft in ähnlich guter Kondition wie die Böcke in den Winter zu kommen.

Wie oben für die Jungrehe schon angegeben, stellt der Winter den natürlicherweise entscheidenden Engpass für das Überleben der Rehe dar. Mit intensiver Fütterung, die oft bereits im Herbst begonnen und weit in das Frühjahr hinein ausgedehnt wird, verbessern die Jäger die winterlichen Überlebenschancen der Rehe. Da die Böcke aber nur ein kleines Geweih entwickeln, das selten mehr als drei Zacken aufweist, und sie als Sechserböcke (mit drei Sprossen je Geweihstange) schon im dritten Lebensjahr voll bei Kräften sind, genießt das Rehwild traditionell ein weit geringeres jagdliches Ansehen («Niedere Jagd» = Niederwild) als das Rotwild («Hohe Jagd» = Hochwild). An der Körpergröße allein liegt das nicht, denn ein gewichtsmäßig noch weit kleinerer Vogel, der Auerhahn *Tetrao urogallus,* nimmt einen höheren Rang ein. Im Hintergrund steht ein andersartiges Verhaltensmuster des Rehwildes bei der Fortpflanzung. Der Rehbock schart keinen Harem um sich wie der Rot- und der Damhirsch. Die Böcke kämpfen einzeln miteinander, wobei sie eigene Bock-Reviere verteidigen und nicht etwa auf einem für die Rehe der ganzen Gegend einsehbaren Turnierplatz, einer Arena, ihre Kraft zur Schau stellen. Die Hirsche haben solche Plätze. Auch die Birkhähne balzen auf Arenen, wo genügend Hähne vorhanden sind. Doch wie alle übrigen Arten, die zur Familie der Hirsche gehören, kümmern sich auch die Rehböcke nicht um den von ihnen gezeugten Nachwuchs. Sie verteidigen ihre Territorien und es liegt an der Ricke, ob sie sich mit dem Bock paart, der dieses Revier hält. Das Territorialverhalten ändert sich im Herbst, wenn die jungen Rehe groß genug geworden sind. Dann rücken Böcke und Ricken sowie die Jungrehe des vorausgegangenen Sommers zu «Sprüngen» und Rudeln zusammen. In der Gruppe bleiben sie den ganzen Winter über bis in den Frühling hinein. Die Böcke werfen ihr Geweih ab und schieben im Frühjahr ein neues. Wie bei den Hirschen ist es mit Bast überzogen, der das Nährgewebe darstellt. Vor der Brunftzeit wird der nun vertrocknende Bast gefegt. Anfangs kann die Haut sogar noch blutig sein. Um Böcke mit starkem Geweih zu bekommen, boten die Jäger ihren Rehen im Winter immer wieder besonderes Kraftfutter. Seit langem war ihnen bekannt, dass die Rehgeweihe in Regionen mit Kalziummangel im Boden kleiner und schwächer bleiben als in Gebieten mit guter Verfügbarkeit dieses Grundstoffs zur Geweihbildung. Die Verzweigungen am Geweih erlauben es den Böcken, ohne ernsthafte Beschädigungen miteinander zu kämpfen; ihre Geweihe verhaken sich wie bei den Hirschen.

*Der Riesenhirsch*

Bei den Rehböcken dauert es meist nur drei Jahre, bis das Geweih voll ausgebildet ist. Als «Sechserbock» wehrt er dann im Kampf um die Ricke
andere Böcke erfolgreich ab. Er hat gute Chancen, sich Jahr für Jahr wieder mit einer oder mehreren Ricken zu paaren. Sein jägerisch Gehörn
genanntes Geweih wiegt je nach Kondition des Bockes 200 bis 400
Gramm. Das entspricht zwei bis drei Prozent des Körpergewichts. Beim
Rothirsch dauert es gegen zehn Jahre oder länger, bis das Geweih voll entwickelt ist. Im achten Lebensjahr des Hirsches kann es sich vielleicht
schon zu ernsteren Auseinandersetzungen um das Rudel eignen. Aber bis
es die volle Größe erreicht, dauert es zwölf und mehr Jahre. Dann erst
befindet sich der Hirsch auf dem Höhepunkt seiner Kraft. Sein Geweih
wiegt nun zehn bis zwölf Kilogramm. Es macht rund fünf Prozent seines Körpergewichts aus. Bei einem starken Elch mit einem 20 Kilogramm
schweren Geweih kommt ein ähnlicher Prozentsatz zustande, aber im
Regelfall liegt der Gewichtsanteil der Schaufeln bei Elchen mittlerer Kör-
permassen mit drei bis vier Prozent deutlich niedriger. Zudem schwanken die Geweihgewichte bei den Elchen, auf die gleiche Körpermasse
bezogen, erheblich stärker als bei Rothirschen. Das hängt damit zusammen, dass Elchgeweihe weniger gleichförmig ausgebildet werden als Rot-
hirschgeweihe.

Solche Einzelheiten müssen berücksichtigt werden, wenn wir nun
mit dem Riesenhirsch *Megaloceros giganteus* der Eiszeit ein Problemtier
betrachten. Er ist ausgestorben. Geweihe und Skeletteile davon wurden
in beträchtlicher Zahl in irischen Mooren (‹Irish Elk›) und andernorts in
West- und Mitteleuropa sowie in Westasien gefunden. Große Geweihe
des Riesenhirschs wiegen über 30, im Extremfall bis an die 50 Kilogramm.
Sie spannen dann über vier Meter. Dass der Riesenhirsch ein Geweih von
solchem Ausmaß überhaupt tragen konnte, verwundert. Denn der Schädel wog nur zwei Kilogramm. Anders als die Elche hatten die Riesenhirsche auch keinen kurzen Hals. Sie ähnelten im Körperbau durchaus den
uns geläufigen Rothirschen. Das gewaltige Geweih wurde von einer
außerordentlich starken Nackenmuskulatur getragen, die an hohen Fort-
sätzen der Wirbel im Abschnitt von Nacken und Vorderrücken ansetzte.
Die Hirsche müssen deshalb auch dann noch sehr bullig ausgesehen

haben, wenn sie im Spätwinter das Geweih abgeworfen hatten. War es schon in der Herstellung für den Hirschkörper sehr aufwändig, so muss das Tragen eines so gewaltigen Kopfschmuckes im täglichen Leben ausgesprochen hinderlich gewesen sein. Das Aussterben der Riesenhirsche gilt deshalb als Beispiel für einen Irrweg, für eine sogenannte Sackgasse der Evolution. Die Geweihbildung sei zu weit getrieben worden. Dieser «übertriebene Luxus» hatte keinen Bestand. Er manövrierte sich von selbst ins Aus. Von selbst, muss hier allerdings bedeuten, «durch die Wahl der Weibchen des Riesenhirsches». Denn ihnen ist es nach gängiger Auffassung zuzuschreiben, dass Hirschgeweihe überhaupt entstanden und dann auch noch so exzessiv groß geworden sind. Als sich gegen Ende der letzten Eiszeit die Wälder ausbreiteten und die vorher Zehntausende von Jahren lang vorherrschende, weitgehend baumlose Kältesteppe immer weiter in den Hohen Norden zurückdrängten, wo diese als Tundra überlebte, konnten die Riesenhirsche mit ihren Geweihen nicht mehr zurechtkommen. Sie blieben zwischen den Bäumen stecken, wurden leichte Beute für Wölfe, Bären und die Eiszeitlöwen und starben schließlich aus. An ihre Stelle rückte der waldtaugliche Rothirsch vor.

So etwa wird die Begründung für das Aussterben des Riesenhirsches zusammengefasst. Sein Ende drückt aus, wohin eine allzu übertriebene Sexuelle Selektion führt. Den Weibchen des Riesenhirsches geriet ihre eigene Wahl gleichsam außer Kontrolle. Die von ihnen bewirkte Selektion lief ihnen selbst davon. «Runaway selection» wurde ein solcher Vorgang genannt. Wer das Skelett eines Riesenhirsches mit dem voll ausladenden Geweih sieht, kann sich durchaus vorstellen, dass in der Evolution dieses Tieres etwas schiefgelaufen ist. Der Hirsch hat für unseren Geschmack das Maß überschritten. Nun ist unser Geschmack kein allzeit verlässlicher Ratgeber. Bekanntlich kann man sich über ihn streiten und das wird auch nahezu ununterbrochen getan. Wer nicht gewöhnt ist, die Knochen mit Fleisch zu versehen, um sich auf diese Weise ein lebensnäheres Bild zu machen, kann mit einem Skelett verständlicherweise nicht viel anfangen. Unser eigenes taugt nicht als Ausgangsmaterial für den Entwurf von körperlicher Schönheit des Menschen. Der «Totenkopf» ist das Gegenstück zum lebensvollen, attraktiven Gesicht.

Sehen wir daher vom nichtsdestotrotz eindrucksvollen Gerippe ab und umgeben wir es mit Muskeln, Organen und Haut. Was auf diese Weise lebensnäher entsteht, unterscheidet sich von einem großen Rothirsch weit weniger als dieser vom zierlichen Reh. Nichts hindert uns aber, beide, Reh und Hirsch, auf ihre Weise zumindest wohl proportioniert zu empfinden. Nun können wir den Riesenhirsch, auch wenn er nicht mehr lebendig existiert, in die Reihe mit den anderen Hirschen stellen. Wie fügt er sich in diese mit Körpergröße und Geweih ein? Ausgesprochen gut, so die eindeutige Feststellung. Der Elch weicht sogar stärker von der Größenreihe ab, in die wir alle verschiedenen Arten von Hirschen stellen können, die es gibt. Er hat einen verhältnismäßig kürzeren Hals, ein Gesicht eben wie ein Elch (was hier kein Schönheitsurteil bedeuten soll), und ein in der Form von den anderen Hirschen stärker unterschiedenes Geweih als der Riesenhirsch. Kurz, der Riese steht einfach am oberen Ende der Größenskala, so wie das Chinesische Wasserreh *Hydropotes inermis* im unteren Endbereich steht. Es bleibt leichter als das Reh, dem es in der Körperform und Nahrungswahl ähnelt. Doch die Böcke entwickeln überhaupt kein Geweih. Ihnen wachsen bis zu acht Zentimeter lange, nach unten gerichtete obere Eckzähne, mit denen sie aufeinander bei Revierstreitigkeiten einschlagen. Eckzahn statt Geweih macht einen größeren Unterschied als ein besonders groß geratenes, ansonsten aber normales Hirschgeweih. Sicherlich würde der Riesenhirsch richtig bewundert, gäbe es ihn noch.

Vergleichen wir ihn nun mit den lebenden Hirschen, die ihm in der Geweihgröße nahestehen. Wie oben ausgeführt, macht das Geweih bis zu zehn Prozent des Körpergewichts aus. Ein 30-Kilogramm-Riesenhirschgeweih würde demnach einem Lebendgewicht des Hirsches von 300 Kilogramm entsprechen. Dieses Gewicht übertreffen große Elche deutlich. Selbst Rothirsche, nämlich die nordamerikanischen, dort Wapiti genannten, werden über 300 Kilogramm schwer. Die größten Wapitis würden sogar, wie auch die stärksten Elche, ein 50 Kilogramm Geweih tragen können. In den lichten nordischen Wäldern, wo die Bäume keinesfalls so dicht wie in unseren gepflanzten Forsten stehen, haben die Wapitis, die Elche und die großen nordasiatischen Rothirsche keine Probleme mit dem Durchkommen. Auch ein vier Meter weit ausladendes Geweih bleibt in der Taiga nicht einfach stecken. Der Abstand zwischen den Bäumen ist viel größer. Die zahlreichen Funde von Geweihen und Skeletten von Riesenhirschen in Mooren und Waldsümpfen beweisen zudem, dass offene Landschaften bis in unsere Zeit existierten und nicht etwa ganz Europa unter dichtem Wald verschwunden war, bevor die

Menschen mit dem Roden anfingen. Zieht man nun auch die Hirschkühe in die Betrachtung ein, so wird es noch weniger wahrscheinlich, dass
sie mit übertriebener Bevorzugung der größten Hirsche mit gigantischem
Geweih selbst das Aussterben verursacht haben sollten. Da sie nur ein
Drittel bis höchsten 40 Prozent der Körpermasse der Hirsche erreicht
haben dürften, lägen sie voll und ganz im Größenbereich der männlichen
Rothirsche und Wapitis. Warum sollten diese überlebt haben, jene aber
nicht? Die Hirschkühe nehmen, brunftig geworden, ohne weiteres auch
kleinere Hirsche, wenn keine größeren vorhanden sind. Es hätte also
beim Vordringen der Wälder eine Selektion zugunsten kleinerer Hirsche
einsetzen müssen, wenn die Geweihgröße zunehmend mehr Schwierigkeiten bereitet haben sollte. Es gibt viele Beispiele dafür, dass kleinere,
weniger attraktiv aussehende Männchen zum Zuge kommen, wenn der
Mensch alle großen getötet hat.

Ein weiterer wichtiger Gesichtspunkt kommt hinzu. Bei den Hirschen wächst das Geweih bekanntlich nicht von Anfang an zu voller Größe heran. Bei großen Hirschen dauerte es, wie ausgeführt, zehn und mehr
Jahre, bis die größte Stärke erreicht ist. Beim Riesenhirsch können wir,
seiner Größe wegen, noch ein paar Jahre mehr dazu geben. Erst dann,
vielleicht im Alter von 15 Jahren, erreichte das Geweih die volle Ausbildung. Also hätte es für die Weibchen der Riesenhirsche jüngere, mit
schwächeren Geweihen ausgestattete Hirsche gegeben, die spätestens seit
dem fünften Lebensjahr auch zeugungsfähig waren, was sich wiederum
aus den Größenverhältnissen ableiten lässt. Folglich hätte das Geweih als
solches schon, jedoch nicht allein seine besondere Größe den Ausschlag
geben müssen. Das tat es nicht, sonst hätten die anderen Hirscharten mit
großen Geweihen auch nicht überlebt.

Die Argumentation, der zufolge das von Sexueller Selektion erzeug-
te Riesengeweih zum Aussterben des Riesenhirsches geführt hat, steht
demnach auf schwachen Füßen. Trotzdem ist es richtig, dass dieses Tier
ausgestorben ist und dass es dafür auch Gründe geben sollte. Vielleicht
war es der Mensch, der vor etwa 12 000 Jahren gegen Ende der letzten Eiszeit diesen gewaltigen Hirsch ausrottete. Dann gäbe es gar keinen Zusammenhang zwischen Geweihgröße und Überleben. Immerhin sind Riesenhirsche in Wandmalereien von Eiszeithöhlen dargestellt. Wie auch die
Wildpferde und die Auerochsen, Rentiere und Bären, die unter den Tier-
darstellungen in diesen späteiszeitlichen Höhlenmalereien in großarti-

ger Deutlichkeit und Abstraktion zu finden sind, gehörten sicherlich die Riesenhirsche zum Jagdwild der Steinzeit. Es liegt nahe, dass sie sich in die für Menschen zu gefährlichen Moore zurückgezogen hatten und dort schließlich an zu geringer Zahl Überlebender ausstarben.

Dann wäre der Riesenhirsch ein weiterer Fall für die gut dokumentierte Reihe der vom Menschen ausgerotteten Großtiere und kein Opfer seines Übermaßes an Kopfschmuck. Betrachten wir ihn daher im Zusammenhang mit anderen Großtieren der späten Eiszeit, die nicht überlebten. Allen voran, weil am bekanntesten, sind das Mammut *Mammutus primigenius* und das Wollnashorn *Coelodonta antiquitatis* zu nennen. Beide gehören zu den vielfach in den Höhlenmalereien dargestellten Tieren, von denen es aber nur noch die fossilen Reste, keine Überlebenden gibt. Beide schützte ein dichtes, wolliges Fell vor der eiszeitlichen Winterkälte. Ein recht dichtes Fell dürfte auch der Riesenhirsch getragen haben. Er lebte als Art sogar wahrscheinlich länger als die beiden noch weit massigeren Großsäuger der Eiszeit. Denn fossile Überreste weisen auf eine Zeitspanne von vor 400 000 Jahren bis zum Ende der Eiszeit vor zehn- oder zwölftausend Jahren hin. In dieser langen Zeitspanne hatte es mehrfach Vorstöße des Eises und warme Zwischenperioden gegeben. Die wärmste vor 120 000 Jahren war sogar erheblich wärmer als unsere Gegenwart. Damals lebten Nilpferde an den nordwesteuropäischen Flüssen und die Großtierwelt wirkte richtiggehend afrikanisch. Dennoch überlebten die Riesenhirsche diese Warmzeit. Sie veränderten sich zwar in ihrer Körpergröße und es entstanden sogar Zwergformen, welche kleiner als die heutigen Rothirsche waren, aber der Strom ihres Lebens riss nicht ab. Mithin darf mit Fug und Recht bezweifelt werden, dass die exzessive Geweihgröße sein Schicksal war.

Wir können schließlich nachrechnen, wie sich die Körpergröße zu dem Bedarf an Nahrung verhält. Große Tierkörper benötigen zwar absolut mehr Nahrung pro Tag oder Jahr, aber im Verhältnis zu ihrem Körpergewicht weniger. Eine kleine, nur wenige Gramm leichte Spitzmaus muss täglich so viel Nahrung zu sich nehmen, wie sie selbst wiegt. Der Elefant am anderen Ende der Größenskala der Säugetiere braucht natürlich nicht täglich die drei Tonnen Futter, die er wiegt. Mit zunehmender Körpergröße nimmt der tägliche Nahrungsbedarf ab. Aus dem, was Rehe, Rothirsche und Elche benötigen, lässt sich daher hochrechnen, wie viel ein großer Riesenhirsch von, nehmen wir an 600 Kilogramm Körpergewicht, pro Tag an Nahrung gebraucht haben müsste. Es sind dies 50 bis 60 Kilogramm, weil der Bedarf etwa einem Zehntel des Körpergewichts entspricht. Das ist viel, aber immer noch weit weniger als beim Elefanten und mithin auch beim Eiszeitelefanten Mammut. Ein Afrikanischer Elefant benötigt pro Tag, seinem Gewicht gemäß und als schlechter Futterverwerter, 150 bis über 300 Kilogramm. Ein Elch von 350 Kilogramm Gewicht verzehrt etwa 30 bis 40 Kilogramm pro Tag. Damit sollten auch die Weibchen des Riesenhirsches ausgekommen sein. Nun leben aber die großen Elche in nordischen Regionen mit kalter Witterung. Ihren hohen Bedarf an Nahrung decken sie im Winterhalbjahr vornehmlich mit dem Verzehr von Knospen der Sträucher und der jungen Bäume. Das Gras, das sie im Sommer auch nutzen, das aber nun dürr und unergiebig geworden ist, reicht ihnen im Winter nicht. Mineralische Nährstoffe ergänzen sie im Sommer mit dem Verzehr von Wasserpflanzen.

Die gegenwärtige Verbreitung der Elche beginnt nach Norden zu, dort, wo die Vorkommen der Riesenhirsche während der Eiszeit endeten. Nun war es aber in der Eiszeit nicht etwa auch den Sommer über eisig kalt. Die Sommer waren sogar recht warm, niederschlagsarm und vielfach trocken, ähnlich wie in Sibirien. Die Pflanzen gediehen in diesen Sommern recht gut, denn sie wuchsen wie in einer Hydrokultur. Da der Boden tief gefroren war, taute er im Sommer oberflächlich auf. Darunter hielt sich aber das Eis des Permafrostes. Dadurch verlor der Boden keine für das Pflanzenwachstum wichtigen mineralischen Nährstoffe ins Grundwasser, was die Vegetation für die Nutzer sehr ergiebig und nährstoffreich machte. Es lag an der Natur dieser sogenannten Mammutsteppe, dass sie trotz der Winterkälte ein Spektrum von Großtieren ernähren konnte, wie wir es gegenwärtig noch in Resten in Ostafrika finden. Die dort dank der vulkanischen Böden besonders produktiven Savannen mit ihren Tierherden und Großraubtieren sind den Eiszeitverhältnissen in Mitteleuropa durchaus vergleichbar. Auch hier gab es Löwen, Hyänen, tigerähnliche Säbelzahnkatzen und weitere Raubtiere aller Größenordnungen bis zu den kleinen Hermelinen und zum Wiesel, weil das Spektrum der Beutetiere so umfangreich war. Der Riesenhirsch fügte sich in dieses Spektrum. Sein hoher Nahrungsbedarf wurde von der Produktivität der Mammut-Steppe gedeckt. Den Mineralstoffbedarf für die Entwicklung des Riesengeweihs entnahm er seiner Pflanzennahrung. Es gibt keinen Grund, ihn als Fehlentwicklung hinzustellen.

Sein Geweih vermittelt uns sogar einen besseren Einblick in die Lebensumstände der Eiszeit. In dieser erfüllte es eine Funktion, die wahrscheinlich auch den Geweihen unserer Hirsche zukäme, wenn es ihre natürlichen Feinde in der einst üblichen, vom Menschen nicht so stark verminderten Häufigkeit noch geben würde. Der Blick auf das Skelett des Riesenhirsches mit seinem ausladenden Geweih eröffnet diese Sicht. Man muss sich nur vorzustellen versuchen, wie es aussieht, wenn der Hirsch mit dem Hinterteil zu Boden geht und sein Geweih entsprechend absenkt. Dann schützt es den einzig wirklich empfindlichen Teil seines Körpers, den er nicht mit den Schlägen seiner scharfkantigen Hufe an den Vorderbeinen direkt verteidigen kann, die Flanken. Genau an dieser Stelle würden Wölfe angreifen oder hätte vielleicht der Säbelzahntiger mit seinen langen, krummdolchartigen Zähnen zugeschlagen. Auch ein Rothirsch kann in dieser Position seine empfindlichen Flanken mit einem großen Geweih schützen. Dass es zu dieser Situation so gut wie nicht mehr kommt, liegt an der Ausrottung der Wölfe und anderer Großraubtiere. Auch die Löwen versuchen in Afrika oft Büffel so seitlich von hinten zu packen. Die gebogenen Spitzen der Hörner eignen sich viel besser zu diesem seitlichen Ausgreifen als zu einem direkt von vorn. In der Eiszeitwelt des Riesenhirsches gab es all diese Raubtiere. Sie sind durch Knochenfunde insbesondere in Höhlen so gut belegt, dass man den Löwen, Hyänen und Bären jener Zeit zur Unterscheidung von den heutigen den Zusatz Höhlen- gab. Sie alle waren, gleichgültig ob Höhlenlöwe, Höhlenhyäne oder Höhlenbär, größer als die heutigen Nachfahren. Deswegen sollten wir nicht über Gebilde, wie das Geweih des Riesenhirsches, urteilen, ohne die Lebensumstände jener Zeiten zu berücksichtigen.

Nach diesen Betrachtungen wird klar, dass ein Riesenhirsch, der ein Jahrzehnt und länger all die Gefahren seiner Umwelt überlebte, allein aufgrund seiner Größenzunahme ein uns heute vielleicht überdimensioniert erscheinendes Geweih entwickelte. Körpermasse und Geweihgröße stehen ja in enger Verbindung zueinander. Wenden sich die Weibchen des Rudels bei der herbstlichen Brunft den Hirschen mit den größten Geweihen zu, die infolge ihrer Körpermasse die jüngeren Hirsche im Kampf am Brunftplatz besiegten, so ist das nur folgerichtig. Streng genommen müssen die Hirschkühe dabei gar nicht Sexuelle Selektion betreiben. Denn überlebt haben die starken Hirsche – und diese nehmen sie an. Somit sollten wir auch mit der Möglichkeit rechnen, dass das Geweih des

Riesenhirsches gar nicht aus einer besonderen Sexuellen Selektion hervorgegangen ist, sondern einfach eine Überlebensnotwendigkeit war. Da eine ganz andere arktische Hirschart, das Ren, in beiden Geschlechtern Geweihe ausbildet, ist diese Möglichkeit gar nicht so abwegig. Das Geweih lässt sich durch Weibchenwahl allein jedenfalls nicht rechtfertigen.

Die klimatische Veränderung, die am raschen Ende der letzten Eiszeit das Vorrücken des Waldes begünstigte und die «Mammutsteppe» zurückdrängte bis diese fast völlig verschwand, entzog nicht nur dieser Hirschart, sondern allen Angehörigen der eiszeitlichen Megafauna die Nahrungsbasis. Zu den dafür empfindlichen Arten zählte der Riesenhirsch. Alles deutet darauf hin, dass er ähnlich wie Reh und Elch darauf angewiesen war, ziemlich hochwertige Nahrung in den feuchteren Regionen der «Kaltsteppe», wie sie im Deutschen oft auch genannt wird, aufzunehmen. Nacheiszeitlich entwickelten sich aber rohfaserreiche, größere Pflanzen im wärmeren Klima. Sie breiteten sich aus, bevor der Wald das offene Land großflächig überzog. Für den hohen täglichen Nahrungsbedarf des Riesenhirsches taugte solche Nahrung nicht. Als Wiederkäuer hätte er die Verarbeitung von 80 bis 100 Kilogramm dürrem Futter pro Tag nicht geschafft. Im Winter wäre eine Tonne davon in zwei Wochen wohl kaum zu finden gewesen, ganz abgesehen vom Zeitaufwand für die Suche nach Nahrung, denn das Äsen muss schnell gehen, weil das Wiederkäuen mehr Zeit in Anspruch nimmt. Dass Körpergröße und Ergiebigkeit der Nahrung eng miteinander zusammenhängen, belegen die Fossilfunde. In früheren Warmzeiten ging die Größe der Riesenhirsche in den warmen Zwischeneiszeiten wegen der Verschlechterung der Nahrungsqualität tatsächlich stark zurück. Als sich im nachfolgend kälteren Klima die «Mammutsteppe» erneut ausbreitete, wurden die Riesenhirsche auch wieder größer. Dass aber nicht wenigstens kleinere Bestände von ihnen das Ende der letzten Eiszeit überlebt haben sollen, so wie das während der früheren Warmzeiten auch der Fall war, lässt sich durch die Verfügbarkeit der Nahrung allein nicht erklären. Moschusochsen *Ovibos moschatus* und Rentiere überlebten in den kältesten Regionen. Sogar die viel größeren Mammuts hielten länger in Nordostasien als die Riesenhirsche in Westeuropa aus. In den Wäldern schafften es Großtiere, wie die Wisente *Bison bonasus* und der Auerochs *Bos primigenius,* bis in unsere Zeit bzw. der Auerochs wurde als Wildrind zur Stammform unserer Hausrinder. Auch die Rothirsche überlebten das Ende der Eiszeit, nicht aber die

Großraubtiere dieser Zeit mit Ausnahme der sich weitgehend pflanzlich ernährenden Bären und der schnellen, in Rudeln jagenden Wölfe. Von ihnen stammt der Hund ab, der erste und lange Zeit wichtigste Gefährte der Steinzeitmenschen. Ausgestorben ist der Riesenhirsch. Was bleibt uns übrig als anzunehmen, dass ihn die Menschen bis zur Ausrottung gejagt haben. Als «Hirschmensch» ist er vielleicht nicht ohne Grund in späteiszeitlichen Höhlenmalereien verewigt worden. Im keltisch-germanischen «Hirschgott» Cerunnos überdauerte die mythische Figur noch bis zum Anfang des ersten nachchristlichen Jahrtausends.

Seine Darstellung und die Form der Hirschgeweihe fielen in den Höhlenmalereien jedoch nicht klar genug aus, um eindeutige Bestimmungen zuzulassen, um welche Art von Hirsch es sich handelt. Die Vorbilder können auch die Rentiere gewesen sein. Ihr eiszeitliches Verbreitungsgebiet reichte viel weiter nach Süden als gegenwärtig. Zudem leben diese nordischen Hirsche das ganze Jahr über in Gruppen oder größeren Herden. Sie waren sicherlich auch viel leichter zu jagen als die Riesenhirsche oder die einzelgängerischen Elche. Die weiblichen Rener wiegen 40 bis 100, die Hirsche 70 bis 150 Kilogramm. Für die eiszeitlichen Jäger war das gewiss eine passende Beute, zumal die Herden der Rentiere recht regelmäßige Wanderungen ausführen. Das Fell dieser Hirsche ist ihrem kalten Lebensraum gemäß wollig weich und wärmend. Noch in unserer Zeit fertigen nordische Völker, etwa die Samen, Kleidung aus Rentierfellen. Rentiere begnügen sich mit kleinwüchsigen Gräsern, den Sprossen von Zwergsträuchern und Flechten, die nach ihnen als Rentierflechten benannt worden sind. Dennoch halten sie Wintertemperaturen von unter –50°C aus. Bei der Art ihrer Nahrung müssen sie nicht einmal besonders große Mengen verzehren. Wo der Schnee nicht hoch liegt, scharren sie diesen fort, um an den Boden heranzukommen, dessen karge Pflanzendecke sie beweiden. Kurz vor Beginn des Winters, von Ende September bis Mitte Oktober, finden die Paarungen statt. In dieser Brunftzeit scharen die Hirsche einen Harem von 20 und mehr Weibchen um sich und verteidigen diesen gegen Nebenbuhler. Das Rentier verhält sich als Hirschart also ähnlich wie der Rothirsch – und das, obwohl beim Ren auch die Weibchen Geweihe tragen. Diese sind zwar dünner und weniger stark verzweigt als bei den Hirschen, aber immerhin als solche vorhanden. Sie entwickeln sich in unterschiedlichen Größen und Formen. Dieser Befund zeigt an, dass bei ihnen die Geweihe nicht tauglich sein müssen für den Kampf mit

Konkurrenten wie bei den Hirschen. Mit den nach vorn gerichteten Sprossen scharren die Rentiere auch Schnee weg. Sie unterstützen damit die Haupttätigkeit der Hufe der Vorderbeine. Unbedingt notwendig scheinen die Geweihe bei den Weibchen nicht zu sein. Bei den Hirschen entwickeln sie sich altersabhängig zu recht eindrucksvollen, vielendigen Gebilden. Eindrucksvoll bedeutet, dass große Geweihe auf die weiblichen Rentiere attraktiv wirken. Nach einer Trächtigkeit von sieben bis acht Monaten bringt das Ren ihr Kalb zur Welt. Meist wird nur ein Junges geboren. Es wiegt etwa fünf Kilogramm und ist somit in Bezug auf das Muttertier ziemlich schwer (sechs bis zehn Prozent des Gewichts der Mutter). Wieder treffen wir bei diesem Hirsch auf das Phänomen, dass die Geburt von Einzeltieren offenbar mit der Bildung von Harems bei der Brunft in Zusammenhang steht. Die Ausbildung von Geweihen bei den Weibchen erfordert eine andere, eine erweiterte Betrachtung des Ursprungs solcher Gebilde. Am Anfang waren sie offenbar noch kein Statussymbol und der Sexuellen Selektion womöglich gar nicht unterworfen. Warum setzte diese aber später an den Geweihen an, als solche schon vorhanden waren?

*Faire und tödliche Kämpfe*

Stirnwaffen können gefährliche Verletzungen hervorrufen. Rehkitze werden, weil sie so niedlich sind und bei der Mahd von Wiesen häufig verletzt oder einfach nur gefunden werden, immer wieder von wohlmeinenden Menschen mit der Milchflasche großgezogen. Scheinbar werden sie dabei recht zahm. Sobald aber ihre Geschlechtsreife eintritt, werden die jungen Böcke lebensgefährlich. Nach ihrer Art fordern sie den Menschen zum Zweikampf heraus. Da uns entsprechende Stirnwaffen fehlen, haben wir ihren Stößen nichts außer einem riskanten Abfangen mit bloßen Händen entgegenzusetzen. Ein zahmer, aber in Kampfstimmung geratener Rehbock kann Menschen mit Stößen in den Bauch töten. Da für die Rehböcke der Rivalenkampf von Anfang an zu ihrer Entwicklung gehört, gehen sie viel eher auf den Ersatzpartner Mensch los als Hirsche, die in den ersten Jahren das Geschehen am Brunftplatz in aller Regel nur beobachten. Doch auch ein Hirsch wird zur tödlichen Gefahr, wenn er den Menschen mit seinem Geweih herausfordert. In den stark ritualisierten

Ablauf seines Kampfes passt ein Gegner nicht, der keine entsprechenden Instrumente zum fairen Kräftemessen hat.

Mit dieser Feststellung tut sich ein grundsätzliches Problem auf. Wie kann durch die Weibchenwahl ein Gebilde entstehen, das erst im fertigen, gleichsam im formvollendeten Zustand einen Kampf ermöglicht, der nicht zwangsläufig schwere Verletzungen verursacht? Der junge Bock mit seinem Erstlingsgeweih ist ein «Spießer»; der junge Hirsch auch. Die Geweihe fangen als kleine, spitze Spieße an. Sie werden nicht einfach mit fortschreitendem Alter von Jahr zu Jahr größer, sondern sie verzweigen sich. Erst wenn die passenden Verzweigungen ausgebildet sind, beginnen die Kämpfe. Dann fangen die Stangen einander ab, verhaken sich, und was folgt ist eigentlich kein Stechen mehr, sondern ein Drücken und Schieben. Schafböcke oder Büffel kämpfen auf diese Weise und nicht mit den spitzen Enden ihrer geschwungenen Hörner. Ganz allgemein setzen Säugetiere ihre gefährlichsten Waffen nicht in der Art ein, dass es sogleich zu Verletzungen kommt. Mit den Waffen zu imponieren und mit der Körperkraft die Stärke der Konkurrenten zu testen, bildet die Methode der Wahl. Wiederum zeigen dies besonders deutlich die starken Hirsche, wenn sie mit angehobenen Köpfen, die Geweihe präsentierend, nebeneinander schreiten. Das geschieht betont langsam, «gestelzt», und nicht etwa geschmeidig, hinterhältig, um dem Gegner in einer Zehntelsekunde von Unachtsamkeit das Geweih in die verletzliche Flanke zu stoßen. «Kommentkampf», wie bei alten Ritterturnieren, stellt daher eine passende Bezeichnung für dieses «Sich-zur-Schau-Stellen» vor dem eigentlichen, nach festen Regeln ablaufenden Kampf dar. Dies läuft fairer als in der Menschenwelt bei kriegerischen Auseinandersetzungen ab. Darum nannte Konrad Lorenz diese rituelle innerartliche Aggression das «sogenannte Böse», weil es eigentlich nicht böse gemeint ist. Der siegreiche Hirsch röhrt dem Verlierer zwar hinterher und verfolgt ihn oft auch noch ein Stück, aber er macht keine Versuche, den Feind zu töten und damit aus seiner Welt zu schaffen. Bei der nächsten Brunft wird er vielleicht gegen genau diesen Konkurrenten verlieren.

Das mag ritterlich aussehen, aber eine solche Haltung dürfte es nach den Prinzipien der Natürlichen Selektion nicht geben. Der Sieger verliert mit seiner «Nachsicht» eine ganze Runde im Ringen um die Fortpflanzung. Auf dem Spiel stehen 20, 30 oder mehr eigene Nachkommen, je nachdem wie groß das Weibchenrudel ist. Diese Nachkommen hätte der

Platzhirsch im nächsten Jahr noch zeugen können, wenn er den stärksten Herausforderer ausgeschaltet hätte, gegen den er gerade noch hatte bestehen können. Wenn in der Evolution letztlich der Fortpflanzungserfolg zählt und gerade deswegen die Weibchenwahl solch bizarre Gebilde wie ein Hirschgeweih hervorbringt, weil es zum Sieg über die Konkurrenz verhilft, sollte diese nicht geschont werden. Die Erklärung, die Konrad Lorenz gegeben hat, geht davon aus, dass ein so nachsichtiges, ernste Verletzungen vermeidendes Verhalten der Art zugutekommt. «Arterhaltend» nannte er es. Bei den Hirschen könnte man mit dieser Erklärung zufrieden sein. Schließlich warten die Junghirsche darauf nachzurücken, wenn der alte Platzhirsch entthront wird. So kommen sie zwar nicht alle, aber doch die meisten von ihnen zum Zuge. Das erhält die genetische Vielfalt. Würde sich ein einzelner Hirsch über längere Zeit allein behaupten und alle Nebenbuhler ausschalten, ginge die genetische Vielfalt zwangsläufig zurück. Das kann nicht im Interesse der Art sein. Aber: Hat die Art überhaupt ein Interesse? Gibt es sie? Oder ist sie nicht mehr als eine Hilfskonstruktion, die wir Biologen uns machen, um die Vielfalt des Lebens sinnvoll zu gliedern und erfassen zu können?

Neue Forschungsergebnisse in der Zeit nach Konrad Lorenz brachten insofern eine Klärung, als sie zeigten, dass keineswegs alle Kämpfe, die mit der Fortpflanzung zusammenhängen, nach den fairen Prinzipien alter Ritterturniere ablaufen. Die Konkurrenz wird durchaus gelegentlich getötet und der davon stammende Nachwuchs auch, so dieser noch klein genug ist. Das erste folgenreiche Beispiel hierfür ergaben Studien an Löwen. Der Löwe *Panthera leo* lebt im Gegensatz zu dem bei Katzen sonst Üblichen in Rudeln. Eigentlich bilden die Weibchen das Rudel. Sie halten eng zusammen, ziehen ihre Jungen groß und jagen oft gemeinsam. Männliche Löwen leben, was ihren Anteil an der Jagd anbelangt, eher sozialparasitisch. Aber sie verteidigen das Rudel gegen den größten Feind, und das sind andere Löwenmännchen. Diese versuchen immer wieder, die Rudelbesitzer zu vertreiben. Sie überfallen diese und kämpfen mit ihnen bis aufs Blut. Kommen die Herausforderer zu zweit oder gar zu dritt, hat ein einzelnes Löwenmännchen als Pascha des Rudels keine Chance. Verteidigt hingegen ein Trio die Weibchen mit ihren Jungen, scheitern Duos oder einzelne Löwen in aller Regel. Die Bedeutung der Löwenmähne wird bei solchen Kämpfen sichtbar. Sie mildert die Schläge mit den Pranken, wobei die Krallen ausgefahren werden, und ebenso die Bisse mit den gewaltigen Zähnen. Die Kämpfer müssen Prankenschlägen widerstehen, die einen Büffel zu Boden werfen würden, und auch Bissen, die ganze Körperteile abtrennen können. Wie sich zeigte, kommt es dabei recht oft zu so schweren Verletzungen, dass die Unterlegenen nicht mehr lange leben; ohne Rudel fehlt ihnen die regelmäßige Versorgung mit Nahrung. Was sie selbst noch erjagen, reicht nicht mehr.

Löwen leben also ausgesprochen gefährlich und Löwenkinder nicht minder. Denn die Sieger töten die im Rudel vorhandenen kleinen Jungen hemmungslos. Keine höhere Weisung zur Arterhaltung hält sie davon zurück. Im Gegenteil, sie gehen so vor, als ob es einzig darauf ankäme, selbst so schnell wie möglich so viel Junge wie möglich zu zeugen. Die Löwinnen, deren Kinder von den neuen Paschas umgebracht wurden, wehren sich kaum dagegen. Nach wenigen Wochen kommen sie erneut in Östrus. Sie paaren sich mit den Neuen und bringen deren Junge zur Welt. Waren die Sieger ein Duo oder ein Trio von etwa gleich starken Männchen, entspricht pro Generation ihr Anteil auch etwa der Hälfte oder einem Drittel der Jungen. Da sie zwei, drei oder mehr Löwenkinder-generationen lang das Rudel beherrschen und von anderen Konkurrenten freihalten können, kommen sie gleichsam auf ihre Rechnung, auch wenn sie teilen müssen. Die Löwinnen paaren sich oft und lang mit den Männchen. Wer von welchem Wurf der Vater ist, bleibt den möglichen Vätern verborgen. Ihrem Zusammenwirken steht daher nichts entgegen. Ob die von ihnen bekämpften und vertriebenen Löwen tödlich verletzt oder nur etwas geschwächt sind, hat keine Bedeutung. Sie brüllen ihre Kraft weithin hörbar in die Savanne hinaus. Damit weiß die Konkurrenz Bescheid, so oder so. Denn fällt das Gebrüll für eine starke Gruppe von Löwenmännchen, die auf der Suche nach einem Weibchenrudel sind, zu schwach aus, so ist es zum Verräter von relativer Schwäche geworden.

Warum wehren sich die Löwinnen nicht stärker gegen die fremden Männchen, die die Väter ihrer Jungen vertrieben haben und nun auch deren Nachwuchs töten? Als Mütter sollten sie doch ihre eigenen Kinder mit allen Kräften verteidigen! Tatsächlich würden dies auch viele Säugetiere tun. Männchen werden generell abgewiesen, solange die Weibchen abhängige, noch nicht selbständige Junge haben. Erst mit der Entwöhnung des Nachwuchses ändert sich das Verhalten. Die Weibchen zeigen sich selbst an den Männchen interessiert. Nicht so bei den Löwinnen. Ihr Widerstand fällt sogar umso geringer aus, je kleiner die Löwenbabys sind.

Um das zu verstehen, müssen wir uns mit den «Herstellungskosten» von Nachwuchs beschäftigen. Bei den Löwen sieht das recht einfach aus. Sie leben von Fleisch, Haut, Knorpel und Knochen oder Innereien ihrer großen Beutetiere. Löwenbabys bestehen aus denselben Stoffen. Sie werden recht klein und hilflos geboren, wie wir das von unseren Hauskatzen kennen. Gibt es reichlich Beute, ist es für die Löwinnen kein großer Aufwand, kleine Junge zu ersetzen. Viel wichtiger ist es, dass ihr Nachwuchs heranwachsen, groß und stark werden kann. Die Fortpflanzung besteht in mehr als nur im Gebären von Jungen. Diese müssen selbst wieder fortpflanzungsfähig werden. Erst wenn sie selbst Nachwuchs haben, hat sich der Einsatz der Mütter gelohnt. Das gilt nicht nur für Löwinnen, sondern ganz allgemein. Garantieren starke Männchen eine hinreichend lange Zeit die Stabilität des Rudels, sind sie gute Väter. Die Investition in den Nachwuchs lohnt, weil die Jungen bis zum Selbständigwerden überleben. Mehr können die Mütter nicht leisten.

*Die Rolle der Ernährung*

In diesem Befund äußert sich ein ganz wesentlicher Unterschied zwischen Löwin und Hirschkuh. Das Hirschkalb wird als meist einzelnes, hoch entwickeltes Laufjunges nach einer Tragzeit von acht bis neun Monaten mit einem Gewicht von sechs bis sieben Kilogramm geboren. Geht es nach der Geburt zugrunde, war die ganze Investition der Mutter vergeblich. Die Löwin bringt nach nur dreieinhalb Monaten zwei bis vier Junge zur Welt. Jedes dieser kleinen Löwenkätzchen wiegt 1,2 bis 1,5 Kilogramm, also weniger als eine kleine Hauskatze. Die Jungen sind klein und hilflos. Als «Lagerjunge» kann man sie den weit entwickelten Laufjungen anderer Säugetiere gegenüberstellen. Die Löwinnen sind etwa so schwer wie eine kräftige Rothirschkuh. Erst vier oder fünf neugeborene Löwen entsprechen aber in ihrem Gesamtgewicht einem Hirschkalb. Also hat die Löwin pro Baby nur ein Fünftel bis ein Viertel investiert. Die Stoffe, die der Nachwuchs dem mütterlichen Körper abverlangt, gibt es in ihrer Nahrung reichlich. Die Hirschkuh hingegen muss aus den wenig ergiebigen Pflanzenstoffen ihrer Nahrung erst all die Reserven in ihrem Körper aufbauen, die für Bildung und Entwicklung eines Fötus vonnöten sind. Die Löwin kann leicht ein paar Wochen nach der Tötung ihrer Jungen wieder schwanger werden. Bei der Hirschkuh geht das nicht. Für sie liegen die Verhältnisse weit ungünstiger als für die Löwin. Mit diesen Überlegungen haben wir einen ersten Ansatz, uns der Problematik des Nachwuchses gleichsam vom Innenleben her zu nähern. Halten wir fest: Laufjunge sind aufwändig. Sie werden sehr weit entwickelt geboren. Ihre Zahl bleibt infolgedessen gering. Die Investition der Muttertiere in ein Laufjunges fällt bis zum Zeitpunkt der Geburt weit höher aus als der Aufwand für kleine Lagerjunge, die leicht zu ersetzen sind. Beide Jungtierformen werden nach der Geburt mit Muttermilch versorgt. Die Investitionskosten für Erzeugung und nachgeburtliche Versorgung des Nachwuchses fallen für die Muttertiere ungleich höher aus als für die Väter. Vorgeburtlich leisten sie direkt nichts für die Entwicklung der Jungen, nachgeburtlich nur, wenn sie sich an der Versorgung mit Nahrung beteiligen. Die Milchproduktion bleibt auf die Muttertiere beschränkt.

Investieren also die Säugetiere im Vergleich zu den Vögeln ganz allgemein mehr in den Nachwuchs? Auf den ersten Blick sieht dies so aus, weil sich der Nachwuchs im Mutterkörper entwickelt und anschließend mit Muttermilch versorgt wird. Eine vergleichbare Versorgung mit Milch gibt es in der Vogelwelt nur bei den Tauben. Sie erzeugen die sogenannte Kropfmilch und füttern damit ihre Jungen. Einige andere Vögel, zum Beispiel die Flamingos, produzieren einen ähnlichen, nährstoffreichen Saft. Die weitaus meisten Vögel hingegen versorgen ihre Brut auf gleichsam traditionelle Weise mit Futter, das sie suchen und zum Nest tragen, oder die Jungen sind als Nestflüchter selbst in der Lage, die für sie geeignete Nahrung zu suchen.

# Funktionale Schönheit

*Sexuelle Selektion*

Selbstverständlich war es Darwin bewusst, dass etwas Grundlegendes nicht zu seiner ‹Natürlichen Selektion› passte, ja sich dieser geradezu entgegen richtete. Die Geweihe der Rothirsche waren zu groß, zu aufwändig, zu sehr «Schau» wie auch das Prachtgefieder vieler Vögel, um sich in sein Schema der Anpassung an die Umwelt einfach einzufügen. Ganz offensichtlich kommt das Prachtkleid bei der Balz am stärksten zur Wirkung. Zur Ruhezeit der Vogelmännchen, wenn ihre Keimdrüsen nicht mehr aktiv sind, wird es durch ein Ruhekleid ersetzt. Dieses passt weit besser zu den Notwendigkeiten der Tarnung als das bunte, oftmals richtig plakative und weithin auffallende Balzgefieder. Und so wie die Erpel der Enten monatelang ein schlichtes Ruhekleid tragen, gerade so kommt der Hirsch ohne seinen Kopfschmuck zurecht, wenn dieser am Ende des Winters abgeworfen wird. Die Hirschkühe sind in dieser Zeit an den Hirschen nicht interessiert, die Enten nicht an ihren schlicht gewordenen Männchen. Der zur Fortpflanzungszeit aggressiv territoriale Rehbock vergesellschaftet sich ohne Streitereien mit den weiblichen Rehen und ihren Jungen, um ein Winterrudel zu bilden. Bock kann an Bock stehen, ohne Spannungen zu erzeugen, gleichgültig ob mit oder ohne Geweih. Erpel und Enten liegen dicht an dicht an ruhigen Gewässerufern nach der Mauser im Spätsommer. Wer neben wem ruht, besagt nichts über eine spätere Paarbildung, wenn die Erpel wieder ins Prachtkleid gekommen sind. Steinböcke, die sich noch zu Beginn des Winters so sehr mit ihren gewaltigen Hörnern schlugen, dass ihr Zusammenkrachen kilometerweit zu hören war und die Gefahr bestand, dass die Kämpfer am Berg den Halt verlieren und abstürzen, grasen nun zusammen, als ob sie dickste Freunde wären. Sogar auf dem traditionellen Hühnerhof streiten die Hähne kaum noch, wenn die bei ihnen sehr ausgedehnte Paarungszeit vorüber ist. Nur um den Zusammenhalt ihrer Hühnergruppe bemühen sie sich noch; zumindest symbolisch angedeutet. Kaum steigen ihr Hormonspiegel und das Interesse der Hühner an ihnen wieder, verändern sie sich zu streitsüchtigen Heißspornen.

All das und vieles mehr, was mit Balzen, Kämpfen und Fortpflanzung zusammenhängt, kannte nicht nur Darwin, sondern alle, die sich auch nur ein wenig für die Tiere und ihr Leben interessierten. Doch Darwin fasste 1871 das Bekannte zusammen und zog den entscheidenden Schluss: Zur Balz mit ihrer Prachtentfaltung, zu den Kommentkämpfen von Hirschen und den auch uns vielfach so ansprechenden Gesängen kommt es, weil die Weibchen *wählen*. Die Vorgänge bei der Werbung haben Schlagseite. Selten sind beide Geschlechter etwa gleichermaßen aktiv. Nur ausnahmsweise werben Weibchen um ein Männchen. Am weitaus häufigsten verhält es sich umgekehrt. Die Weibchen geben sich zurückhaltend, hinhaltend und spröde, während die Männchen intensiv werben. In der Natur herrscht Damenwahl. Zumindest in der unserem Verständnis am besten zugänglichen Welt der Vögel, der Säugetiere und einiger anderer auffälliger Wirbeltiere wie Echsen, Frösche und Fische.

Je ausgeprägter diese Damenwahl ist, desto auffälliger präsentieren sich die Männchen, sei es durch Farben, Bewegungen, Stimme oder Körpergröße und Kraft. Sind die Männchen erheblich größer als die Weibchen, scharen sie in der Fortpflanzungszeit einen Harem um sich. Sie kämpfen heftig miteinander. Den Siegern wenden sich die Weibchen zu. Wer den schönsten Balzplatz oder das beste Revier erringt, wird eine Partnerin bekommen. In der Rangordnung am Balzplatz tief stehende Männchen bleiben solo, wie oft auch solche, die abgedrängt ein Revier am Rande bekommen haben. Es ist auch offensichtlich, dass die Sieger bei Auseinandersetzungen unter Säugetieren meistens nicht nur die größten und die stärksten Individuen ihrer Art sind, sondern die in unseren Augen auch schönsten. Den Platzhirsch zeichnet ein gleichermaßen eindrucksvolles wie ebenmäßiges Geweih aus. Die Jäger achten auf die Entwicklung des Geweihs bei den Junghirschen. Solche, bei denen sich die beiden Stangen nicht gleich ausbilden, schießt er aus dem Nachwuchs, um sicher zu stellen, dass die späteren Kronenhirsche «gerade» sind. Das bedeutet auch, dass die Gesamtzahl ihrer Geweihenden geradzahlig bleibt. Ein «gerader» Achtzehnender mit je neun Sprossen am rechten wie am linken Geweih gilt mehr als ein ungerader mit acht und neun Sprossen. Es drängt sich der Eindruck auf, dass die Hirschkühe das ganz ähnlich sehen, weil es genau diese Hirsche sind, die sich durchsetzen, und nicht andere mit großer Stärke, aber schiefem Geweih. Wie dem auch sei, ob die Hirschkühe ähnlich wie die Jäger urteilen und deren Einstufung deswegen «natürlich» ist, oder ob gesunde, starke Hirsche ihrer Natur nach auf jeder Kopfseite eine gleichartig ausgebildete Geweihstange entwickeln – im Ergebnis für die Fortpflanzung kommt das Gleiche heraus.

Schauen wir den Enten zu, so sehen wir, dass die früh ins Prachtkleid vermauserten Erpel mit makellosem Gefieder die ersten verpaarten sein werden. Aberrante Formen, wie sie aus Kreuzungen zwischen wilden Stockenten und Hausenten hervorgehen, bleiben länger, oft bis zuletzt unverpaart oder sie bekommen überhaupt kein Weibchen. Und wenn sich die fein gepflegte, bildschöne Hauskatze mit einem in unseren Augen fürchterlichen Kater mit zerschlitzten Ohren einlässt, so wissen wir, dass das keine Geschmacksverirrung sein muss, weil in Katzenkreisen die Kater nach anderen Kriterien beurteilt werden. Da geht es nicht um repräsentative Schönheit und Wohnzimmertauglichkeit.

Darwins Schlussfolgerung war daher überzeugend. Weil die Weibchen wählen, präsentieren sich die Männchen auf die unterschiedlichste und auffälligste Weise. Und Darwin ging noch weiter. Wie bei der Natürlichen Selektion musste es sich bei der Sexuellen um einen Prozess handeln, der nicht mit einem Schlag Neues macht, sondern dieses nach und nach entstehen lässt, nämlich durch gezielte Wahl der Weibchen. Wie das vor sich gehen kann, sehen wir in der Entwicklung des Hirschgeweihs. Zuerst entstehen zwei knopfartige Ausbuchtungen auf der oberen Stirn zwischen den Ohren. Da sie, wie der ganze Oberkopf, mit Haaren bedeckt sind, wirkt der Träger dieser «Knöpfe» größer als seine Konkurrenten. Es gibt in Afrika kleine Antilopen, bei denen Ähnliches zu sehen ist: Die Haare werden um diese Knöpfchen herum länger und erwecken den Eindruck eines Schopfes. Aus diesen Knöpfchen beginnt dann ein länglicher Knochenzapfen zu wachsen. Bei den «Hornträger» genannten Rindern, Antilopen, Ziegen und Schafen umgibt diese auswachsenden Knochenzapfen des Schädels dauerhaft eine Scheide aus Horn. Sie bilden kein Geweih, sondern «Hörner». Im Knochenzapfen geht das Wachstum weiter. Die Hörner werden daher mit der Zeit, üblicherweise im Rhythmus der

Jahre, Stück für Stück größer. An den Hornverdickungen der Steinbock-
hörner lassen sich die Jahre wie an Jahresringen bei den Bäumen abzäh-
len. Bei den «Geweihträgern» verläuft die Entwicklung anders. Der Knochenzapfen wird von außen über den reich durchbluteten Bast ernährt.
Am Ende jeder Wachstumsphase stirbt dieser Bast ab und wird «gefegt»,
also abgestreift. Dann hält sich der zum fertigen, jetzt toten Geweih
gewordene Knochen über die nächsten Monate, bis er, meistens zu
Beginn einer neuen Wachstumszeit, an der Sollbruchstelle über den
Rosenstöcken abgelöst wird. Das Geweih fällt ab. Bald darauf beginnt ein
neuer Entwicklungszyklus. Und weil die Weibchen Böcke oder Hirsche
bevorzugen, die das größere Geweih tragen, wird dieses nach und nach
immer größer. Es wirkt sodann durch die schiere Größe als Statussymbol
und erspart dem Träger manchen Kampf, weil der Gegner vorab schon
so beeindruckt ist, dass er die Auseinandersetzung meidet. Die Entwicklung ist an der über die Jahre hinweg beim Rothirsch zunehmenden Größe und Verzweigung des Geweihs direkt zu sehen. Man kann sie als
Modell dafür betrachten, wie durch die Weibchenwahl über Tausende
und Zehntausende von Generationen so ein Gebilde wie das Hirschgeweih entstanden ist. Die von der Damenwahl verursachte Evolution verlief im Einzelnen kaum merklich, aber über die langen Zeiträume hinweg kontinuierlich vom kleinen Beginn bis zum gegenwärtigen Zustand.

Das Hirschgeweih eignet sich geradezu ideal dafür, die Vorstellungen
Darwins zur Sexuellen Selektion darzulegen. Weit schwieriger ist es,
wenn wir den Vorgang am Prachtkleid eines Vogels nachvollziehbar
machen wollen. Die individuellen Entwicklungen geben hierzu kaum
einen Anhaltspunkt. Im Jugendkleid ähnelt der Erpel den Enten seiner
Art, im Schlichtkleid auch. Wo Unterschiede (den ornithologisch Interessierten) auffallen, handelt es sich um Gebilde, die sich nicht so schnell
wie Federn wechseln lassen. So bleibt, wie schon angeführt, beim Stockerpel der Schnabel auch im Schlichtkleid gelb, was es möglich macht, beide Geschlechter allein an diesem Merkmal zu unterscheiden. Für das Verhalten der Enten untereinander hat das offenbar keine Bedeutung. Ganz
entsprechend sind die schlichten Männchen der Kolbenenten an ihrem
roten Schnabel von den Weibchen ihrer Art zu unterscheiden. Das Prachtkleid dieser seltenen europäischen Ente macht sie weithin unverkennbar
mit fuchsrotem Kopf und flammend gelbem Scheitel darüber. Die in das
Horn der Schnabelscheide eingelagerten gelben und roten Farbstoffe

bleiben im Fall dieser beiden Entenarten auch in der Ruhezeit erhalten, wenn das Gefieder gewechselt wird. Bei der nächsten Mauser im Herbst entsteht bei diesen Enten nun aber übergangslos bereits das volle Prachtkleid. Die Lage wird noch komplizierter, wenn sehr alt gewordene, nicht mehr fortpflanzungsfähige Stockentenweibchen anfangen, «hahnenfiedrig» zu werden. Sie entwickeln ein Gefieder, das dem der Erpel im Prachtkleid gleicht oder nur geringfügig schwächer ausgebildet ist. Einen Übergang vom Schlicht- zum Prachtkleid verrät es uns nicht.

Infolgedessen bleibt nur die schwierigere Deutung über den Vergleich der verschiedenen Entenarten untereinander. Wie schon betont, gibt es Enten, die kein besonders auffälliges Prachtkleid entwickeln, und andere mit einem solchen in unterschiedlichsten Versionen. Als klar erkennbare Tendenz geht aus einer vergleichenden Betrachtung hervor, dass die Entwicklung von Prachtgefieder an zwei Bereichen des Körpers einsetzt, und zwar nicht nur am Kopf, wo man das deshalb erwarten würde, weil hier die Sinnesorgane sitzen, sondern auch am Körperende, am «Heck». So trägt der Erpel der Schnatterente *Anas strepera* dort markant schwarze Federn unterhalb des Schwanzes, die zum weißen Spiegel im Flügel deutlich kontrastieren, wenn der Erpel schwimmt, im Flug aber kaum zu sehen sind. Sein Kopfgefieder unterscheidet sich von dem der Weibchen der Schnatterente hingegen nur wenig. Das Männchen der schon näher behandelten Stockente hat einen flaschengrün schillernden Kopf, wie einige andere Entenarten auch. Aber als Besonderheit trägt er die «Erpellocke» auf dem Gefieder über dem Schwanz. Dies ist die einzige gekrümmte Feder in seinem ganzen Gefieder und deswegen eher als Besonderheit anzuführen als der schmale weiße Halsring oder das braune Gefieder an der Vorderbrust. Andere Entenarten entwickeln verlängerte Federn mit auffälliger Zeichnung im Deckgefieder der Schultern oder geradezu bizarr sichelartig aufgestellte wie die markanteste Schmuckfeder des Mandarinerpels. Allein mit diesen Hinweisen lassen sich zwei Partien hervorheben, in denen es besonders zur Entwicklung von Schmuckfedern kommt, nämlich der hintere Rücken bis zum Beginn des Schwanzgefieders sowie die rückennahen Teile der Schultern einerseits und der Kopf andererseits. Bei den Entenvögeln ist dieser jedoch weniger durch Federbildungen als durch Farben betont. Dafür gibt es im Vergleich zu den Hühnervögeln, bei denen es sich mit den Schwerpunkten der Entwicklung von Prachtgefieder ansonsten ganz ähnlich verhält, eine gute Begründung. Die Hühner picken mit dem Schnabel zwar viel am Boden, wühlen aber nicht mit dem Kopf darin.[2] Deshalb können sie, wie die Pfauen mit ihren «Krönchen», durchaus am Kopf, speziell auch am Oberkopf besondere Schmuckfedern entwickeln und in gutem Zustand erhalten. Bei den Enten, die mit ihren Köpfen oder ganz ins Wasser tauchen, ginge das nicht ohne Beeinträchtigung bei der Nahrungssuche unter Wasser. Höchstens im Kehl- und Kinnbereich geraten Schmuckfedern nicht in Konflikt mit den beim Tauchen am Kopf vorbeifließenden Strömungen. Dazu taugt auch ein nach hinten gebogener, elastischer Federschopf, wie bei der Reiherente *Aythia fuligula*. Diesen schütteln die ansonsten plakativ schwarz-weiß gefärbten Erpel bei der Balz heftig und starren dabei mit ihren leuchtend gelben Augen um sich.

Was lässt sich diesen Ausführungen entnehmen? Dreierlei zumindest. Erstens, dass es ganz bestimmte Bereiche am Körper gibt, an denen die Entwicklung von Schmuckfedern ansetzt. Zweitens, dass diese bei den in ihrer Lebensweise sehr unterschiedlichen Hühnervögeln und Entenvögeln gleichermaßen Ausgangsstellen der Entwicklung von Schmuckfedern sind. Vorhandene Unterschiede lassen sich leicht mit Besonderheiten der Lebensweise erklären. Und drittens setzt die Sexuelle Selektion offenbar nicht ganz beliebig irgendwo an. So bleibt bei allen Vögeln mit Prachtgefieder die Flugfähigkeit der Männchen erhalten. Die großen Schwungfedern der Flügel und die Steuerfedern des Schwanzes werden, wenn überhaupt, nur so weit verändert, dass die Funktionalität des Fliegens nicht beeinträchtigt ist. Scheinbare Ausnahmen, wie etwa die extrem verlängerten Schwanzfedern mancher Witwenvögel, bestätigen bei genauerer Betrachtung diese allgemeine Feststellung. Sie werden, wie auch unsere Schwalben mit verlängerten Schwanzspießen, noch näher behandelt.

Bei Betrachtung der Säugetiere kommen wir zu einem grundsätzlich ähnlichen Befund. Doch überwiegt bei diesen ganz klar der Vorderkörper mit dem Kopf und der Halsregion. Besondere Färbungen oder Bildungen im Analbereich beschränken sich auf wenige Gruppen von Säugetieren, darunter die Affen. Das ist nicht anders zu erwarten, denn bei den Säugetieren dominiert die Nase unter den Sinnesorganen. Bei den Affen (Primaten) rückt zwar das Sehen stark in den Vordergrund, was mit ihrer vorherrschenden Lebensweise in der Raumdimension der Bäume zusammenhängt. Da mag die Nase noch so Interessantes aufnehmen, es muss die Entfernung von Ast zu Ast richtig eingeschätzt werden, sonst kommt es zum Absturz. Geschlechterunterschiede bilden sich hauptsächlich in der Körpergröße aus. Nahezu ausnahmslos sind bei den Säugetieren die Männchen (viel) größer als die Weibchen. In ihrer Grundform kann die Sexuelle Selektion in dieser Tierklasse, zu der wir selbst gehören, von vornherein an der Größe ansetzen. Weitere Geschlechtsmerkmale, wie die ausführlich behandelten Geweihe, verbinden sich in ihrer Entwicklung ausnahmslos mit der Körpergröße. Die Geweihe, die Hörner, die Stoßzähne oder sonstigen auffälligen Zahnbildungen bei Männchen, wie die «Hauer» der Eber, stehen in ihrer Größe in direkter Abhängigkeit von der Körpergröße – sie «korrelieren» mithin «allometrisch», wie der Fachausdruck lautet. Eine Verdopplung des Körpergewichts kann dann bedeuten, dass Stirnwaffen, wie die Geweihe, in einem bestimmten Verhältnis dazu größer werden, und umgekehrt. Damit begünstigt jede Bevorzugung von Körpergröße gleichzeitig auch die Größe der sekundären Geschlechtsmerkmale.

Bei manchen Säugetieren kommt es, wie schon kurz angedeutet, auch zur Ausbildung bestimmter Farbsignale. So präsentieren voll erwachsene Mandrill-Affen *Papio sphinx* ihre Nasen und Nasenseiten zusammen mit den Nasenlöchern in derart kräftigem Rot und Blau, dass ihr Gesicht scheinbar die ebenso gefärbten Genitalien zeigt. Blutbrustpaviane *Theropithecus gelada* haben ein sanduhrförmiges, intensiv rotes Zeichen auf der nackten Mitte ihrer Brust, das von weißen Haaren eingefasst ist und sehr auffällig aussieht. Bunte Gesichter mit bei manchen Arten geradezu grotesken Bärten (ein südamerikanisches Krallenäffchen heißt deswegen zu Deutsch «Kaiserschnurrbarttamarin») gibt es bei vielen der kleineren Affen und bei Halbaffen. Sie zeigen die besondere Bedeutung des Sehens bei den Primaten. Bei den übrigen Säugetieren drückt sich starke Männlichkeit vorwiegend in Auswüchsen des Kopfes aus. Wildziegen tragen Bärte, Nashörner massive «Hörner» aus Haaren auf der Stirn und die langhalsigen Giraffen Knochenzapfen auf dem Oberkopf, die gar nicht zu ihnen zu passen scheinen. Die Fossilien beinhalten weitere, zum Teil geradezu unglaublich bizarre Gebilde am Kopf von ausgestorbenen Säugetieren. Bei den Dinosauriern würden wir in dieser Hinsicht vielfach fündig, aber auch noch lebende Kriechtiere tragen am Kopf durchaus ungewöhnliche Auswüchse als Zeichen ihrer kraftstrotzenden Männlichkeit. Mithin sind auch bei den Säugetieren und den übrigen, nur kurz behandelten Landwirbeltieren der Sexuellen Selektion Grenzen gesetzt. Sie kann nicht Beliebiges hervorbringen.

Woraus sich die Frage ergibt, was sie denn eigentlich erschafft. Worum handelt es sich bei den besonderen Bildungen, mit denen sich die Männchen den Weibchen zur Wahl stellen? In aller Regel um Eigenprodukte des Körpers. Die seltenen Ausnahmen sind tatsächlich so rar, dass sie erwähnenswert sind, etwa wenn die Männchen bestimmter Laubenvögel (Ptilonorhynchidae) blaue Beeren und andere blaue Stückchen sammeln und damit die Eingänge zu ihrer Liebeslaube schmücken, dann handelt es sich bei diesem Werbematerial zwar nicht um Eigenprodukte ihres Körpers, aber doch um Eigenleistungen, weil es nicht leicht ist, diese zu finden und zu sammeln. Ein anderer Laubenvogel wählt zum Schmuck seiner Laube weiß gewordene Schneckenhäuschen. Doch selbst die Gesänge der Vogelmännchen sind, wie auch das Röhren der Hirsche und das Brüllen der Löwen, direkte Leistungen ihrer Körper. Wir müssen für ein besseres Verständnis der Sexuellen Selektion deshalb noch tiefer in den Körper zu schauen versuchen.

Mehrfach war bereits festzustellen, dass nicht einfach vorschnell alles mit Sexueller Selektion erklärt werden sollte, was vielleicht nur die Folge von Körpergröße ist. Gerade beim Hirschgeweih, dem Paradestück eines Männerschmuckes, dem viele Jäger so große Bedeutung beimessen, hat sich das gezeigt. Wir können hier hinzufügen, was seit langem bekannt ist: Die stärksten Hirsche und die eindrucksvollsten «Rehgehörne», wie das Geweih des Rehbocks in der Jägersprache heißt, gibt es dort, wo die Landschaft sehr mineralstoffhaltig ist, und nicht dort, wo die Weibchenrudel am größten werden, weil man die Beihirsche weggeschossen hat. Die Landschaft «züchtet» stärker am Hirschgeweih als die Hirschkühe – was für ein Befund! Und doch lassen sich nur so die geographischen Unterschiede in der Stärke der Hirschgeweihe und das Extrem des Riesenhirsches verstehen. So einfach und so eindeutig verhält es sich mit der Sexuellen Selektion offenbar nicht, wie sich das Darwin vorgestellt hatte und wie das vielfach auch in unserer Zeit unter Biologen angenommen wird. Wenden wir uns daher einer Erklärung zu, die 1975 vom israelischen Biologen Amotz Zahavi als «Missing piece in Darwin's puzzle», also als das fehlende (Zentral)Stück in Darwins Puzzle entworfen worden ist. Zahavi will damit erklären, *warum* die Sexuelle Selektion funktioniert. Dass es sie gibt, setzt er voraus.

*Schönheit als ‹Handicap›*

Zahavis Überlegung ging davon aus, dass die Männchen etwas bieten müssen, das die Weibchen bewerten können. Was sie bieten, sollte nicht einfach und auch nicht leicht herzustellen, sondern aufwändig sein. Darin würden sich Qualitäten ausdrücken, an denen sich die Weibchen bei ihrer Wahl orientieren können. Nun sind Prachtkleider von Vogelmännchen auffällig und aufwändig. Das exponiert sie für die Feinde. Bei der Brunft kämpfen die Männchen von Säugetieren miteinander. Sie gehen dabei das Risiko ein, verletzt zu werden. Die ansonsten so scheuen Hasen rennen im Frühjahr so blind den Häsinnen hinterher, dass die Häufigkeit, mit der sie dem Straßenverkehr zum Opfer fallen, von März bis Mai stark ansteigt. Zahavi zog aus vielen Beispielen riskanten Verhaltens in der Zeit der Fortpflanzung auch die Parallele zum Menschen. Junge Männer fahren wie verrückt Motorrad, rasen zu sehr mit ihren Autos oder riskieren bei halsbrecherischen Sportarten ihr Leben. Sie tun bei Hitze und Kälte härter als sie sind, versuchen ihre eigenen Grenzen zu überwinden und leben insgesamt bei weitem gefährlicher als die jungen Frauen, denen sie mit ihrer Männlichkeit imponieren wollen. «Überschwang der Jugend», nennt der Volksmund dieses Verhalten. Generell verhalten sich Männer risikofreudiger, Frauen hingegen vorsichtiger, insbesondere wenn sie bereits Mutter geworden sind. Zahavi griff Darwins «Kopfschmerzen» auf und stellte fest, dass die Extrembeispiele für Sexuelle Selektion, wie der Pfau mit seiner schweren Schleppe und der Hirsch mit seinem sperrigen, hinderlichen Geweih, genau das besonders augenfällig zum Ausdruck bringen, was ansonsten in milderen Formen und Variationen vorkommt: Das männliche Geschlecht behindert sich selbst mit seiner Männlichkeit.

Zahavi folgerte, dass dem ein allgemeines Prinzip zugrunde liegen müsse, das Darwin nicht erkannte und alle Evolutionsforscher nach ihm auch nicht. Er nannte es in Anlehnung an den Sport «Handicap-Prinzip». Demnach nehmen die jungen Männer, gleichgültig ob es sich um Menschen, Hirsche oder Pfauen handelt, das Handicap des Risikos auf sich, um damit zu imponieren. Unerschrocken vollführen sie Kopfsprünge von hohen Felsen ins Meer, nehmen die Kurven in voller Fahrt so eng wie möglich, stolzieren auffällig durch die Gegend und fordern Gefahren geradezu heraus. Der balzende Habicht taucht aus der Höhe in fast senkrechtem Sturzflug ab, um sich gerade noch rechtzeitig wieder zu fangen, bevor er sich selbst am Boden zerschmettert hätte. Der Amselhahn singt auf der höchsten Spitze des Baumes oder auf der Fernsehantenne, wo ihn sein Hauptfeind, der Sperber *Accipiter nisus* ganz leicht sehen kann. Der Pfau nimmt sich mit seinem zum geschlossenen Fächer aufgestellten Rad die Sicht nach hinten vollständig, also nach jener Seite, von der sich ein Feind am ehesten auf ihn stürzen würde. Antilopen- und Gazellenböcke stellen sich demonstrativ auf Hügel in der flachen Savanne; der Auerhahn rückt in der Balz, bei der er für kurze Zeit sogar immer wieder die Augen schließt, auf einem waagerechten Kiefern- oder Fichtenast aus der schützenden Deckung nach draußen und das Brunftgeschrei der Hirsche verrät den Wölfen auf Entfernungen von Kilometern, wo eine ergiebige Beute zu holen sein könnte. Die Lerche, die singend aufsteigt, macht sich zum Ziel für den Falken und verausgabt gleichzeitig auch noch Energie für den anstrengenden Steigflug. Und so fort.

Es ließen sich in der Tat schier endlos Beispiele aufzählen, die immer wieder zeigen, dass die Vorsicht der meisten Tiere in Fortpflanzungsstimmung mehr oder weniger stark nachlässt und das bei weitem am stärksten bei den Männchen. Zahavi sieht in seinem Handicap-Prinzip sogar ein ganz allgemeines Phänomen, das sich nicht allein auf die Fortpflanzung beschränkt, sondern das gesamte Leben durchdringt. Auch im Sozialverhalten wird es sichtbar, wenn sich ein Mitglied einer Gruppe für besonders riskante Tätigkeiten zur Verfügung stellt wie das Wacheschieben. Wer auf ein vergrößertes Eigenrisiko hin etwas tut, macht sich um die Gruppe verdient. Sich andienen, lautet der umgangssprachliche Ausdruck. Hilfeleistungen oder gar Geschenke entgegenzunehmen, erzeugt bekanntlich Verpflichtungen. Das Handicap überwindet nach Meinung von Zahavi sogar das Problem des Altruismus. Die Lebewesen sollten ihrer Natur nach egoistisch sein. Das bedeutet, das eigene Überleben und Fortkommen höher einzuschätzen als das der anderen Artgenossen, zumal es sich bei diesen um Konkurrenten handeln kann. Die darwinsche Natürliche Selektion sollte gegen altruistisches Verhalten wirken. Denn alles, was für andere getan wird, geht dem eignen Fortkommen ab. Doch wenn im Hintergrund das Handicap-Prinzip wirkt, so Zahavi, entpuppt sich der Altruismus als Scheinproblem. Die guten, lobenswerten oder vorbildlichen Handlungen fallen gleichsam über den Umweg, sich die Adressaten der Wohltaten damit zu verpflichten, wieder auf den Urheber zurück und kommen damit seinem Egoismus zugute. Sie verstärken persönliche Bindungen, machen sie zu Verpflichtungen und verbessern den Status durch das Wohlwollen der Gesellschaft. Lohnt also das Risiko?[3]

Die Erörterung des zahavischen Handicap-Prinzips soll hier zunächst auf das beschränkt bleiben, was sich aus der Sexuellen Selektion an Unterschiedlichkeit zwischen beiden Geschlechtern ergeben hat. Zahavi führt den Pfau direkt als Beispiel für den großen Nachteil an, der mit der Entwicklung des Prachtgefieders verbunden ist: «Der hohe Preis, den ein Tier für die von ihm ausgesandten Signale zahlen muss, lässt sich gut am Beispiel des Pfaus verdeutlichen. Die meisten Menschen haben wohl schon einmal einen Pfau gesehen und ihn bewundert, wenn er sein riesiges Rad aufstellt – einen Fächer glitzernder Federn, geschmückt mit blauen und grünen ‹Augen›. Damit der Pfau ein solches Schauspiel bieten kann, muss er jedoch fast das ganze Jahr über eine schwere Schleppe hinter sich herziehen. Ein Pfau, der das schafft, trotz einer solchen Last Nahrung zu finden und Feinden zu entgehen, beweist, dass er der hochqualifizierte Partner ist, den die Henne sich als Vater für ihren Nachwuchs wünscht.» Und Zahavi fährt fort: «Der lange, schwere, bunte Schwanz zeugt zugleich von der Stärke und dem Geschick seines Besitzers, der trotz dieser großen Last Feinden zu entkommen wusste. Wenn der Pfau den Fächer aufstellt und schüttelt, beweist er seine Ausdauer, und seine Rufe zeigen, dass er keine Angst hat, Rivalen und Feinde wissen zu lassen, wo er sich aufhält.»

Greifen wir nochmals auf Darwin zurück. Er hatte den Begriff der Sexuellen Selektion aus für ihn guten Gründen eingeführt, weil das Ergebnis dieser Form von Selektion in eine völlig andere Richtung geht als die Natürliche Selektion. Diese passt die Organismen an ihre Umwelt an, während die von den Weibchen ausgehende von ihr entfernt. Genau um diese Diskrepanz geht es. Wie können die Pracht der Männchen und ihre aufwändige, ja verschwenderische Lebensweise nach den Prinzipien des Notwendigen der Anpassung an die Umwelt zustande kommen? Sind, wenn wir Darwin folgen, nur die Weibchen «angepasst», die Männchen aber nicht? Lässt sich das Handicap im Sinne Zahavis an der Distanz zur Anpassung messen, die das jeweils weibliche Geschlecht der Art vorgibt? Nehmen wir an, beide liegen mit ihren Deutungen richtig. Darwin hat festgestellt, dass es die Sexuelle Selektion gibt. Zahavi baute darauf auf und schlug eine Begründung dafür vor. Dass das, was die Männchen an Handicaps vorgeben, unter der selektiven Wirkung der Weibchen aus dem Ruder laufen kann, fügt sich nahtlos in beider Konzept. ‹Runaway selection› nannte der Evolutionsgenetiker Ronald Fisher bereits 1933 diesen Vorgang, an dessen Ende das Aussterben stehen kann wie beim Riesenhirsch. Konkret: Die Pfauenhenne ist durch Natürliche Selektion ihrer Umwelt angepasst worden. Mit der ersten Schmuckfeder, die sich ein Pfauenhahn in grauer Vorzeit leistete, setzte die Sexuelle Selektion durch die Hennen ein. Sie züchteten die Hähne zu jenen Prachtstücken um, als die sie jetzt herumlaufen und nahezu unablässig balzen. Sie müssen balzen, weil die Hennen das so «wollten» – soweit Darwin. Nach Ronald Fisher kann das böse enden. Es gibt kein Zurück mehr aus dem Prachtgefieder. Durchaus vorstellbar, dass die Pfauen aussterben, wenn die Dschungel, in denen sie beheimatet sind, weiter schrumpfen und zu Ackerland umgewandelt werden und wenn eine nüchternere Zeit die überschwängliche Prachtentfaltung in Zoos und Parkanlagen nicht mehr schätzt und die Pfauenhaltung einstellt. Die Hähne werden leichte Beute werden. Zahavis Modell blickt hinter den Vorgang und begründet, warum sich die Entwicklung des Prachtgefieders bei den Pfauenhähnen von Anfang an lohnte. Das Handicap, das sie damit auf sich nahmen, beeindruckte die Hennen mehr als die perfekte Schönheit, die sie schließlich zu Schau stellen konnten; denn ein Hahn, der sich so ein auffälliges, lebensgefährliches Gefieder leisten kann, muss überlebenstüchtig sein.

Ein bescheidener Zweifel darf hier angebracht werden. Warum sieht dann das Prachtgefieder bei den Pfauen und Enten, bei den Fasanen wie bei den allermeisten anderen Vogelarten mit Prachtgefieder bei jeder Art so einheitlich aus? Sollte nicht gerade dann, wenn es um ein Handicap geht, die Gefiederversion von Männchen zu Männchen stark variieren und nicht nur von Art zu Art? Tatsächlich gibt es das aber nur äußerst selten. Der einzige in Europa auftretende Fall ist ein nordischer Watvogel, der Kampfläufer *Philomachus pugnax*. Die Männchen dieser zur großen, sehr vielfältigen Gruppe der Schnepfenvögel gehörenden Bewohner der arktischen Tundra und der nordischen Sumpfgebiete entwickeln im Prachtkleid tatsächlich sehr unterschiedlich gefärbte und verschieden ausgebildete Hals- und Kopffedern, so dass kaum ein Männchen dem anderen gleicht. Es gibt solche mit rostbrauner Halskrause, andere mit purpurblauer, mit gefleckter oder auch ganz weißer und mit verlängerten Federbüscheln an den Kopfseiten. An den Balzplätzen gehen die Kampfläufer wie mittelalterliche Ritter mit lanzenartig vorgestrecktem Schnabel aufeinander los, ohne sich aber wirklich zu stechen. Die aufgestellten Halskrausen wirken wie Schilde. Die Weibchen beobachten die balzenden Männchen an ihren Plätzen und wählen sich ein bestimmtes für die Begattung. Es gibt sogenannte Platzhalter, die einen bestimmten Balzplatz halten und gegen andere verteidigen, und die meist durch weiße Halskrausen gekennzeichnete Satellitenmännchen. Kurz: Mit dem Kampfläufer haben wir ein Beispiel für eine große, auffällige Variation der Männchen untereinander und die zugehörige direkte Wahl der Weibchen. Würde es sich bei diesem für einen der Körpermasse nach nur gut amselgroßen Vogel um die Verkörperung des Handicap-Prinzips handeln, müssten die auffälligsten, die weißen, von den Weibchen bevorzugt werden. Das ist jedoch nicht der Fall. Die weißen gehören zu den bei den Paarungen weniger erfolgreichen Satellitenmännchen. Am weitaus häufigsten gewählt werden die dunkleren, weniger auffallenden mit ihrem rostbraunen oder dunkelblauen Halsgefieder. Ein Zusammenhang zwischen Weibchenwahl und Auffälligkeit oder Ausmaß der Abweichung des Prachtgefieders vom Durchschnitt konnte bei keiner Untersuchung der Kampfläuferbalz festgestellt werden. Somit spricht ausgerechnet der seltene Fall einer ersichtlich großen Variation mit breiter Auswahlmöglichkeit für die Weibchen gegen das Handicap. Das Prinzip muss deswegen nicht falsch sein. Solche «Entweder-oder»-Verhältnisse sind in der lebendigen Natur die Ausnahmen, nicht die Regel. Vielmehr müssen wir immer mit Übergängen, mit «weichen Ausnahmen», rechnen, ohne dass deswegen Grundprinzipien von Grund auf in Frage zu stellen wären. Ein einziger gegenteiliger Befund kippt bei Lebewesen eine gute Theorie noch längst nicht. Das Leben lebt nicht im mathematischen Sinne logisch, sondern bio-logisch.

Dennoch gibt ein solcher Fall zu denken. Die Kampfläufer stellen zwar, was die Variabilität ihres Prachtgefieders anbelangt, einen Extremfall dar. Aber im Sinne der Handicap-Theorie sollte genau diese Situation das Prinzip am besten zum Ausdruck bringen. Wenn auf dem Rasen eines Stadtparks alle erwachsenen Pfauenhähne gleich aussehen, könnte es sich um die vielleicht gar nicht direkt beabsichtigte Auswahl der Menschen handeln, die diese Pfauen halten. Rein gezüchtete Hunderassen sehen auch recht gleichförmig aus, weil sie so aussehen sollen. Dieses Argument können wir jedoch nicht zulassen. Denn die Einschränkung der Variabilität ist durch eine sehr rigorose züchterische Selektion zustande gekommen. Folglich müssten die Pfauenhennen eine ähnlich rigorose Bevorzugung des möglichst gleichen Typs von Hahn gezeigt haben – und das sehr lange Zeit schon, weil sich natürlicherweise lediglich in geographisch weit voneinander getrennten Gebieten zwei unterschiedliche Arten von Pfauen entwickelt haben, der Blaue Pfau *Pavo cristatus* auf dem Indischen Subkontinent und der Grüne oder Ährenträgerpfau *Pavo muticus* in Hinterindien. Ersterer bildet überhaupt keine Rassen (Unterarten) aus, letzterer zwar drei, die aber sehr schwer voneinander zu unterscheiden sind. Sie entsprechen einfach ihrer isolierten geographischen Herkunft Bangladesh und Burma, Südchina bis Thailand und Malaiische Halbinsel bis Java. Diese absichtlich genau gehaltene Aufzählung bedeutet, dass innerhalb der örtlichen Bestände beider zudem sehr nahe miteinander verwandten Pfauenarten so gut wie keine erkennbare Variabilität unter den Männchen festzustellen ist. Tragen aber alle Männchen das gleiche Handicap, ist es aus der Sicht der Weibchen keines mehr. Und wie wählen die Weibchen, wenn alle Hähne gleich aussehen?

Um es nochmals zu betonen: Bei Darwin geht es um die Weibchenwahl. Nur wenn gewählt werden kann, kommt Selektion zustande – Sexuelle Selektion. Bei Zahavi geht es um das Handicap. Wie soll es sich äußern, wenn alle gleich aussehen bzw. das Gleiche tun? Würden alle jungen Männer in gleichem Outfit die gleichen Motorräder gleich schnell fahren, Runde um Runde, ginge auch ihr Handicap verloren. Denn es bliebe dem Zufall überlassen, ob einer dabei stürzt, sich verletzt und aus dem Rennen ausscheidet, in dem es eigentlich auch keinen Sieger geben kann. Je genauer wir den «Fall des Pfaus» betrachten, desto mehr entwickelt er sich zum Albtraum für beide Konzepte, für die Sexuelle Selektion wie für das Handicap-Prinzip. Darwin ließe sich noch retten, wenn höchst aufmerksame Hennen tatsächlich die Federaugen zählen, die sein Prachtgefieder enthält. In einer Untersuchung wurde zwar festgestellt, dass schon das Fehlen von wenigen Federn, die Augenzeichnungen tragen, die Paarungschancen der Hähne verringert. Aber das hängt mit der Störung der Symmetrie und nicht mit der Zahl der Augen selbst zusammen. Zudem kann die Augenzahl gleich ausfallen, wenn das Prachtkleid voll entwickelt ist. Diese Möglichkeit deutet sich an, wenn wir die uns geläufigeren Enten, allen voran die Erpel der Stockente, genauer betrachten. Sie sehen alle gleich aus, die prächtigen Erpel. Geht es womöglich nur um die wenigen Abweichler, die noch zu jung oder irgendwie verletzt worden sind? Jedenfalls müssen wir den Enten wie auch den Pfauenhennen schon sehr viel zumuten, wenn wir sie wählen lassen. Muten ihnen das die Hähne wirklich zu? Oder registrieren die Hennen die Standhaftigkeit der Hähne, wie lange sie zitternd ihre Schau aufrechterhalten können? Möglichkeiten sind denkbar. Aber was besagen sie? Wir könnten sogar von der Annahme ausgehen, die Evolution sei einfach längst am Ende angelangt. Die Hennen sind zufrieden mit dem Erreichten. Die Hähne leben gut genug mit ihrer Bürde. Doch dann bleibt das Handicap auf der Strecke und wir wissen wieder nicht, warum überhaupt so ein besonderes Prachtgefieder entstanden ist.

Welche Möglichkeiten haben wir, die Problematik zu lösen? Zum gegenwärtigen Stand der Diskussion sieht es danach aus, dass auf dem eingeschlagenen, von Darwin und Zahavi vorgegebenen Weg nicht weiterzukommen ist.

Zwei andere, mit lösbaren Fragen verbundene Ansätze liegen eigentlich auf der Hand. Der erste geht vom Handicap-Prinzip aus. Sollte das Risiko wirklich gegeben sein und nicht nur in der theoretischen Vorstellung existieren, dann folgt daraus, dass das männliche Geschlecht vor Beginn und während der Hauptphase der Fortpflanzung höhere Verluste haben sollte als das weibliche. Denn ein echtes Risiko muss auch Todesfälle oder Verletzungen mit sich bringen, die für die Fortpflanzungschancen nachteilig sind. Kurz, es sollte weniger Männchen als Weibchen geben. Je weniger Männchen, desto größer war das Risiko und damit auch der Betrag des Handicaps. Das ist die Schlussfolgerung. Der zweite Ansatz greift auf Darwin zurück. Wenn die Weibchen wählen (können), sollte es mehr Männchen als Weibchen geben. Zumindest mehr an solchen Männchen, die für die aktuelle Fortpflanzung zur Verfügung stehen. Folgt nach Zahavi, dass das männliche das seltenere Geschlecht ist, so ergibt sich nach Darwin, dass es das weibliche sein sollte. Je größer der Männchenüberschuss, desto besser können die Weibchen wählen, vielleicht auch auf so subtile Weise, dass die Wahl unseren Augen verborgen bleibt. Wir müssen dann mit anderen Methoden versuchen, hinter die Kriterien der Sexuellen Selektion zu kommen.

Beide Möglichkeiten stellen klare Vorhersagen dar, die einander widersprechen. Durch entsprechende Untersuchungen im natürlichen Lebensraum sollte sich klären lassen, welche zutrifft. Auch eine dritte Alternative kommt in Frage, nämlich dass sich, von rein statistisch zufälligen Schwankungen abgesehen, gar keine Abweichungen vom ausgeglichenen Geschlechterverhältnis ergeben. Dieser Befund würde bestens zu den vielen Fällen passen, in denen die Geschlechter tatsächlich gleich aussehen.

*Der Pfau im natürlichen Lebensraum*

Manchmal hat man einfach Glück. Mit einem offenen Geländewagen fuhr ich einen Pfad im Dschungel von Sri Lanka entlang. In der kriegerischen Auseinandersetzung zwischen den Singhalesen und den Tamilen herrschte gerade eine zeitlang gespannte Ruhe. Eine unmittelbare Gefahr, ins Feuer zu kommen, bestünde nicht, wie mein Singhalesischer Fahrer meinte. Er bekam Recht. Nichts geschah, und doch ereignete sich für mich etwas ganz Besonderes. Auf der Piste suchte gut zehn Meter vor uns ein prächtiger Pfauenhahn nach Nahrung. Er pickte dahin und dorthin. Die Oberschwanzdecken, die sein Prachtgefieder bilden, lagen dicht übereinandergefaltet auf den Schwanzfedern. Sie reichten über das eigentliche Schwanzgefieder so weit hinaus, dass ihre Spitzen fast den Boden berührten. Der Pfau wurde damit ziemlich genau doppelt so lang wie er ohne die Schleppe seines Prachtgefieders gewesen wäre. Das Fahrzeug beachtete er nicht. Offenbar kannte er die Harmlosigkeit dieses Gebildes, das ihm sicherlich von den zahlreichen Fahrten vertraut war, die damals in den Dschungel gemacht wurden. Er war in seine Nahrungssuche vertieft. Mit jedem Schritt, den er machte, wippte die Schleppe. Sein Kopf wirkte lächerlich klein für diesen großen Vogel und sein Hals viel zu dünn im Vergleich zu seinem anderen Ende. Nur gelegentlich reckte er seinen Hals so, als wollte er seine Umgebung genauer betrachten. Dann fuhr er wieder fort mit dem Herumpicken. Der Hahn war allein. Wir wussten, dass einige Hennen in der Nähe an einer kleinen Lagune nach Nahrung suchten. Dort hielten sich auch Hähne auf, die aber nicht balzten. Wie viele es waren, versäumte ich leider zu notieren. Meiner Erinnerung nach gab es mehr Hennen, von denen ich, anders als von den Pfauenhähnen, kein einziges brauchbares Foto zustande brachte.

Da der große Pfau immer noch keine Notiz von uns nahm, obwohl er sich dem Fahrzeug mittlerweile auf weniger als zehn Meter genähert hatte, machte ich noch ein Foto von ihm. Danach suchte ich mit dem Fernglas den Pfad ab. Irgendwie bekam ich dabei das Gefühl, dass etwas in der Nähe sein musste. Vielleicht hatten die Augenwinkel eine Bewegung erfasst. Wegen der schlechten Lichtverhältnisse auf dem Dschungelpfad hatte ich nur ein kleines 135-mm-Teleobjektiv am Fotoapparat. Und das war gut so. Denn plötzlich bemerkte ich, was mich irritiert hatte. Nur drei oder vier Meter neben uns schlich sich ein Leopard an. Es gelang mir, durch das Dickicht der Blätter ein Foto zu machen. Dann ein weiteres, als er auf den Pfad hinausstürmte. Jetzt war sein Ziel klar. Er hatte, vielleicht sogar den Jeep als Deckung nutzend, den Pfauenhahn angepirscht. Im Moment des Springens stieß der Pfau sein durchdringendes «au, au» aus und im nächsten Moment saß er oben im Geäst. Seinen Schreck schrie er in den Dschungel hinein. Nach Art einer beleidigten Katze verließ der Leopard den Ort des Geschehens, wandte sich der Lagune zu und nahm ein paar Zungen voll Wasser auf. Die Warnrufe des Pfaus hallten weiter durch den Wald.

Die anderen Pfauen betrachteten den Leoparden nicht weiter. Der Abstand von etwa 15 Metern reichte ihnen offenbar, um sich sicher zu fühlen. Sie hatten nur die Köpfe kurz angehoben als der Leopard zum Wasser hin schlenderte, und sich dann wieder beruhigt. Die rostrote Brahminenweihe *Haliastur indus* unweit des auf den Baum geflogenen Pfaus fühlte sich sichtlich unwohl und strich ab. Dieser Greifvogel ist etwa so groß wie ein Bussard. Der Pfau wäre mit seinem um ein Mehrfaches größeren Gewicht, den kräftigen Beinen und den langen dolchspitzen Spornen oberhalb des Ansatzes der Füße für ihn eher eine Gefahr als eine Beute. Selbst die großen Greifvögel des Indischen Dschungels würden sich sehr schwer mit einem Pfau von fünf bis sechs Kilogramm Gewicht tun. Schläge mit den Spornen sind gefährlich. Das zeigt sich bei den berüchtigten Kämpfen der weitaus kleineren Hähne Ostasiatischer Kampfhühner. Allein der schieren Größe der Pfauenhähne wegen kommen Greifvögel als natürliche Feinde nur in Ausnahmefällen, wenn überhaupt, in Frage. Unter den bodengebundenen Raubtieren ist einzig der Leopard eine mögliche Gefahr. Nebelparder *Neofelis nebulosa* jagen in Dickichten, in die sich die Pfauenhähne nicht hineinbegeben. Nachts sitzen die Hähne sicher vor Bodenfeinden oben im Geäst ihrer Schlafbäume. Der Tiger ist zu groß für Pfauen. Er wäre im Angriff eher langsamer als der Leopard und an einem Haufen Federn noch weniger interessiert. Einen solchen hinterließ ein anderer Pfau, dem ich in Indien zusehen konnte, wie er von einem Leoparden angesprungen wurde. Der Ablauf muss wohl ähnlich gewesen sein, aber das Anschleichen des Leoparden hatte ich nicht mitbekommen. Es passierte am Rand der Lichtung. Ich sah noch das Zupacken des Leoparden und war im selben Moment überzeugt, dass der Pfau zur Beute geworden war. Doch dem war nicht so. Auch dieser Pfauenhahn machte einen Blitzstart und verschwand im rettenden Geäst. Dort oben war er aber nur noch halb so lang wie vorher. Sein ganzes Prachtgefieder hatte er nämlich in dem Moment, in dem ihn die Pfoten der Großkatze erfassten, mit einer Schreckmauser abgestoßen. Den verdutzten Leoparden hinterließ er in einem Haufen nutzloser Pfauenfedern. Nur die Schmuckfedern hatte der Hahn hierbei geopfert, die Federn an Flügel und Schwanz blieben erhalten. Seine Flugtauglichkeit büßte er keineswegs ein. Die abgestoßenen Federn wachsen wieder nach. Der Pfau hatte keinen Tropfen Blut verloren, sondern lediglich totes Material, das ersetzt werden kann.

Die Schreckmauser ist an sich nichts Besonderes. Immer wieder wird man zum Beispiel eine Amsel sehen, die merkwürdig aussieht, weil ihr der Schwanz fehlt. Sie fliegt auch ohne die Steuerfedern recht gut. Aber mancher Sperberangriff erbeutet eben nichts weiter als ein Bündel schwarzer Federn, weil die Amsel mit Hilfe der Schreckmauser aus seinen Fängen rechtzeitig entschlüpft. Vogelberinger erleben Ähnliches immer wieder. Der Vogel hat sich in den feinen, nahezu unsichtbaren Maschen des Japannetzes verfangen. Behutsam wird er herausgenommen und erhält den passenden Aluminiumring der Vogelwarte. Manche Kleinvögel, wie die Meisen, wehren sich bei dieser Prozedur heftig. Sie hacken auf die Finger und versuchen, in die Haut zu zwicken. Die kleinen Blaumeisen *Parus caeruleus* sind Spezialisten im Ausfindigmachen empfindlicher Hautstellen, zum Beispiel die Haut zwischen Zeige- und Mittelfinger. Wenn sie dort mit ihrem so kleinen Schnabel zubeißen, schmerzt das richtig. Dagegen wirken Finkenvögel mit viel größeren, weit kräftigeren Schnäbeln oder auch die Drosseln oft wie tot in der Hand des Beringers. Ihre Ruhe täuscht, das verrät der Herzschlag. Verspüren sie, dass sich der

Griff lockert, kann es zur Schreckmauser kommen. Dann hält der Beringer das Federbüschel in der Hand – wie der Leopard, dessen Pranken gewiss den Pfauenkörper getroffen, aber durch das gerade im Bereich der Schwanzschleppe extrem dichte Gefieder mit den ausgefahrenen Krallen nicht zu fassen bekommen hatten. Wie wäre es wohl einer Pfauenhenne in dieser Situation ergangen, fragte ich mich. Ihr fehlt die schützende Schleppe. Ihr Körper wirkt viel klarer auf den Kopf ausgerichtet als beim Pfauenhahn.

Eine ganz andere Betrachtungsweise drängt sich auf: Kann es nicht sein, dass die so prachtvolle Schwanzschleppe den Hahn sogar besser vor Feinden schützt und die Henne ohne diesen Schmuck gefährdeter ist? Ich achtete nun darauf, wie ein Pfauenhahn aussieht, wenn er im Wald nach Nahrung sucht. Es sind lichte Typen von Wald, in denen die Pfauen vorkommen, nicht die dichten. Wo ich in den wirklich dichten südindischen Dschungeln mit dem Elefanten unterwegs war, sah ich nirgendwo Pfauen, wohl aber sogleich auf Lichtungen oder an Waldrändern. Das war auch auf Sri Lanka nicht anders. Ging ein Pfauenhahn in den Wald, ließ er sich nur noch äußerst schwer mit den Augen verfolgen. Die Zuhilfenahme des Fernglases verschlechterte die Sichtbarkeit sogar noch. Nur wenn ich wusste, wo der Kopf war, konnte ich die Nickbewegungen beim Picken auf den Boden erkennen. Im Licht-und-Schatten-Spiel glitzerte das Gefieder da und dort auf, als ob es gar nicht zusammengehören würde. Das prächtige Blau der Vorderbrust und des Halses machten den Hahn nahezu unsichtbar, weil Lichtreflexe daran zu nichts weiter als zu Lichtreflexen wurden, die kein Bild einer Figur ergaben. Zudem weiß man, dass Augen abschreckend wirken; zumal so große Augen, wie sie die Enden der Prachtfedern des Pfauenhahns tragen. Fällt der Blick einer Raubkatze auf ein solches Auge, wird sie davon gewiss nicht angezogen werden; denn so ein «Pfauenauge» ist fünfmal größer als ihre Augen. Versuche, einen Pfauenhahn im Wald zu fotografieren, zeigen, wie sich die Form des Vogelkörpers dabei auflöst und wie wenig sich die Farben tatsächlich vom Hintergrund abheben. Würde der Hahn am Boden übernachten, könnte das schräge Licht am Abend oder am Morgen allerdings einen tatsächlich verräterischen Glanz erzeugen, der von einem Interessenten, der auf Beutesuche aus ist, richtig zu deuten wäre. Die Pfauenhähne übernachten aber oben im Geäst, wo sie nach Art der Hühnervögel zumindest zeitweise den Kopf ins Gefieder stecken.

Nach diesen Erfahrungen und Überlegungen lohnt ein erneuter Blick auf die Balz. Was geschieht, wenn der Leopard von hinten den Pfau anspringt, der gerade sein Rad schlägt? Sehen kann der Pfau die Gefahr dabei nicht. Der Leopard sieht von seiner Position aus aber auch den Pfau nicht; zumindest nicht richtig, um die Federscheibe zu deuten. Nichts vom Körper des Pfaus ragt über die hochgestellten Schwanzfedern hinaus, die das Rad stützen. Folglich müsste der Leopard über die Radscheibe springen, um an Kopf und Körper des Pfauenhahns zu kommen. Dass die Federn dabei ein ziemliches Hindernis darstellen, versteht sich von selbst. Denn der Pfau ist durch die Balzstellung sehr kurz geworden. War er vorher in Ruhestellung des Gefieders zwei bis zweieinhalb Meter lang, so schrumpft in der vollen Balzstellung seine Länge durch den hochgehaltenen und zurückgenommenen Kopf auf kaum mehr als einen halben Meter. Der «Hochmesser» der Rades, vom Boden aus gerechnet, den die Seitenränder des Pfauenrades berühren, erreicht hingegen bis zu zwei Meter. Davor befindet sich ein halber Meter lebendiger Pfauenkörper. Könnte dieser besser geschützt sein? Ob sich etwas von vorne nähert, sieht der balzende Hahn. Seine weit seitlich am Kopf befindlichen Augen decken das gesamte Sichtfeld vor dem Rad ab. Was dahinter geschieht, kann ihm ziemlich gleichgültig sein. Und das ist es offenbar auch, denn sogar einer Henne, die sich ihm nähert, präsentiert er zunächst das Hinterteil. Hat sie Interesse, schreitet sie seitlich an ihm vorbei nach vorn. Wenn nicht, zieht sie ihres Weges. Sollte aber ein Leopard von hinten anspringen, ist anzunehmen, dass dasselbe geschieht, was ich beobachten konnte. Der Hahn wird mit einer blitzschnellen Schreckmauser den Angreifer in eine Federwolke hüllen.

So betrachtet, ergeben meine Beobachtungen im natürlichen Lebensraum der Pfauen einen ganz anderen Sinn als üblicherweise angenommen. Das Prachtgefieder schützt den Hahn. Es ist für ihn keine Belastung, sondern ein Mittel zur Tarnung im Dschungel und zur Feindabwehr, wenn es darauf ankommt. Es täuscht dem Leoparden eine falsche Körpermitte vor. Der Pfau lässt sich nicht einfach an seiner Schleppe festhalten und damit einfangen. Kein Wunder also, dass die Pfauenhähne scheinbar ohne besondere Vorsicht am Rand des Dschungels nach Nahrung suchten. Ich bin sicher, dass meine Erinnerung nicht trügt und ich weit mehr Hähne als Hennen sah. Doch mit Erinnerungen ist es so eine Sache. Man sollte ihnen nicht allzu sehr vertrauen, wenn es um Mengenverhältnisse geht. Der Einzelfall mag sich als besonderes Erlebnis unauslöschlich ins Gedächtnis eingegraben haben. Das genaue Aufschreiben und Zählen lässt sich durch Erinnerung nicht ersetzen.

Deshalb gibt der Szenenwechsel von Indien nach Niederbayern Sinn. Ein Freund hielt dort jahrzehntelang Pfauen auf einem dafür ausreichend abgelegenen, kleinen Gehöft. Da die Pfauen sehr laut und oft auch sehr anhaltend schreien, ist Abgelegenheit fast die Vorbedingung für ihre Haltung. Ansonsten sind Nachbarschaftskonflikte kaum zu vermeiden. Die lauten Warn- und Balzrufe der Pfauen passen zu den Stimmen der Tiere in den indischen und südostasiatischen Dschungeln. Nicht selten haben sie ein wahrlich nervtötendes Schrillen von Zikaden zu übertönen. Im beschaulichen niederbayerischen Hügelland übertreffen nicht einmal die Sirenen der Feuerwehr vergleichsweise den Lärm der tropischen Zikaden, weil ihre Lautstärke mit der Entfernung stark abnimmt. Das wäre im Dschungel natürlich auch so, würden die Zikaden lediglich an einer Stelle lärmen. Aber sie tun das zu Zeiten überall. Daher passt die Pfauenstimme ebenso zur akustischen Umwelt ihrer Natur wie auch das Krähen der Dschungelhähne. Deren Nachfahren, die mittlerweile im ländlich-dörflichen Leben zur Rarität gewordenen, frei laufenden Haushähne beschränken ihr Krähen stärker auf den frühen Morgen. Diesen begrüßen die Pfauen zwar auch, aber sie machen tagsüber in nicht vorherzusagender Weise weiterhin Lärm. In ihrer Dschungelheimat gelten sie daher als Warner vor Gefahren für die übrige Tierwelt wie hierzulande die Eichelhäher *Garrulus glandarius* im Wald. Doch weder die Pfauen noch die Eichelhäher haben die Absicht, andere Tiere zu warnen. Ihre Warnrufe sind Teil der Verständigung mit ihren Artgenossen. Wenn andere daraus die richtigen Schlüsse ziehen, bleibt das ein unbeabsichtigter Nebeneffekt. Für die Pfauen ist das nicht von Nachteil und für die Häher auch nicht. Folglich muss es triftige Gründe für sie selbst geben, so laut und so intensiv zu warnen.

Wenn Eichelhäher in der Stadt weit ruhiger als draußen im Wald sind, so hängt das auch damit zusammen, dass draußen die Jäger unterwegs sein können, die Häher schießen wollen. Seit Jahrhunderten werden die Eichelhäher bei uns gejagt. Abgesehen von den Jägern drohen ihnen aber besondere Gefahren durch Krähen. Finden diese ein Eichelhähernest, holen sie die darin befindlichen Eier oder Junge heraus. Die Häher sind zu klein, sich der größeren Krähen zu erwehren, ist ihr Nest erst einmal entdeckt. Daher können wir höchst intensiv warnende Eichelhäher auch in der Stadt erleben, wenn Krähen in ihr Brutrevier eindringen. Mit den lauten Warnrufen versuchen sie die Feinde zu vertreiben und Artgenossen herbeizurufen, die sich an der Vertreibung beteiligen. Entsprechendes geschieht im Dschungel wenn die Pfauen warnen. Die an den ganz gut geschützten Stellen brütenden Hennen erfahren so rechtzeitig, dass eine Gefahr im Wald entdeckt worden ist. Sie werden dann vielleicht weniger überrascht. Sie können ihr Gelege heimlich verlassen, um sich nicht durch Geruch zu verraten, oder die Jungen sammeln, um mit ihnen das dichteste Dickicht aufzusuchen.

Dass die Pfauenhähne auch fern der Heimat im Stadtpark, im Zoo oder eben auch im weitläufigen Hügelland Niederbayerns so reagieren, drückt aus, dass dieses Verhalten angeboren ist. Es braucht nicht erlernt zu werden. Das bedeutet, dass es für das normale Leben der Pfauen sehr wichtig ist. Die Erfahrungen mit der Pfauenhaltung bestätigen das höchst nachdrücklich. Es war für die Halter kein Problem, die Hähne zu bekommen und über viele Jahre zu halten. Sie sorgten für sich selbst und bedurften auch keiner besonderen Zufütterung im ganzen Sommerhalbjahr, weil sie genügend Freilauf hatten. Das Problem waren die Hennen. Die allermeisten verschwanden, wenn sie brüteten – nicht aber, um mit ihrer Jungenschar zur vertrauten Futterquelle und zu den Menschen zu kommen, die sie kannten und von denen sie Leckerbissen von den Fingern nahmen, sondern sie verschwanden ohne Wiederkehr. Die Nachsuche ergab in den meisten Fällen, dass sie beim Brüten vom Fuchs geholt worden waren. Die Federn am «Tatort» und das vorhandene Nest gaben in aller Deutlichkeit Auskunft über das Geschehen. Die Pfauenhennen schafften es nicht, eine Brut durchzubringen, wenn sie auch nur den nahen Waldrand für das Nisten aufgesucht hatten. Die Stellen, die sie wählten, waren gewiss nicht schlecht. Aber mit einer Brutdauer von vier Wochen waren allein schon zu große Gefahren verbunden. Nur im Schutz des Gebäudes brütende Hennen erzielten manchmal den Erfolg. Doch auch dann erwies sich die Führung der Jungen als eine verlustreiche, für die Henne gefährliche Angelegenheit. Der Habicht *Accipiter gentilis* holte sich Junge; der Fuchs auch wieder und mitunter wurde sogar die Henne trotz ihrer Größe angegriffen. Pfauenhennen erkrankten zudem häufiger, wenn sie brüteten, als die Hähne. Ihnen drohten nicht nur mehr Gefahren, sondern sie wurden tatsächlich dezimiert. Es war kaum möglich, auf längere Zeit, über Jahre hinweg, eine gleiche Anzahl Hennen wie Hähne zu erhalten oder gar zu einem Überschuss an Hennen zu kommen.

Wie mag es in der richtigen Natur den Pfauen in dieser Hinsicht ergehen? Nähere Informationen, die sich entsprechend auswerten ließen, gibt es offenbar kaum. Doch was zu finden ist, deutet darauf hin, dass die Lage der Pfauenhennen im Dschungel eher noch schwieriger ist. Eigentlich ist das auch zu erwarten: Warum sollte sonst ein so großer und wehrhafter Vogel wie der Pfau Gelege mit fünf bis acht Eiern erzeugen und die ganze Jungenschar zu betreuen versuchen, wenn doch ein Junges oder zwei genügen würden, um den Bestand zu erhalten? Wehrhafte Greifvögel ziehen auch nur ein Junges auf, und das oft nicht einmal jedes Jahr. Den nicht über spitze Krallen und einen gefährlichen Griff verfügenden Geiern genügt offenbar dank ihrer Größe ein Junges alle paar Jahre einmal. Diese Vögel sind leichter als die Pfauen, und bei ihnen sind die Weibchen nicht die Schwächeren, sondern die Schwereren und Stärkeren. Die Pfauenhenne hingegen erreicht nur knapp die Hälfte des Gewichtes der Hähne oder weniger, wenn es sich im Vergleich um einen alten, bis auf sechs Kilogramm herangewachsenen Hahn handelt.

Die spärlichen Erfahrungen und die selbst gewonnenen Eindrücke zur Gefährdung der Hähne und der Hennen beim Pfau müssen nicht repräsentativ für ihn als Art zu sein. Diese Möglichkeit muss offen bleiben, auch wenn alle diese Befunde darauf hinweisen, dass die Hähne weit weniger als die Hennen gefährdet sind. Es sieht auch ganz danach aus, dass ohne kontrollierende Wirkung des Menschen eine Überzahl der Pfauenhähne zustande kommt. Sollte das allgemein so sein, läge Darwin richtig: Bei einer Überzahl von Hähnen haben die Hennen tatsächlich die Wahl. Allerdings gilt es, Unterschiede im Erwachsenwerden zu berücksichtigen. Oft werden die Weibchen schon ein Jahr früher fortpflanzungsfähig als die Männchen. Leben diese aber länger, gleicht sich das anfängliche Defizit wieder aus oder es wird, wie beim Menschen, weit überkompensiert. Es empfiehlt sich daher, noch genauer auf die tatsächlichen Verhältnisse einzugehen. Bei den Pfauen ist das unter den Bedingungen der Haltung in menschlicher Obhut nicht möglich, denn das sind keine halbwegs natürlichen Lebensbedingungen. Im Dschungel lassen sie sich aber ohne aufwändige Markierungsverfahren kaum zählen. Zudem wäre es wichtig, die Dauer der Fruchtbarkeit der Hennen und die Länge des Lebens beider Geschlechter zu kennen. Die mittlere

Lebensdauer allein besagt nichts über die mögliche Gesamtzahl an Nachwuchs pro weiblichem Tier. Wiederum mahnen die Gegebenheiten beim Menschen zu entsprechend genauer Betrachtung. Dass bei uns inzwischen die Lebenserwartung der Frauen rund 30 Jahre über die Menopause, das Ende ihrer Fruchtbarkeit, hinausreicht, hat bekanntlich die Kinderzahl nicht gesteigert. Sie sank sogar sehr stark, weil solche Frauen, die noch Kinder zur Welt bringen, ihr erstes Baby erheblich später bekommen als in früheren Zeiten oder in vielen Ländern mit hoher Geburtenrate in der Dritten Welt. Bei den Männern hingegen erhöht die zunehmende Lebenserwartung, die sich in unserer Zeit auch mit einer weit besseren Gesundheit und körperlichen Kondition verbindet, die Fähigkeit, Nachwuchs zu zeugen. Trotz einer um mehrere Jahre höheren weiblichen Lebenserwartung gibt es infolgedessen weit weniger gebärfähige Frauen als zeugungsfähige Männer. Bei Vögeln und Säugetieren, die zehn und mehr Fortpflanzungsperioden erleben, können solche Effekte durchaus eine Rolle spielen. Ein zwölfjähriger Pfau mag noch im Vollbesitz seiner Kräfte sein, während eine Henne gleichen Alters nach zehn Bruten oder Brutversuchen vielleicht schon ziemlich am Ende ist. Doch wir brauchen gar nicht allzu sehr theoretisieren, denn es gibt Vögel, die überall häufig und leicht zu beobachten sind, an denen wir die Mengenverhältnisse der Geschlechter zueinander sehr genau und fast mühelos studieren können. Es sind dies die Enten. Sehen wir uns also die Stockente auch in dieser Hinsicht genauer an.

*Männchenüberschuss bei den Stockenten*

Im Herbst mausern die Erpel der Stockenten aus dem Schlichtkleid des Sommers wieder ins Prachtkleid. Im Dezember schon, also zu Beginn des Winters, bereitet es keine Mühe mehr, die Erpel von den Enten zu unterscheiden. Mitunter lassen sich schon erste Paare erkennen, die zusammenhalten. Aber noch drängeln sie sich alle ziemlich eng zusammen und bilden Gruppen oder draußen an den Ufern von Seen und Stauseen Schwärme, die in die Tausende gehen können. Ist dann endlich die Jagdzeit mit dem Beginn des neuen Jahres vorüber, nimmt auch die Scheu der Enten wieder ab. Auf den innerstädtischen Gewässern, wo sie nicht verfolgt werden, bleiben sie ohnehin vertraut. Im Winter beginnt, wie schon geschildert, die Gesellschaftsbalz der Erpel. Diese Erpelgruppen können ebenso ein falsches Geschlechterverhältnis vortäuschen wie entsprechende Ansammlungen von Weibchen, die einfach am Ufer ruhen und sich noch nicht um die Männchen kümmern. Solche örtlichen Verschiebungen sind so offensichtlich, dass sich mögliche Fehler, die sie verursachen könnten, leicht vermeiden lassen. Zuverlässige Befunde ergeben sich, wenn man möglichst alle Stockenten auf einem Gewässer genau durchzählt. Kleine Seen und große Teiche in den Städten eignen sich dafür besonders gut, wenn sie von allen Uferseiten einsehbar sind. Mit einiger Übung gelingt die Zählung aber auch an Seen und Stauseen. Dort wird man jedoch ein Fernrohr mit 30- oder 40facher Vergrößerung benötigen.

Noch bevor man mit den Zählungen beginnt, gewinnt man mit dem sogenannten ersten Blick bereits den Eindruck, dass die Erpel in der Überzahl sind. Es ist ganz aufschlussreich, vor der genauen Zählung eine Schätzung zu versuchen oder Begleiter schätzen zu lassen, um wie viel Prozent mehr Erpel als Enten da sind. Handelt es sich um Gruppen von mehr als 100 Stockenten, kann man meistens davon ausgehen, dass der Erpelüberschuss erheblich überschätzt wird. Sie sind einfach viel auffälliger als die tarnfarben gefiederten Weibchen. In der Minderzahl sind die Erpel aber in aller Regel nicht. Von Mitte Dezember bis Ende Januar können wir mit einem Überschuss von wenigstens 10 Prozent rechnen. Dann aber steigt dieser rasch an. Im März waren es schon 27 und im April 34 Prozent bei umfangreichen Zählungen auf Münchner Stadtgewässern. Der Jahresdurchschnitt ergab nach Auszählung von 41 720 Stockenten einen Erpelüberschuss von 19,2 Prozent. Das ist rund ein Fünftel mehr als die Anzahl der Weibchen.

Man könnte einwenden, dies sei eben ein typischer Stadteffekt, doch das stimmt mitnichten. Weit umfangreichere Zählungen an Stauseen ergaben ganz ähnliche Männchenüberschüsse bei den Stockenten und noch viel ausgeprägtere bei anderen Entenarten. So übertrafen unter 4100 gleichzeitig anwesender und genau durchgezählter Schellenten *Bucephala clangula* auf einem Stausee am unteren Inn die bei dieser Art besonders plakativ schwarzgrün und weiß gezeichneten Erpel die schlichten Weibchen um volle 35 Prozent. Erst mit Beginn des Abzugs in die nordischen Brutgebiete ging der Anteil der Männchen zurück, und im März wurden die Verbliebenen sogar von den Weibchen übertroffen. Aber das lag daran, dass die Erpel über einen Monat früher den Rückzug in die Brutgebiete starten als die Weibchen und längst da sind, wenn diese in der Hauptmasse eintreffen. Der Vorgang als solcher lässt sich leicht nachvollziehen, weil sich die Menge der weiblichen Schellenten von Januar bis Anfang März kaum verändert, während die Zahl der Erpel zurückgeht und damit das Geschlechterverhältnis verschiebt. In der freien Natur verhält es sich also komplexer als bei den Parkstockenten, die das ganze Jahr über in der Stadt bleiben. Allerdings können auch sie Zuzug von außen bekommen, zumal bei Frost oder wenn der Winter lange dauert und die Reserven knapp geworden sind. Dann zieht es auch «wilde» Stockenten in die Städte zu den «zahmen», die an Futterstellen von Menschen versorgt werden.

An den Futterstellen können wir leicht erkennen, dass die Weibchen den Erpeln gegenüber klar im Nachteil sind. Nur wenige alte Weibchen mit stark gefärbtem Schnabel lassen sich nicht so ohne weiteres von einem Erpel verdrängen. Die meisten weichen jedoch aus. Die Erpel sind stärker als die Enten, weil sie beträchtlich mehr wiegen. So wurden mittlere Januargewichte von 1186 Gramm bei Stockerpeln in der Schweiz ermittelt. Die Weibchen wogen 1054 Gramm. Demnach übertrafen die Erpel die Enten um ein Achtel. Das macht im Winter viel aus, wenn es ums Überleben bei Kälte und längeren Hungerperioden geht. Der Unterschied zwischen Erpeln und Enten kann in dieser Zeit volle 300 Gramm betragen. Im Jahresdurchschnitt sind die Stockerpel um 12 Prozent schwerer als ihre Weibchen. Dieser 12-Prozent-Vorteil deckt sich ganz gut mit dem Erpelüberschuss. Die Männchen sind schwerer und überleben besser. Von Handicap also keine Spur. Darwin hatte Recht: Bei diesem Überschuss können die Weibchen wählen.

Wie schon ausgeführt (siehe Seite 33) steigt der Erpelüberschuss im Frühjahr deswegen so steil an, weil die verpaarten Enten frühzeitig, oft schon im März, wenn das Wetter dafür gut genug ist, mit der Nistplatzsuche und dem Eierlegen beginnen. Zunächst sind zwar beide weg, Erpel und Ente des Paares, aber sobald die Enten mit der Bebrütung des Geleges beginnen, kehren die Erpel zu ihresgleichen zurück. Sie beteiligen sich auch wieder an den Balzgruppen. Geht bei der Ente, mit der sie sich verpaart hatten, alles gut, haben sie ihren Anteil geleistet. Eine Beteiligung bei der Jungenführung würde nicht nur nichts bringen, sondern die Kleinen der Gefahr aussetzen, von Feinden entdeckt zu werden; denn die

Erpel im Prachtkleid sind am Gewässerufer auffällig und bleiben das auch, bis sie ins Schlichtkleid vermausert haben. Erpel anderer Entenarten, die den Weibchen recht ähnlich sehen, können daher nach dem Schlüpfen die Jungenschar begleiten und die Mutter gegebenenfalls warnen. So aber bleibt den Stockerpeln die Möglichkeit einer erneuten Verpaarung, wenn es mit dem frühen Gelege der Ente nicht klappt und sie zur Begattung zurückkommen muss, oder zu zusätzlichen Verpaarungen mit einem oder mehreren anderen Weibchen.

Am Schrumpfen der Kinderschar, die dem betreffenden Weibchen folgt, wird sichtbar, wie gefährdet die Kleinen nach dem Ausschlüpfen aus dem Ei sind. Zu den Gelegeverlusten kommen also für die Weibchen die Verluste an Jungen bei ihrem Einsatz für die Fortpflanzung hinzu. Sie müssen wenigstens nach einem Gelegeverlust schnell wieder zu Paarungen mit einem Männchen kommen. Das gibt ihnen die Chance für ein erfolgreiches Nachgelege. Es ist folglich notwendig, dass die Erpel weiter balzen, ihr arttypisches Prachtkleid behalten und sich gegenseitig stimulieren. Bei einer lang gezogenen Brutzeit, die mit frühen Gelegen im März beginnt und sich bis in den Frühsommer hineinzieht, müssen die Männchen entsprechend lang fruchtbar bleiben. Da sich zur Erzeugung befruchtungsfähiger Spermien die Hoden der Erpel aber aus dem unscheinbaren Ruhezustand hundertfach vergrößern müssen, um produktiv zu werden, kann der Wechsel nicht so rasch vonstatten gehen. Es ist auf jeden Fall einfacher, sexuell aktiv zu bleiben, bis keine Ente mehr ein Nachgelege erzeugt, als im Bedarfsfall die schon in den Ruhezustand übergewechselten Keimdrüsen wieder zu aktivieren.

Die Enten bekräftigen mithin, was sich bei den Pfauen angedeutet hatte. Ihr Prachtkleid ist eindeutig kein Nachteil für sie. Die Erpel überleben besser als die Enten. Die diesem Befund zugrunde liegende Zahlen sind so umfangreich, dass es sich auf keinen Fall um zufällige Abweichungen in die «falsche Richtung» handeln kann. Im Gegenteil: Gerade weil sich die Enten so gut beobachten und zählen lassen, dürfen wir sie als Modellfall für die so sehr im Verborgenen lebenden Pfauenhennen – oder auch für die Birkhennen – betrachten. Denn bei diesen wissen in aller Regel auch sehr genau beobachtende Jäger nicht, um wie viele Hennen es sich handelt, die einen Balzplatz der Birkhähne aufsuchen. Die wenigen Beobachtungen weisen wie bei den Pfauen darauf hin, dass tatsächlich die Birkhähne in der Überzahl sind. So schrieb mir Klaus Mees, der die Birkhuhnvorkommen in niedersächsischen Mooren bis zu ihrem Aussterben verfolgt hatte, dass er am 28. Oktober 1970 einen «geschlossenen Trupp von 26 Hähnen und 12 Hennen gegen Sonnenaufgang anfliegen und die Nahrungssuche beginnen sah». Obzwar eine Einzelbeobachtung, so geht daraus im Hinblick auf die Jahreszeit (Herbst) und das Verhalten hervor, dass in dieser Gruppe mehr als doppelt so viele Hähne wie Hennen waren. Sind die Geschlechterverhältnisse schwer oder nur unzureichend zu bestimmen, bleiben natürlich Fragen und Möglichkeiten offen. Die Hennen können so «heimlich» sein, dass man ihre Zahl stark unterschätzt. Doch der rasche Zusammenbruch der außeralpinen Birkhuhnvorkommen in der zweiten Hälfte des 20. Jahrhunderts in ganz Mitteleuropa weist in die andere Richtung. Hätte es mehr Hennen als Hähne gegeben, wäre bei der Gelegegröße von durchschnittlich acht Eiern das rasche Zusammenbrechen und Aussterben der Bestände kaum nachzuvollziehen. Einhard Bezzel führt im *Kompendium der Vögel Mitteleuropas* (1985) für das Birkhuhn überhaupt keine Geschlechterverhältnisse, sondern lediglich Zählungen von Hähnen an. Das bedeutet, dass keine verlässlichen Angaben vorlagen.

Zurück zu den Enten, speziell zu den Stockenten. Auch für sie trifft ja zu, dass die Weibchen recht viele Eier, nämlich sieben bis elf pro Gelege erzeugen. Im Extremfall können es bis zu 16 werden. Nachgelege enthalten vier oder fünf Eier. Erpel und Enten werden schon im nächsten Jahr fortpflanzungsfähig. Es gibt also keine «Verzögerungszeit» für die Erpel, wie bei den weit größeren Pfauen, die entsprechend heranwachsen müssen. So hohe Eizahlen besagen, dass die Verluste, die damit ausgeglichen werden, ebenfalls sehr groß sind. Oft lässt sich auch an den Gewässern in der Stadt mitverfolgen, wie die Zahl der Entlein, die einem Stockentenweibchen folgen, abnimmt. Der Aufwand für die Gelege betrifft allein das Weibchen. Für den Erpel sieht die Lage ganz anders aus. Er könnte in einer einzigen Saison durch Paarung mit drei Weibchen der Vater von zwei Dutzend Nachkommen werden. Hohe mögliche «Gewinne» der Männchen stehen also beträchtlichen Risiken und Verlusten bei den Weibchen gegenüber. Die Erpel haben somit den doppelten Vorteil besserer Überlebenschancen und möglicherweise größerer Nachkommenzahlen pro Saison. Im ungünstigsten Fall gehen sie, wie ihr Weibchen mit dessen Totalverlust der Brut, leer aus. Selbst dann sind sie dem Weibchen nicht unterlegen, denn dieses hat weit mehr in die Brut investiert.

Geringere Anstrengungen für die Fortpflanzung und bessere Überlebenschancen sind für die Erpel nun wirklich kein Handicap.

Dabei haben die Enten ungleich mehr Feinde als die Pfauen zu fürchten. Verschiedene Arten von Greifvögeln jagen Enten mit ganz unterschiedlichen Techniken. Großfalken, wie Wanderfalke *Falco peregrinus* und Gerfalke *Falco rusticolus,* schlagen aus pfeilschnellem Flug heraus, Habichte *Accipiter gentilis* streichen im Tiefflug heran und Rohrweihen *Circus aeruginosus* überraschen durch plötzliches Hervorkommen aus der Deckung. Im Winter jagen Seeadler *Haliaaetus albicilla* die schwach gewordenen Enten. Doch sie alle verursachen in der Gesamtwirkung bei weitem nicht die Ausfälle, die durch Verlust der Gelege und kleiner Jungen entstehen. Wenn sich der Zuwachs der Entenbestände nach Abschluss der Brutzeit und Flüggewerden der Jungen verdoppelt hat, gilt das schon als eine sehr gut gelaufene Vermehrung. Die Winterverluste stehen aber noch bevor. Sie treffen hauptsächlich die Jungenten, weil diese noch nicht die Kondition wie die Erwachsenen haben. Bei durchschnittlich sechs Eiern pro Gelege bedeutet eine «gute Brutsaison» schon einen Verlust von zwei Dritteln der Eier. Ein Jahr später, nach dem Ende des ersten Winters, bleibt nicht einmal eine Jungente übrig. Jedes Entenweibchen sollte daher mehrmals brüten, um sich und den Erpel in der Bilanz wenigstens zu ersetzen. Vielfach sind sogar mehr als zwei Bruten nötig, um die Selbsterhaltung zu gewährleisten. Geringfügige Verbesserungen oder Verschlechterungen im Überleben der Jungen zählen daher stärker als die Verluste der Erpel. Die Natürliche Selektion wirkt zwar auf alle Stadien der Fortpflanzung, aber keineswegs auf alle gleich stark. Greift der Mensch mit ein, kann er als neuer Faktor verheerende Auswirkungen verursachen oder kaum erkennbare. So kann der herbstliche Abschuss von Enten den Engpass Winter abmildern, wenn dadurch weniger Individuen um die begrenzte Menge an Nahrung konkurrieren, oder aber einem bereits prekären Bruterfolg, der kaum ausreicht, die unvermeidlichen Winterverluste auszugleichen, vollends zunichtemachen. Da weit mehr frei lebende Enten im Herbst durch Mitteleuropa ziehen und hier auf den Gewässern überwintern als brüten, interessiert die Jäger das Ausmaß ihres Eingriffs nicht. Sie schießen, was ihnen an (jagdlich erlaubten) Enten vor die Flinte kommt, gleichgültig ob es sich um Erpel oder Weibchen, alte oder junge Enten handelt. Ganz anders verhalten sie sich bei der Jagd auf Fasane. Da schreien schon die Treiber «Ein Hahn!» oder «Eine Henne!», um den Schützen anzukündigen, was kommt. Fast immer werden nur die Fasanenhähne geschossen, um möglichst viele Hennen für die nächste Fortpflanzung überleben zu lassen. Ein Überschuss an Hennen macht aus der Sicht der Jäger nichts, weil ein Hahn mehrere Hennen begatten kann. Die Schwierigkeiten, die Bestände der Ende des 19. Jahrhunderts eingebürgerten Fasane produktiv oder überhaupt zu erhalten, zeigen jedoch, dass es so einfach nicht geht.

Was lässt sich hieraus folgern? Erstens, dass es nicht das männliche Geschlecht ist, das ein Handicap zu tragen hat, sondern das weibliche, wenn man diesen Begriff beibehalten möchte. Ob das sinnvoll ist oder nicht, soll später erörtert werden. Zweitens, dass die Selektion, gleichgültig ob die Natürliche oder die Sexuelle im Sinne Darwins gemeint ist, keineswegs immer dort besonders ansetzt, wo wir Auffälliges feststellen. Viel gefährdeter sind in aller Regel die Anfangsstadien der Entwicklung, die Eier und die kleinen Jungen. Die ausgewachsenen, fortpflanzungsfähig gewordenen Individuen haben schon vieles überlebt. Hinter ihnen steht die große Zahl der vorzeitig Gescheiterten. Das führt zum dritten wichtigen Befund: Es geht bei der Selektion um Mengen und (Überlebens-) Wahrscheinlichkeiten. Nicht das einzelne Individuum und sein Schicksal zählen, sondern die Mengenverhältnisse. Im deutschen Verb «zählen» ist dieses Quantitative enthalten. Es muss viel mehr berücksichtigt werden als dies üblicherweise geschieht. Wenn Amotz Zahavi meint, der Pfauenhahn würde durch sein Prachtgefieder stärker gefährdet sein als ohne ein solches, dann muss diese Einschätzung durch entsprechende Zahlen belegbar sein. Ansonsten bleibt sie eine Vermutung, die zutreffen kann oder auch nicht. Ein Handicap ist nur dann ein Nachteil, wenn sich sein Fehlen als vorteilhaft herausstellt. Erneut ist zu betonen: quantitativ! Nicht im Einzelfall, sondern in der statistisch ausreichend großen Menge muss dies nachgewiesen sein. Denn nur dann kann Selektion ansetzen und über Mengenverschiebungen Merkmalsveränderungen bewirken. Würde ein Pfauenhahn, der zehn Federn mit Augenmuster mehr in seinem Rad zeigt als die Konkurrenz, nur einmal von einer Henne gewählt werden, bliebe die Steigerung der Anzahl der Augen ohne Folgen. Und wo große Hähne mit vielen Augen fehlen, weil sie unter der Wirkung dieses Handicaps tatsächlich natürlichen Feinden zum Opfer gefallen sind, wird die Sexuelle Selektion nicht zu noch mehr Augen führen können. Schon vor über 70 Jahren zeigten mathematisch versierte Genetiker, dass

Selektion über Veränderungen der Häufigkeit (!) der betreffenden Erbeigenschaften (Gene) wirkt. «Verschiebung von Genfrequenzen» ist der Fachausdruck dafür. Vereinfacht ausgedrückt, handelt es sich um Folgendes: Bewirkt die Bevorzugung einer bestimmten Eigenschaft durch den Fortpflanzungspartner eine Verschiebung der Genfrequenzen, entspricht dies der Sexuellen Selektion. Wird die Änderung hingegen durch Verluste hervorgerufen, weil die Träger dieser Eigenschaft häufiger Feinden zum Opfer fallen, erkranken oder von Parasiten befallen werden, die sie schwächen, gehört sie zur Kategorie der Natürlichen Selektion.

Da beide Formen von Selektion nicht voneinander getrennt wirken, sondern ineinandergreifen, reicht eine oberflächliche Betrachtung nicht aus, um ihre Bedeutung nachvollziehbar zu machen. Doch eines ist klar: Was überlebt hat, muss auch den Tauglichkeitstest des Lebens bestanden haben. Einem Handicap wären deshalb von Natur aus Grenzen gesetzt. Denn wer zu viel riskiert und zu oft scheitert, fällt über kurz oder lang aus dem Strom des Lebens heraus. Wenn es Darwin richtig sah, obwohl er eigentlich überhaupt keine konkreten Kenntnisse von der Natur der Vererbung hatte, sollten die Organismen an ihre Lebenswelt entsprechend gut angepasst sein. Denn Natürliche Selektion hat sie alle geformt. Unangepasstes müsste auf der Strecke geblieben sein. Zahavis Handicap-Theorie fordert also, genau betrachtet, dass die Anpassung doch nicht so eng sein muss. Wie sonst könnte sich Nachteiliges halten und sogar nach Meinung von Amotz Zahavi ein allgemeines Prinzip des Lebens sein?

Bei der quantitativen Behandlung der Prachtkleider von Pfauen, Fasanen und Enten hat sich zwar gezeigt, dass diese ganz unabhängig von ihrer Bedeutung für die Partnerwahl und Paarung keineswegs generell nachteilig für die Träger sind. Sie als Handicap einzustufen, erscheint ungerechtfertigt. Aber umgekehrt fügen sie sich dennoch nicht in das darwinsche Denken von der Anpassung an die Umwelt durch Natürliche Selektion. Denn welche Art von Selektion sollte den Erpeln ein auffälliges Prachtkleid anzüchten, den Weibchen aber ein tarnendes Schlichtkleid, wenn nicht die Sexuelle? Darwins Problem ist also mit der Ablehnung des Handicap-Prinzips keineswegs gelöst. Und Amotz Zahavi hat mit dem Handicap für Darwins Sexuelle Selektion auch keine überzeugende Erklärung geboten. Zurück bleibt das Gefühl, dass irgendetwas Grundlegendes fehlt, um die noch immer nicht passenden Teile zusammenfügen zu können.

*Die Leistung der Weibchen*

Die Prachtkleider fesseln unsere Blicke so sehr, dass wir über ihrer Betrachtung das Schlichte daneben fast nur noch als Kontrastverstärker wahrnehmen. Das ist insofern nicht weiter verwunderlich als in genau dieser Art und Weise die unterschiedlichen «Kleider» funktionieren (sollen). Es ist doch klar, dass wir das Weibchenkleid mit voller Berechtigung als «tarnend» einstufen, das auffällige Männchenkleid aber als «plakativ» und Wirkung heischend. Wir könnten zwar versuchen, die Wortwahl in der Beschreibung so zu verändern, dass sie möglichst «wissenschaftlich neutral» ausfällt. Ob das aber der biologischen Funktion besser gerecht würde, darf zu Recht bezweifelt werden. Wer den balzenden Erpeln zuschaut, sieht ganz ohne jede weitere Erklärung, dass hier Schau gemacht wird. Und wer eine brütende Ente entdeckt, die sich auf ihr Gelege drückt und es so gut wie möglich unsichtbar zu machen versucht, braucht auch keine Erläuterung, um das Verhalten der Ente und ihr Aussehen zu verstehen. Doch gerade deswegen entzieht sie sich dem Blickfeld.

Dabei leistet sie viel mehr als die auffälligen Männchen. Zwar ist das schon mehrfach betont worden, aber eine nähere Begründung fehlt noch. Denn wiederum geht es um das Quantitative, also um die mess- oder zählbare Menge ihrer Leistung im Vergleich zum Erpel. Sie ist, wie bereits festgestellt, um etwa 12 Prozent leichter als der Erpel. Vereinfachen wir die vielen genauen Zahlen, die tatsächlich vorliegen und der Fachliteratur, wie dem *Handbuch der Vögel Mitteleuropas* entnommen werden können ein wenig, weil es nicht um die Stockente oder den Pfau speziell geht, sondern um das Verhältnis der Leistungen von Männchen und Weibchen ganz allgemein, dann erhalten wir eine bessere Vorstellung:

So wiegt das frisch abgelegte Ei der Stockente ziemlich genau 50 Gramm. Bei einem Vollgelege von sieben bis elf Eiern macht das 350 bis 550 Gramm. Die Ente selbst wiegt rund 1000 Gramm. Also kostet sie ein Gelege ein Drittel bis die Hälfte ihres eigenen Körpergewichtes. Da sie die Eier im Abstand von nur 24 Stunden legt, muss sie diese Masse an Material für die Eier in der kurzen Zeit von einer Woche – oder ein paar Tagen mehr bei größeren Gelegen – in ihrem Körper bereitstellen. Dabei kann sie in dieser Zeit kaum Nahrung zu sich nehmen, denn sie ist mit dem Auskleiden des Nestes, der Auspolsterung mit Dunen aus dem eigenen Brustgefieder und anfangs auch noch mit der Fertigstellung des Nestes beschäftigt. Der Anteil der zusätzlich für die Produktion der Eier aufgenommenen Nahrung ist somit vernachlässigbar gering, denn das Weibchen muss den eigenen Stoffwechsel versorgen. Mit der Ablage des letzten Eis beginnt die Bebrütung, welche vier Wochen lang dauert. Das Weibchen kann das Nest immer nur für kurze Zeit verlassen, um ein wenig Futter zu suchen. Bei zu langer Abwesenheit würden die Eier, insbesondere bei den so wichtigen frühen Gelegen im März und April, erkalten oder einer zu starken Sonneneinstrahlung bei schönem Wetter ausgesetzt sein. Die meisten Gelegeverluste ereignen sich, wenn die Ente die Eier nicht abdeckt und abwesend ist. Denn sie kann sich durchaus solcher Feinde wie Krähen, Elstern oder Ratten erwehren.

Das Brüten bedeutet einen zusätzlichen Energieaufwand. Die Eier des Geleges, die dafür auch immer wieder gewendet werden müssen, werden auf einer Temperatur von etwa 37 Grad Celsius gehalten. Bei dieser Temperatur verläuft die Entwicklung der Embryonen in den Eiern in der Regel störungsfrei. Es findet also ein Wärmefluss vom Körper des brütenden Weibchens zum Gelege statt. Dieser Wärmefluss stellt einen Energieverlust dar; einen Aufwand, den die Erpel in dieser Zeit ebenso wenig zu leisten haben wie den entsprechenden bei der Erzeugung der Eier. Pro Gramm steckt im Ei ein Energiegehalt von 6,27 Kilojoule; das sind 2200 Kilojoule in einem Vollgelege mit sieben oder 3450 mit elf Eiern. Ein Mensch mit einem Körpergewicht von 70 Kilogramm benötigt pro Tag etwa 9200 Kilojoule, also nur etwa das 2,6- bis 4fache dessen, was die nur ein Kilogramm schwere Ente an Energie in sieben bis elf Tagen in ihr Gelege einbringen muss. Und um die Energie allein geht es nicht einmal. In einem Ei steckt das Wertvollste an Substanzen des Körpers: Proteine, Mineralstoffe und energiereiche Phosphorverbindungen, Carotinoide, die den Dotter gelb färben und alles Übrige, was für die vollständige Ausbildung des Kükens nötig ist. Nichts darf fehlen; kein Ballast darf das Ei belasten. Es ist ein geradezu wundervolles Gebilde. Die Leistung der Ente kann gar nicht hoch genug eingeschätzt werden, in so kurzer Zeit alles Nötige in diesem Umfang aus den Reserven des eigenen Körpers bereitzustellen und in das Ei hineinzuschleusen.

Sind dann schließlich nach 28 bis 30 Tagen die Jungen geschlüpft, brauchen diese zumindest in den ersten beiden Wochen die Körperwärme der Mutter, die sie ihnen beim Hudern gewährt. Gut sieben Wochen lang führt sie die Jungen, bis diese flügge geworden und damit weitgehend selbständig sind. Nach über zwei Monaten ist die Zeit der Jungenführung dann vollends vorüber. Die Ente hat insgesamt vier Monate vom Beginn der Nistplatzsuche und dem Nestbau über das Eierlegen, Brüten und Führen der Jungen investiert. Ihr Gewicht nimmt ab und erreicht beim Führen kleiner Jungen ein Minimum, das 200 Gramm unter dem Durchschnittsgewicht liegen kann, während in derselben Zeit die Erpel Gewicht gewinnen und 10 bis 20 Prozent schwerer als im Mittel werden. Der Unterschied zwischen den Erpeln und den Enten macht dann um die 30 Prozent aus. Darin drückt sich aus, wie sehr Eierlegen und Nachwuchsbetreuung den Weibchen an die Substanz gehen. Da nach Abschluss des Brutgeschäftes für sie auch noch die große Mauser bevorsteht, in der sie das ganze Fluggefieder erneuern und für etwa drei Wochen flugunfähig werden, bleibt ihnen kaum Zeit für eine entsprechende Gewichtserholung. So nimmt es nicht wunder, dass im Spätherbst Erpel Rekordgewichte von über 1500 Gramm erreichen, während die Enten gerade wieder auf ihr Normalgewicht kommen. Ihr einziger Vorteil besteht darin, dass sie Perioden akuten Nahrungsmangels deutlich besser als die Erpel überstehen. Sie werden in ihrem Jahreslauf bei der Eiablage und beim Brüten regelmäßig mit einer über vier Wochen andauernden Zeitspanne von knapper Nahrung ausgesetzt.

Zusammengefasst bedeuten die Befunde, dass zweifellos die Erpel im Vorteil sind. In der Zeit, in der es den Weibchen schlecht geht, können sie Gewicht zulegen. Wenn die Weibchen ein Drittel bis zur Hälfte ihres Körpergewichtes ins Gelege stecken müssen, können sie in Ruhe nach Nahrung suchen oder weiter balzen. Fragt sich nur, warum sie nicht noch erheblich schwerer als die Weibchen werden. Denn 15 Prozent mehr Körpermasse, die sie im Jahresdurchschnitt mehr als die Weibchen aufbauen, ist weit weniger als dem Aufwand der Weibchen nach zu erwarten wäre. Würden die Erpel bei ungefähr gleicher Intensität der Nahrungsaufnahme die Menge, die den Eiern im Gelege und dem zusätzlichen Energieaufwand für das Brüten entspricht, direkt in Körpermasse umsetzen, wäre hingegen zu erwarten, dass sie wenigstens die 30 Prozent schwerer sind, die sich gegen Ende der Brutzeit zeigen, oder rund doppelt so schwer wie die Weibchen, wenn man deren ganzen Aufwand für die Fortpflanzung berücksichtigt. Denn die Erpel liefern dazu nicht mehr als ein paar Portionen Samenflüssigkeit. Dass dem nicht so ist, muss Gründe haben. Um sie sichtbar zu machen, wechseln wir von den Enten zur Pfauenhenne.

Ihre Eier wiegen 110 bis 140 Gramm. Das Gelege enthält durchschnittlich drei bis fünf davon. Es kann aber auch erheblich mehr Eier umfassen. Zustande kommt ein Gesamtgewicht des Geleges von rund einem halben Kilogramm; das macht 18 bis 20 Prozent des Hennengewichts von 2,2 bis 3,8 Kilogramm. Dieser Gewichtsanteil bleibt in etwa erhalten, wenn die Pfauenhenne älter wird und schwerere Eier legt, weil sie selbst zunimmt und im Lauf der Jahre rund doppelt so schwer wie zu Beginn ihrer Fortpflanzungsfähigkeit geworden ist. Schwerere Eier bedeuten überlebensfähigere Junge, weil diese aus dem Ei schon kräftiger schlüpfen als solche aus leichteren Eiern. Anders als bei den Stockenten, bei denen der Gewichtszuwachs der älteren Enten unbedeutend bleibt, verbessern sich bei der Pfauenhenne mit zunehmendem Alter die eigene Kondition und die Größe der Eier. Die im Vergleich zur Stockente nur halb so große Eizahl pro Gelege drückt die verbesserten Überlebenschancen der Pfauenhenne aus. Sie übertrifft die Stockente um das Doppelte bis Dreifache an Körpergewicht und halbiert oder drittelt damit die Leistung ihres Körpers pro Gelege. Mit gut vier Wochen fällt ihre Bebrütungsdauer nicht anders als bei der Stockente aus. Der Hauptunterschied liegt also im Anteil der Gelegegröße bezogen auf ihre Körpermasse. Gehen wir von durchschnittlichen 500 Gramm aus, dann könnte der Pfauenhahn pro Jahr um ein halbes Kilogramm Gewicht im Vergleich zur Henne zunehmen. Nach vier Jahren wäre er dann um zwei Kilogramm schwerer als die Henne. Tatsächlich erreichen die Hähne ein Gewicht von 4,1 bis 5,4 Kilogramm.

Nun zeigten aber die Beobachtungen von Leopardenangriffen auf Pfauenhähne, wie überlebenswichtig ein blitzschneller Abflug nach oben ist. Bei Vögeln mit mehr als vier oder fünf Kilogramm Gewicht geht ein direkter Blitzstart nicht mehr. Sie brauchen einen Anlauf. Pfauen sind sehr gut zu Fuß, aber keine Sprinter wie Gazellen. Nach wenigen Sprüngen muss der Abflug gelingen, um der Gefahr zu entkommen. Die Stockenten hingegen starten ohne Anlauf vom Nest weg, auf dessen Eier sie dabei auch noch einen übel riechenden Brei aus ihrer Kloake hinterlassen. Wie ihre Erpel können sie vom Fleck weg steil aufwärts abfliegen. Sie haben auch den Vorteil des Wassers, auf das hinaus kein schnelles Säugetier laufen kann. Im Stadtpark können wir oft beobachten, wie sich Enten beim Nahen eines frei laufenden Hundes einfach und ohne Panik ins Wasser begeben und dort abwarten, bis die mögliche Gefahr vorüber ist. Da das Körpergewicht viel schneller als die Flügelfläche zunimmt, schränkt zunehmendes Gewicht vor allem an Land den Blitzstart ein. Schwere Schwimmvögel können tauchen. Die großen Schwäne, die dazu nicht in der Lage sind, brauchen einen langen Anlauf über die Wasseroberfläche, bis das Abheben gelingt. Der Abflug wird mit zunehmendem Körpergewicht langsamer und der Flug energetisch aufwändiger. Schwere Vögel fliegen deshalb nur wenn es unbedingt notwendig ist. Bei etwa drei Kilogramm liegt die Grenze für einen Start ohne Anlauf, bei 10 bis 15 Kilogramm die obere Grenze für den Flug. Nur in Ausnahmefällen kommen Vögel, die schwerer als 15 Kilogramm sind, überhaupt noch vom Boden weg. Der Afrikanische Strauß ist flugunfähig, weil er viel zu schwer für einen Abflug wäre. Der Pfau tut gut daran, abflugtauglich zu bleiben und sein Körpergewicht nicht der kritischen Grenze anzunähern.

Doch da der Pfau nicht bloß ein paar Jahre lebt, sondern durchaus ein Jahrzehnt alt oder noch älter wird, muss das Problem der fortschreitenden Gewichtszunahme gelöst werden. Die Henne gibt mit jeder Brutzeit direkt ein halbes Kilogramm ab und verbraucht zudem Energie für das Brüten. Die großen Eier bedürfen einer entsprechend intensiven Wärmezufuhr aus dem Körper der Henne. Für den Hahn bedeutet das, dass sich ein optimales Gewicht einstellen sollte, das den jährlichen Gewichtszuwachs irgendwie ausgleicht – sonst kehrt sich der Vorteil seiner Körpergröße rasch in einen lebensgefährlichen Nachteil um. Die Henne hingegen kann mehr Eier und größere legen, wenn sie schwerer geworden ist. Sie unterliegt diesen Einschränkungen nicht. Allerdings wird sie ohnehin nur dann zunehmen, wenn der Lebensraum reichlich Nahrung bietet, was in ihrer Dschungelheimat keineswegs immer der Fall ist. Dank der Fütterung durch die Menschen nehmen die Pfauenhennen hierzulande schnell an Gewicht zu, selbst wenn sie Eier legen. Das praktiziert man bekanntlich in der Hühnerhaltung seit vielen Jahrhunderten. Möglichkeit und Wirklichkeit decken sich selten; Mangel herrscht häufiger als Fülle. Dennoch könnte ein einziges zu gutes Jahr beim Pfauenhahn dazu führen, dass die kritische Gewichtsgrenze überschritten wird.

Dies zu verhindern, stehen grundsätzlich drei Möglichkeiten offen. Die erste ist, wie wir von uns Menschen wissen, die weitaus schwierigste, nämlich sich bei der Nahrungsaufnahme auf das richtige Maß zu beschränken. Was uns so schwer fällt, dürfte den allermeisten Tieren nicht grundsätzlich leichter fallen. Wie rasch Vögel und Säugetiere bei anhaltend reichlicher Ernährung verfetten, kennen wir von unseren Haustieren und den Schwierigkeiten in der Zootierhaltung. Bestimmte Haustiere sollen aber möglichst schnell möglichst schwer werden, weil wir ihr Fleisch oder ihre Milch haben wollen. Das Prinzip des Mästens drückt aus, dass wir Menschen nicht allein dem Problem einer maßvollen Nahrungsaufnahme ausgesetzt sind, wenn Überfluss herrscht. Die zweite Möglichkeit, vermehrte körperliche Aktivität und Anstrengung, praktizieren wir häufig. Wir nennen dies Arbeit bzw. Körperertüchtigung in der Freizeit. Tiere können durch entsprechend gesteigerte Aktivität auch Überschüsse abbauen oder umgekehrt, wie im Fall der Zugvögel, vor der starken körperlichen Inanspruchnahme durch drastisch verminderte Aktivität «zugfett» werden. Die dritte Möglichkeit ist die am wenigsten augenfällige, obwohl wir eine Form davon umfänglich nutzen. Es ist dies die anhaltend massive Ausscheidung von Milch beim Milchvieh. Ganz allgemein können Körper mit zu hoher Zufuhr an Nahrung die Überschüsse in geeigneter Weise ausscheiden, ohne dass sie dabei vom Stoffwechsel vollständig verwertet und in Energie umgesetzt werden müssen. Die Produktion von Milch stellt einen solchen Ausscheidungsvorgang dar. Es ist nicht der Einzige. Um das zu verstehen, ist ein anderer Einblick in den Körper eines Vogelmännchens nötig.

## Der Stoff, aus dem die Schönheit kommt

*Woraus besteht die Pfauenschönheit?*

Würde man einen nackt gerupften Pfau für «schön» halten? Wohl kaum! Ein zum Braten oder Grillen vorbereitetes Hähnchen spricht auch nicht gerade unser Schönheitsempfinden an. Wir können uns zwar vorstellen, dass daraus etwas Wohlschmeckendes werden wird, bringen aber den sauber gerupften Körper nicht etwa mit einem schmucken Hühnervogel in Verbindung, der uns und seine Hühnerschar mit der Pracht seines Gefieders beeindrucken könnte. Die Pracht steckt tatsächlich im Gefieder. Ein nackter Hahn dürfte in der Werbung um normal gefiederte Hühner schwerlich Erfolg haben, auch wenn er noch so fit wäre. Nichts anderes würden wir für den Pfau annehmen, außer dass er ohne Federn vielleicht noch merkwürdiger als ein gerupfter Hahn des Haushuhns aussieht. Schon im durchaus voll befiederten Schlichtkleid hat der Hahn seine Wirkung eingebüßt. Es geht also um die Federn, wenn wir zunächst die Vögel und ihr Prachtkleid betrachten. Das ist uns so geläufig, dass offenbar nicht einmal Biologen näher darüber nachdenken, was das bedeutet.

Einigkeit besteht darin, dass das Prachtkleid beim Pfau wie beim Erpel und bei allen Vögeln mit prächtigen Männchen durch Sexuelle Selektion, also durch Weibchenwahl entstanden ist. Klar ist auch, dass es wie alle Federn aus Keratin besteht; einem Material, das wir in chemisch sehr ähnlicher Form auch an unserem Körper tragen. Die Haare, die Finger- und Zehennägel sowie die dünne, bereits abgestorbene oberste Hautschicht unseres Körpers bestehen aus Keratin. Wir pflegen es umgangssprachlich als «Horn» zu bezeichnen. Dieser Stoff ist eigentlich etwas ganz Besonderes. Keratin ist leicht und elastisch, an sich farblos, aber es können Farbstoffe eingelagert werden. Mit der Dicke des Keratins und mit seiner jeweiligen Feinstruktur ändern sich die Eigenschaften. Wir wissen, wie fest ein so dünnes Gebilde wie unser Kopfhaar ist. Bei den Vogelfedern schätzen wir die wärmende Elastizität der Daunen in unseren Federbetten. Was sie im Flug, im Sturzflug eines Falken oder eines Adlers zum Beispiel aushalten, übertrifft bei weitem die Materialeigenschaften der Flügel von Flugzeugen. Um all das geht es aber an dieser Stelle nicht. Die kurzen Hinweise auf die besonderen Eigenschaften des Keratins im Allgemeinen und der Federn im Speziellen sollen nur daran erinnern, dass wir fast nur diese Eigenschaften beachten, nicht aber ihre Herkunft. Denn das Keratin ist ein Produkt des Stoffwechsels. Es wird vom Körper hergestellt. Die Erzeugung der Federn kostet den Vogel Energie, die sich messen lässt. Aber die Feder entsteht nicht einfach so, auch wenn die Energie für ihre Herstellung vorhanden ist. Das Material, aus dem sie aufgebaut ist, muss in den benötigten Mengen und in der richtigen Zusammensetzung vorhanden sein. Worum handelt es sich dabei?

Keratin ist eine Form von Eiweiß. Es besteht aus dem chemischen Ausgangsmaterial, aus dem auch andere Formen von Eiweißstoffen zusammengesetzt sind, nämlich aus Aminosäuren. Diese Bauteile sind im Keratin zu einer außerordentlich festen, zugleich aber besonders elastischen Eiweißmasse miteinander verbunden. Wie diese chemisch aussieht, lässt sich in entsprechenden Chemiebüchern nachschlagen. Hier ist in unserem Zusammenhang eine Eigenschaft besonders hervorzuheben und näher zu betrachten: die Elastizität. Diese bewirkt die Bruchfestigkeit der Feder, welche sie besonderen Aminosäuren verdankt. Diese bilden im Keratingerüst sogenannte Schwefelbrücken. Drei der 27 Aminosäuren kommen dafür in Frage, weil sie Schwefel enthalten. Es sind dies Cystin, Cystein und Methionin. Je höher der Gehalt an diesen Aminosäuren ist, desto elastischer sind die Federn. Sogar feinste Strukturen bleiben bei entsprechendem Anteil an diesen Aminosäuren hochgradig elastisch. Wir sehen das an der Federfahne. Mit winzigen Häkchen werden darin die Seitenstrahlen so miteinander verbunden, dass die Fahne nicht nur den Eindruck einer geschlossenen Fläche erweckt, sondern im Flug auch so wirkt, weil sie die Luft nicht mehr durchlässt. Zieht man an einer größeren Feder, etwa von einer Taube oder einem Huhn, die Fahne an einer Stelle etwas auseinander, so könnte man meinen, sie auseinandergerissen zu haben. Ziehen wir diese Stelle aber von innen, vom Kiel her, zwischen

Daumen und Zeige- oder Mittelfinger sanft nach außen durch, verhaken sich die vorher getrennten Teile wieder und der Feder ist kein Makel mehr anzusehen. Beim Putzen des Gefieders gehen die Vögel so vor. Sie schließen damit etwaige Schlitze wie mit einem Reißverschluss.

Die Feder ist wahrlich ein Gebilde zum Staunen. Es gibt sie in sehr unterschiedlichen Formen. Nur ein Teil des Gefieders, der Zahl der Federn nach ist es der weitaus kleinere Teil, gehört zu den sogenannten Konturfedern. Diese tragen am Kiel eine mehr oder weniger breite, sehr dünne und flächig ausgebildete Federfahne. Sie ermöglicht, wenn sich die großen Federn bei ausgebreitetem Flügel auch ausreichend überlappen, das Fliegen. Die Konturfedern am Körper geben diesem eine glatte Oberfläche. Darunter schließen sie mit ihrem nicht zur Fahne geschlossenen Daunenteil viel Luft ein. Das ergibt die Isolation des warmen Vogelkörpers gegen die Außenwelt. Die glatte Oberfläche lässt zudem das Regenwasser ablaufen oder verhindert, gut eingefettet, dass Wasser beim Schwimmen und Tauchen durch das Gefieder bis zur Haut dringt. Damit kommen dem Gefieder der Vögel drei Grundfunktionen zu: Wärmewirkung (genauer: Wärmedämmung), Nässeschutz und Ermöglichung des Fluges. Letzteres trifft allerdings bekanntlich nicht für alle Vögel zu, denn es gibt zahlreiche flugunfähige Arten. Neben den schon genannten Straußenvögeln sind das vor allem die Pinguine, die ihrem Lebendgewicht nach einen Großteil der gegenwärtigen «Gesamtbiomasse» der Vögel der Erde stellen. Sie sind also keine große Ausnahme, sondern gehören vollwertig mit zur Vogelwelt. Zu betonen ist dies nicht zuletzt auch deswegen, weil die Federn der Vögel keineswegs immer und direkt mit dem Fliegen verbunden sein müssen.

Dass sie andere Funktionen erfüllen, die nicht allein mit ihrer Struktur, sondern auch mit ihren Formen und Farben zusammenhängen, zeigt das Prachtgefieder. Es besteht wie alle Federn aus Keratin und ist somit aus den Bausteinen von Eiweiß aufgebaut, das für den Körper ein «kostbarer» Stoff ist. Ohne ausreichende Eiweißzufuhr könnten wir nicht wachsen und auch nicht die abgenutzten Teile in unserem Körper ersetzen. Mit Zucker oder Fett leben wir eine Zeitlang, weil sie Energie liefern. Energieverbrauch und Umsetzungen von Energie gehören zur einen Form des Stoffwechsels, den wir Energiestoffwechsel nennen. Die Energie im Körper entspricht dem, was wir dem Motor eines Autos zuführen müssen, damit es fährt. Das Eiweiß bildet das Baumaterial. Es lässt sich mit dem vergleichen, woraus Motor und Karosserie des Fahrzeugs bestehen. Doch anders als in Maschinen, die einen geringen Materialverschleiß haben, muss der lebende Organismus beständig auch seine körpereigenen Strukturen aufbauen, umbauen und reparieren. Dafür benötigt der Körper die entsprechende Materialzufuhr. Der zugehörige Stoffwechsel heißt Baustoffwechsel. Bau- und Betriebsstoffwechsel unterscheiden sich also bei aller Zusammengehörigkeit ganz wesentlich. Energie muss gleichsam regelmäßig nachgetankt, Material ergänzt werden. Deswegen gehören die Bausteine der Eiweißstoffe, die Aminosäuren, zu den wichtigsten im Körper. Je höher die «Touren» sind, mit denen der Stoffwechsel läuft, desto mehr Energie wird benötigt und desto mehr Material muss ersetzt werden. Der Vogelkörper aber arbeitet mit unserem verglichen auf höchsten Touren. Denn viele Vögel haben eine Temperatur von über 40 Grad Celsius in ihrem Innern. Bei Kleinvögeln liegt die Betriebstemperatur knapp unter oder um 42 Grad, also ganz nahe an der Todesgrenze. Ihr Leben verliefe, würden sie direkt unserem eigenen vergleichbar sein, andauernd in höchstem Fieber. Dass sie das aushalten, hängt mit ihrer außerordentlich guten Lunge und dem damit verbundenen, besonders wirksamen inneren Kühlsystem zusammen. Zustande kommt es durch die Verbindung der Vogellunge mit inneren Luftsäcken.

Diese Besonderheiten, die gleichzeitig zu den bedeutendsten Unterschieden im Vergleich zum Säugetierkörper gehören, sind im Zusammenhang mit der Feder und dem Prachtgefieder von größter Bedeutung. Denn sie werfen die Frage auf, was die Herstellung zusätzlicher, sogar, wie beim Pfau, extrem vergrößerter Federn den Körper kostet. Dieser Hintergrund war es, der Darwin und nach ihm viele andere veranlasste, in den Federn des Prachtgefieders Luxusprodukte zu sehen. Es muss wichtige Gründe geben, so die Schlussfolgerung, dass sich der Vogel diesen Luxus leistet. Der wichtigste aller Gründe ist die Fortpflanzung. Die Weibchenwahl gibt diesen triftigen Grund. Wenn dem so wäre, müssten dann aber nicht alle Männchen prächtig sein? Warum gibt es viele Vögel ohne Prachtkleid bei den Männchen und andere auch, bei denen sowohl Männchen als auch Weibchen bunt und auffällig gefiedert sind. Es kann ja wohl nicht sein, dass sich die eine Art den Luxus leistet, die andere aber nicht.

Blenden wir zurück zu den allgemeinen Feststellungen über die Feder. Als Eiweißprodukt hat ihre Herstellung den Körper sowohl Energie als auch wertvolle Stoffe gekostet. Was gut und teuer ist, sollte möglichst lange halten. Man darf wohl annehmen, dass es gerade bei einem so besonderen Produkt, wie der Feder, nicht unnötig verschwenderisch zugeht. Doch die Erfahrung lehrt anderes. Zur entsprechenden Zeit, bei uns meistens im Sommer und Herbst, finden wir Federn, die offensichtlich gemausert worden sind. Sie stammen von Stadttauben, von Krähen oder an den Gewässerufern von Enten, Schwänen und Möwen. Mit einiger Aufmerksamkeit finden wir auch die Federn von Fasanen, von Bussarden oder Habichten und anderen Vögeln. Wer selbst Vögel hält, weiß, dass zu einer bestimmten Zeit des Jahres der Federwechsel stattfindet, Mauser genannt. Die Vögel erneuern dabei ihr Gefieder. Sie halten es damit funktionstüchtig – so die allgemein verbreitete Meinung zur Mauser. Sie ist nicht falsch, aber offensichtlich unzureichend. Denn ein genauerer Blick auf die Mauserfedern zeigt, dass diese, wenn sie nicht gerade von Jungvögeln des betreffenden Jahres stammen, keineswegs so abgenutzt sind, dass sie erneuert werden müssten. Fast alle, die wir so en passant finden, sehen gut und tauglich aus. Ganz sicher würden sie weiter ihre Funktion erfüllen. Das gilt nicht nur für die großen Federn des Fluggefieders, sondern vor allem für das Kleingefieder. Warum sollte das, was bei der Mauser vom Körper abfällt und erneuert wird, nicht länger dienlich gewesen sein? Diese Frage wiegt umso schwerer, als beschädigte Federn, die für das Fliegen wirklich bedeutsam sind, auch zwischendurch erneuert werden können. Bricht einem Greifvogel bei ungestümer Jagd nach Beute eine Schwungfeder, braucht er nicht die nächste Mauser bis zur Erneuerung abzuwarten. Die Enten, die sich Kleingefieder am Bauch ausrupfen, um das Nest mit Daunen auszupolstern, in dem ihre Eier liegen und von ihnen bebrütet werden, sie müssen auch nicht auf die Mauser warten und frieren, wenn das Gelege zerstört wurde und die Brut gescheitert ist.

Warum wechseln aber dann die Vögel ihr Gefieder so regelmäßig, wenn die Mauser in diesem Umfang gar nicht nötig wäre? Man kann sich auch vorstellen, dass es besser wäre, die Federn würden einfach nach und nach ganz allmählich ersetzt, so wie unsere Kopfhaare beständig nachwachsen und nicht etwa in einem Schub im August kommen und bis zum nächsten Juli unverändert halten, um dann innerhalb kurzer Zeit vor dem neuen Wachstumsschub abgeworfen zu werden. Für uns wäre eine solche Vorstellung reichlich absurd, wenngleich nicht so ganz unbequem für manche Menschen. Da Haare wie Federn aus Keratin bestehen, fordert der Unterschied eine Erklärung heraus. Nun wird man auf den Sonderfall Mensch zu Recht verweisen, denn einen jahreszeitlich bedingten Haarwechsel gibt es bekanntlich bei vielen Säugetieren. Das dünnere, weniger wärmende Sommerhaar wird im Herbst durch ein dichteres, wolligeres Winterhaar ersetzt, das dann im Frühjahr wieder ausfällt. Doch um wärmer oder weniger wärmend geht es beim Federwechsel der Vögel nicht. Die Mauser ist mit einem anderen Vorgang im Vogelkörper verbunden, der mit dem Energiehaushalt zusammenhängt. Viele Vögel mit einer jahreszeitlich sehr genau festgelegten Mauserzeit wechseln dabei keineswegs nur ihr Gefieder, sondern sie legen damit verbunden Fettvorräte an. Unsere Zugvögel brauchen diese für den Flug in die Winterquartiere und die Enten als Energiereserve für nahrungsknappe Zeiten im Winter. Diese sind für sie sogar so wichtig, dass sie das Risiko von drei Wochen Flugunfähigkeit im Hochsommer eingehen.

Wenn wir nun von dieser Warte aus den Stoffwechsel im Vogelkörper betrachten, so heißt das, dass in einer Zeit, in der Fett gespeichert wird, die Bewegungen stark eingeschränkt werden. Die Vögel verhalten sich in der Mauserzeit sehr ruhig. Sie ziehen sich so zurück, dass sie kaum noch zu sehen sind. In dieser Zeit sortiert der Vogelkörper die Inhaltsstoffe der aufgenommenen Nahrung. Kohlenhydrate werden zu Fett umgebaut und gehen, wie Fette, die schon die geeignete chemische Zusammensetzung haben, ins Depot unter die Haut. Und das Eiweiß? Es wird nicht einfach im Stoffwechsel weiter verbrannt, weil dazu eine entsprechende körperliche Aktivität nötig wäre, wenn die verfügbare Eiweißmenge über den Grundbedarf hinausgeht. Zudem liefert die Verbrennung von Eiweiß im Körper Reststoffe, deren Entsorgung aufwändig ist, weil sie zu Harnsäure umgebaut werden müssen. Ganz besonders problematisch sind die Schwefel enthaltenden Aminosäuren, da bei ihrem vollständigen Abbau im Vogelkörper sehr giftige Stoffe entstehen würden. Einen davon kennen wir als den Geruch von faulen Eiern – das ist der Schwefelwasserstoff; chemisch $H_2S$. Bei den hohen Innentemperaturen von über 40 Grad würde dieses Gift schon in geringen Konzentrationen Schäden verursachen. Nun riechen aber die Exkremente der meisten Vögel recht wenig, zumal wenn keine Nahrungsabfälle in ihrem ‹Mist› enthalten sind. Das liegt daran, dass so gut wie keine «Stinkstoffe» wie Schwefelwasserstoff oder Mercaptane ausgeschieden werden, die die

Fäkalien von Säugetieren und mithin auch von uns Menschen so «anrüchig» machen. Doch je größer der Eiweißanteil in der Nahrung, die vom Stoffwechsel aufgearbeitet wird, desto stärker sollten die Reste stinken, die als Exkremente den Körper verlassen. Das Raubtierhaus im Zoo vermittelt Kostproben für die Nase, aber auch das, was Katzen von sich geben, wenn es nicht von geruchsbindender Katzenstreu aufgenommen wird. Infolgedessen muss es für die Vögel einen anderen Entsorgungsweg geben, der verhindert, dass ihre Ausscheidungen auch bei hohem Gehalt an Eiweiß so wenig stinken. Dieser Weg läuft über die Feder. Denn wie ausgeführt, besteht das Gefieder aus Eiweiß, und die schwefelhaltigen Aminosäuren, die giftig wirken könnten und die in besonderer Weise zum Geruch der Fäkalien beitragen, bilden darin die Strukturen der Elastizität. Mit der Mauser entledigt sich der Vogelkörper dieser problematischen Teile der Nahrung, wenn vornehmlich Fett gespeichert werden soll. Wir können daher die Feder als eine andere Form der Ausscheidung von tatsächlich überschüssigem Eiweiß betrachten. Es wird nicht benötigt, um im Körper Abgenutztes zu ersetzen oder um zu seinem Wachstum beizutragen. Also muss der Überschuss ausgeschieden werden. Deswegen spielt es bei der Mauser keine Rolle, in welchem Erhaltungszustand sich die Federn befinden. Die für ein schnelles Federwachstum gespeicherten Aminosäuren werden auf diese Weise nutzbringend ausgeschieden, ohne im Stoffwechsel Schwierigkeiten zu bereiten. Das gilt insbesondere für den Wasserhaushalt. Denn die Vögel kommen mit extrem wenig Wasser zurecht, weil ihr Harn nicht dünnflüssig wie unserer ist, sondern eine breiige Konsistenz hat. Vögel sind auf sparsamen Umgang mit Wasser eingerichtet. Die Folgen, die sich daraus ergeben und die Möglichkeiten, die der sparsame Umgang mit Wasser eröffnet, wären zwar für eine vertiefte Behandlung sehr reizvoll, würden hier aber zu weit vom Kern des Themas wegführen. Für diesen können wir nämlich nun festhalten, dass die Erzeugung von Federn keineswegs von vornherein eine «kostspielige Angelegenheit» für den Vogel sein muss, sondern eine Notwendigkeit sein kann.

Wenden wir diese Erkenntnis nun auf unsere beiden Beispiele vom Pfau und vom Erpel an. Beim Pfau lassen sich die Federn des Rades zählen und wiegen. 100 bis 150 solcher Federn stellen zweifellos eine beträchtliche Menge Eiweiß dar, die in ihnen steckt. Sie wachsen zudem auch recht schnell heran. Das kostet Energie. Da sie als Federn nur sehr wenig Wasser enthalten, müssten sie mit anderen aus Eiweiß bestehenden Bildungen über deren Trockensubstanz verglichen werden. Doch das allgemeine Verhältnis besagt schon genug. Das Gefieder macht am Vogelkörper 5 bis über 10 Prozent des Gesamtgewichts aus. Damit können wir zumindest einen ungefähren Vergleich anstellen: Bei der Pfauenhenne macht das fertige Gelege 18 bis gut 20 Prozent ihres Körpergewichts aus. Davon entfallen, des hohen Wassergehaltes der Eier und des Gewichts der Schale wegen, auf die Eiweißstoffe (Proteine) 11 Prozent. Etwa 2 Prozent Proteinanteil an der Körpermasse der Henne sind somit in die Eier gegangen. Bei einem großen Vogel, wie beim Pfau, liegt der Gewichtsanteil des Gefieders im unteren Bereich der oben angegebenen Bandbreite, also nahe bei 5 Prozent. Machen die Schmuckfedern des Rades knapp die Hälfte vom Gefieder des Hahnes aus, so entspricht sein Prachtkleid im Proteingehalt ziemlich genau der Menge, die das Weibchen in die Eier gesteckt hat – ein eminent wichtiger Befund. Denn er bedeutet, dass der Pfau mit der Entwicklung seines Prachtgefieders denselben Aufwand betreibt wie seine Henne bei der Bildung der Eier und des Geleges. Auch der Energieaufwand dafür ist direkt vergleichbar. Die Herstellung der sehr rasch wachsenden, stark verlängerten Federn des Rades kostet ähnlich viel Energie wie die Erzeugung der Eier. Das ergibt sich aus der Betrachtung der Inhaltsstoffe der Eier. Denn auch sie bekommen reichlich Strukturproteine (3,3 Prozent in der sogenannten Kollagen-Matrix). Daraus bauen sich die Körperstrukturen des Hühnchens auf, das sich im Ei entwickelt. Sogar für das Bebrüten des Geleges finden wir eine direkte Entsprechung beim Pfauenhahn. Es ist dies sein heftiges Muskelzittern, wenn er die Schmuckfedern zum Rad aufstellt und mit diesen durch Schütteln des Körperendes «raschelt». Bei der Mauser werden all die aufwändigen Federn wieder abgeworfen und durch neue ersetzt. Auch das geschieht in demselben Zyklus wie die Gelegebildung bei den Hennen.

*Die Außenwirkung des Innenlebens*

Wie dargelegt, entspricht die Bildung des Prachtgefieders beim Pfauenhahn recht genau dem Aufwand der Henne für die Bildung ihres Geleges. Dieser bislang unberücksichtigte Befund rückt beide Geschlechter weit näher zusammen als das bei der ansonsten getrennten Betrachtung von Hahn und Henne geschieht. Es handelt sich beim männlichen und weiblichen Geschlecht eben nicht um verschiedenartige Lebewesen, sondern um die Partner einer Art, die einander für die erfolgreiche Fortpflanzung benötigen. Es gibt daher auch keinen grundsätzlich unterschiedlichen männlichen und weiblichen Stoffwechsel. Vielmehr wird das Geschehen im Körperinneren jeweils nur durch die Hormone modifiziert. Um es bildhaft auszudrücken: Was das Weibchen an Baustoffen für die Eibildung aus ihrem Körper abgibt, scheidet das Männchen über die zusätzliche Federbildung aus. In beiden Fällen verlässt das Material den Körper; denn die fertigen Eier stellen ebenso eigenständige Gebilde dar, die nicht mehr dem Stoffwechsel angeschlossen sind, wie die Federn, auch wenn diese noch monatelang am Körper getragen werden. Fertig ausgebildet, sind die Federn totes Material, das aus Proteinen hergestellt wurde. Nur solange sie wachsen, stehen sie in direkter Verbindung mit dem Stoffwechsel des Körpers. Dasselbe trifft für die Eier zu. Hat sich die Eischale mit ihren verschiedenen Schichten geschlossen, gehören sie nicht mehr zum Körper. Gerade so verhält es sich mit der Energie. Die Menge, die von der brütenden Henne an das Gelege abgegeben wird, ist für ihren Körper verloren. Die Energie, die beim balzenden Hahn in die Aufrichtung des Schwanzgefieders und in das Zittern fließt, lässt sich gleichfalls nicht mehr zurückholen und für andere Vorgänge einsetzen. Leichter nachvollziehbar ist dieser Energieverlust bei der Betrachtung von Balzflügen oder -kämpfen. Der Brachvogel, der wie im Vorwort geschildert, seine Schauflüge über dem Moor vollführt, gibt dafür Energie aus. Viele Balzflüge sind energetisch sehr aufwändig – viel aufwändiger als die zur Nahrungssuche nötigen Bewegungen der betreffenden Art. Der balzende Brachvogel fliegt keineswegs in der energetisch günstigsten Geschwindigkeit. Die fast senkrecht aufsteigende Lerche verwendet diese Flugweise niemals in Zusammenhang mit der Suche nach Nahrung. Die Turnierbalz der Birkhähne mit ihrem Springen, Drohen, Zischen und Kullern gehört überhaupt nicht in den Funktionskreis der Ernährung. Dasselbe gilt für die Gesellschaftsbalz der Erpel und natürlich auch für die anhaltenden, lauten Gesänge, die viele Vögel von sich geben. Das Singen kostet Energie, jedoch kostet es viel zu selten das Leben, um ein Handicap darzustellen. Vielmehr erhält es über die Verausgabung von Energie den Körper des Sängers in optimaler Kondition.

Wir können nun auch erklären, warum manche Vögel bei den Männchen so sehr in ein Prachtkleid investieren, andere in eine Schaubalz und wieder andere in Balzrufe und Gesang. Denn aus den oben angeführten Feststellungen ergibt sich, dass sich proteinreiche Nahrung besser für die Ausbildung spezieller Prachtkleider eignet, stärke-, fett- oder zuckerreiche aber für die Abarbeitung der Überschüsse durch (Balz-)Bewegung. Die Erpel von Enten mit extrem viel Protein in der Nahrung entwickeln sogar mehrere aufeinanderfolgende Prachtkleider. Ein gutes Beispiel dafür ist die vornehmlich von Kleinmuscheln lebende Eiderente *Somateria mollissima*. Die Weibchen «liefern» die besonders wärmenden Eiderdaunen. Sie zupfen sich diese aus dem Brustgefieder und polstern damit ihre Nester so gut aus, dass das Gelege auch unter den Bedingungen der nasskalten Witterung an den nordischen Küsten stundenlang warm bleibt. Die Erpel verändern derweil ihr Aussehen mehrfach, bis sie mit der sommerlichen Vollmauser ein weibchenähnliches Gefieder entwickeln. Ist die Nahrung aber proteinarm, entwickelt sich auch das normale Gefieder schon recht schwach. Enthält sie hingegen hohe Anteile von Kohlenhydraten, wie sie in der pflanzlichen Nahrung vorherrschen, werden die Männchen entsprechend viel Bewegung in ihre Selbstdarstellung bei der Balz mit einbauen. Hühnervögel, die von stärke- und eiweißreichen Pflanzensamen leben, können – wie der Pfau und die Fasane – beides miteinander verbinden, ein auffällig buntes Prachtgefieder und Balztänze.

Auf diese Weise liefert die Zusammensetzung der Nahrung gleichsam die Grundlinie für die Möglichkeiten, die den Männchen offenstehen. Wenn Proteine knapp sind, wird keine zusätzliche Federbildung stattfinden, und umgekehrt werden sich Männchen ohne viel Aufwand an körperlicher Aktivität zu Schau stellen, wenn Energie eher knapp ist. Somit entspricht auch dieser Befund ganz und gar nicht der Annahme eines Handicaps als Mittel der Wahl für die Eigenpräsentation der Männchen. Wir können sogar die jungen Männer, die mit Motorrädern herumrasen, hier anfügen, weil genau diese Form von Selbstdarstellung entsprechende Ressourcen voraussetzt. Wer sich kein Motorrad und das Benzin für das Fahren leisten kann, wird sich dieses Mittels auch nicht bedienen, sondern eher mit Liebesliedern oder geistvollen Briefen für sich werben. Bleiben wir aber bei den gut nachweisbaren Gegebenheiten in der Natur. Zum Menschen ist viel spekuliert worden und an dieser Stelle unserer

Ausführungen noch nicht ausreichend Grundlagenmaterial dargelegt, um auch ihn in die Betrachtung mit einzubeziehen. Denn mit dem Spektrum, das sich zwischen großem Eiweißüberschuss einerseits und viel verfügbarer Energie andererseits ausspannt, ist es noch nicht getan. Auf das Verhältnis zwischen Überschuss und Mangel lässt sich zunächst nur dasjenige ganz unmittelbar beziehen, was im Beispiel der Vögel von den Weibchen in die Eier und von den Männchen ins Gefieder gesteckt wird. Die Energie bedarf einer erweiterten Betrachtung. Denn nur bei Nestflüchtern, bei denen schon recht selbständige Junge aus den Eiern schlüpfen, endet für die Weibchen die erhöhte Energieausgabe im Wesentlichen mit dem Ende des Brütens. Danach unterscheidet sich ihr Energieumsatz nicht mehr so sehr von dem der Männchen, auch wenn sie einem weit größeren Risiko ausgesetzt sind, ihre Jungen, ihre Investition an Feinde zu verlieren oder ihnen selbst zum Opfer zu fallen.

Anders ist das, wenn die Jungen nach dem Schlüpfen aus den Eiern noch mehr oder weniger lange direkt mit Nahrung versorgt werden müssen. Dann stellt die Beschaffung dieser sehr beträchtlichen Mengen zusätzlicher Nahrung für die Jungenaufzucht eine weitere gewichtige Energieausgabe dar. Es liegt nun im Hinblick auf den Fortpflanzungserfolg umso mehr im Interesse der Männchen als Väter dieser Jungen, dass die Kleinen gut genug gefüttert werden und erfolgreich ausfliegen, je größer der tatsächliche Aufwand für sie ist. Müssen die Jungen, wie das bei den allermeisten Singvögeln der Fall ist, mit Kleininsekten gefüttert werden, so schafft das Weibchen dies alleine nur unter sehr günstigen Bedingungen eines Überflusses an Kleininsekten. In aller Regel klappt dies besser, wenn sich das Männchen am Füttern beteiligt. Häufig wird der Erfolg des Geleges auch durch Beteiligung des Männchens beim Bebrüten der Eier gesichert, weil diese dann nicht unbedeckt bleiben, wenn die Weibchen nach Nahrung suchen. Genügend Zeit für die Nahrungssuche zu haben, hält die Weibchen in guter Kondition, so dass sie nach dem Schlüpfen der Jungen in voller Intensität Futter beschaffen können. Je schneller sich die Eier entwickeln und je unfertiger die Jungen sind, die daraus schlüpfen, umso bedeutungsvoller wird ihre gemeinsame Versorgung durch beide Eltern. Die Folge dieses Trends ist, dass Männchen und Weibchen nicht nur äußerlich gleich aussehen oder einander sehr ähnlich bleiben, sondern dass sich auch kein wesentlicher Größenunterschied entwickelt. Denn die Männchen arbeiten in diesem Fall all das ab, was für sie als Überschuss ohne Beteiligung an der Brut bliebe. Die energetischen Ausgaben für den Gesang zur Gründung und Aufrechterhaltung des Brutreviers reichen aus, um bei ihnen eine stärkere Größenzunahme zu verhindern.

Vielfach unterscheiden sich Männchen und Weibchen allerdings noch in der Gefiederfärbung. Darauf wird im übernächsten Abschnitt näher eingegangen. Hier ist es wichtig, festzuhalten, dass bei etwa gleichem Energieaufwand für die Aufzucht des Nachwuchses weder großartige Formen von Prachtgefieder entstehen noch eine aufwändige Balz. In der Bilanz bleiben Männchen und Weibchen übereinstimmend. Und genau das ist mit allem Nachdruck zu betonen. Der Gesamtaufwand der Weibchen für die Fortpflanzung und der Männchen in ihrer unterschiedlichen Teilnahme daran gleichen sich in Verbindung mit Prachtkleid und aktiver Werbung aus. Das Männchen leistet (sich) nicht mehr als das Weibchen. Prachtkleid, Balzgehabe und Gesang sind Teil der Gesamtbilanz für beide Geschlechter. Dass aber die Selbstdarstellung der Männchen als Beitrag zur Fortpflanzung eine so große und so auffallende Rolle spielt, muss demzufolge in enger Verbindung mit dem gemeinsamen Produkt, mit den Nachkommen, stehen. Bunte Federn, Balz und Gesang sind kein Selbstzweck. Sie sind so sehr auf das weibliche Geschlecht ausgerichtet, dass wir sie auch nicht als bloße Abarbeitung von Überschüssen betrachten können, die sich bei den Männchen einstellen, weil ihr Stoffwechsel grundsätzlich gleich wie bei den Weibchen läuft. Balz und Gesang drücken keine Mußestimmung aus. Dafür reagieren die Kontrahenten viel zu heftig – mitunter bis zu tödlichen Kämpfen.

*Hirschgeweihe und Hirschkälber*

Für die Vögel hat sich ein schlüssiger Zusammenhang zwischen Aufwand der Weibchen für die Brut und den Prachtkleidern der Männchen ergeben. Ist das lediglich ein Sonderfall, der nur aus Federbildung und Gefieder der Vögel zu verstehen ist, oder hat dieses Prinzip eine weitergehende Gültigkeit? Wir können das über die Fortführung der Betrachtungen testen, die an das Hirschgeweih geknüpft worden sind. Die grundsätzliche Vergleichbarkeit zwischen der Trächtigkeit der Hirschkühe und der Geweihbildung bei den Hirschen ist bereits festgestellt worden. Doch was im Jahreskreis weitgehend parallel zueinander verläuft, muss nicht notwendigerweise einen direkten Zusammenhang haben. Deshalb ist es nötig, die bisherig «äußere» Betrachtung durch die innere zu ergänzen. Wie bei den Federn des Prachtgefieders ist die erste Frage, die sich stellt, woraus das Hirschgeweih besteht. Die Antwort ist klar: Aus Haut und Knochen. Die Haut, der Bast, hat das Geweih als Nährgewebe ausgebildet. Nachdem es gleichsam zur Abnabelung des Geweihs vom Körper gekommen ist, bleiben die nackten Knochen übrig. Sie bestehen wie die Knochen des Körperskeletts hauptsächlich aus Kalziumphosphat (gut 86 Prozent der Hartsubstanz) und Kollagen. Hieraus ergibt sich eine Übereinstimmung zu den Vorgängen in der Hirschkuh. Ihr Kalb besteht gleichfalls zu einem wesentlichen Teil aus Knochen. Das Skelett macht je nach Alter des Kalbes einen Anteil von 20 bis 25 Prozent aus. Ein zehn Kilogramm schweres Hirschkalb enthält also gut zwei Kilogramm Knochenmasse. Es wächst den Sommer über heran und wird dabei mit Milch versorgt. Diese enthält neben Proteinen und Fett auch das Kalzium und die Phosphate, die für Wachstum und weitere Ausbildung des Skeletts nötig sind. In der gesamten Zeitspanne vom Beginn der Skelettentwicklung im Embryo bis zum Abstillen fließt daher eine zusätzliche Kalziumphosphatmenge vom Muttertier ins Junge. Hat dieses beim Abstillen ein Körpergewicht von 40 bis 45 Kilogramm erreicht, so entfallen davon auf das Skelett (20 Prozent) acht bis neun Kilogramm. Das entspricht dem mitteleuropäischen Durchschnittsgewicht der Geweihe sieben bis neunjähriger Hirsche; die Junghirsche haben kleinere, erheblich leichtere, die großen starken Hirsche größere und schwerere. Bei starken alten Hirschen erreicht das Geweihgewicht durchaus zwölf Kilogramm und mitunter mehr. Doch dann sind die Hirsche auch schon über zwölf Jahre alt. Wenn alles gut lief, hat eine Hirschkuh in diesem Alter zehn Kälber bekommen. Summieren wir bis zu diesem Lebensalter die Jahr für Jahr gewachsenen Gewichte der Geweihe eines Hirsches, ergeben sich mit gut 80 Kilogramm genau die Skelettgewichte der entsprechenden zehn Kälber der gleichaltrigen Hirschkuh. Der Hirsch hat in dieser Zeit im Vergleich zum weiblichen Tier aber sein Gewicht wenigstens verdoppelt. Diese Proteinmenge macht rund die Hälfte der aufsummierten Kälbergewichte von zehn Jahren Nachwuchsproduktion der Hirschkuh aus. Verwenden wir allein die Geburtsgewichte, so übertrifft die Gewichtszunahme des Hirsches die Investition der Hirschkuh. Das ist zwangsläufig so, denn der

Aufwand für die Milchproduktion blieb bislang unberücksichtigt. Setzen wir für die Milchmenge etwa ein Drittel des Entwöhnungsgewichtes der Kälber an, so hat eine 70 Kilogramm schwere Hirschkuh mit alljährlich einem Kalb nach einem Jahrzehnt zusätzlich 150 Kilogramm erzeugt. Bei gleicher Leistung seines Stoffwechsels würde der Hirsch 220 Kilogramm Gewicht erreicht haben. Solche Körpergewichte sind zwar durchaus möglich, sie liegen aber erheblich über den Durchschnittswerten von 120 bis 170 Kilogramm, wie sie in Mitteleuropa für Rothirsche von elf und mehr Jahren festgestellt worden sind. Die 50 bis 100 Kilogramm Unterschied entsprechen dem Aufwand an Energie, den der Hirsch bei der Brunft zu tätigen hat. Der Energieverbrauch wird beim Platzhirsch so hoch, dass dieser nach der Brunft stark abgemagert ist. Die jüngeren Hirsche hingegen wachsen dank des sich im Körper ansammelnden Überschusses schnell heran. Sie überholen die Hirschkühe, deren Gewicht schon ab einem Alter von etwa sechs Jahren bei 60 bis 80 Kilogramm bleibt, bereits ab dem dritten Jahr und sind mit über zehn Jahren rund doppelt so schwer wie diese. Somit verteilt sich beim Rothirsch – ganz entsprechend wie beim Pfau – der Überschuss im Stoffwechsel, der während des Heranwachsens der Jungen der Hirschkühe zustande kommt, in zwei Kanäle. Einer führt in die Bildung des Geweihs. Er entsorgt die Materialmenge, die auf die Bildung des Skeletts bei den Jungtieren entfallen würde. Der andere baut weitere Körpermasse auf, arbeitet diese aber in späteren Jahren bei der Brunft über hohe Energieausgaben wieder zum Teil ab. Das beginnende Kräftemessen der Junghirsche wie später auch die ernsten Kämpfe der großen Hirsche fügen sich auf diese Weise in den Energiehaushalt ein. Wie in den Beispielen aus der Vogelwelt kommt ein insgesamt gleicher Gesamtaufwand für Hirsch und Hirschkuh zustande. Auf ein einzelnes Jahr bezogen, können zwar stärkere Abweichungen auftreten. Aber diese gleichen sich langfristig aus. Deswegen zählt bei diesen langlebigen und großen Tieren letztendlich die Gesamtbilanz für das ganze Leben. Eine einzelne Fortpflanzungsperiode besagt zu wenig.

In dieses Beziehungsgefüge passen die verschiedenen Formen der Fortpflanzung in der Familie der Hirsche. Kämpfen die Hirsche wochen- oder gar monatelang um einzelne Hirschkühe und gibt es für die meisten von ihnen alljährlich Möglichkeiten zur Fortpflanzung, nimmt ihr Körpergewicht im Vergleich zu den weiblichen Tieren ihrer Art nicht so stark zu. Die Brunftrudel fallen klein aus oder fehlen ganz. Verteidigt wie beim Reh ein Bock die ganze Brunftzeit über dauerhaft ein festes Revier, so gibt es überhaupt keinen Harem, nur geringe Unterschiede im Körpergewicht und kleine Geweihe. Auf Dauer paarweises Zusammenleben vermindert den Unterschied weiter bis auf gering ausgeprägte Geschlechtsmerkmale des Männchens. Große Brunftrudel bilden sich, wenn die Brunftzeit kurz und hochgradig synchronisiert ist. Beim Rothirsch dauert sie nur ein Viertel bis gegen ein Fünftel der Zeit, in der Elchbullen umherziehen und nach Weibchen suchen, die brunftig geworden sind. Allein dieser Aufwand erfordert Energie, die beim Rothirsch gegebenenfalls in die dichte Folge von Kämpfen gegen die Rivalen investiert werden kann. Beim kleinen Rehbock kann die Brunftzeit ein Viertel seines Jahres-Energiebudgets ausmachen. Sie fällt zudem in die Zeit des Frühsommers mit reichlich verfügbarer Nahrung. Da werden die Hirsche gerade fett, so dass die Jägersprache diese Zeit die Feistzeit nennt. Während der Brunft im Herbst brauchen sich die Rothirsche nicht auf die Suche nach den Hirschkühen zu begeben. Diese sammeln sich von selbst am Brunftplatz.

Welche Details man auch immer näher betrachtet, sie stehen alle in Zusammenhang mit Ernährung, Zuteilung der verwerteten Nahrungsstoffe und dem Energiebudget. Wird an einer Stelle eingespart, zum Beispiel an der aufwändigen Verteidigung eines Reviers, kommt es dafür am gemeinschaftlichen Balz- oder Brunftplatz zu umso heftigeren Kämpfen oder zu ritualisierten Darbietungen. Entstehen keine Bildungen, wie die Hirschgeweihe, die alljährlich wie das Prachtgefieder zur Balz auch wieder abgeworfen werden, investieren die männlichen Tiere mehr in die Revierverteidigung oder in die Dauer der Rivalenkämpfe und werden mit den Jahren erheblich größer als die Weibchen. Deshalb können wir das Geschehen auch als ein Nullsummenspiel betrachten. Jede Verstärkung auf der einen Seite bedeutet eine entsprechende Minderung auf der anderen. Verausgabt wird, was vorher angespart worden ist. Wie, das ergibt sich aus der ökologischen Lage. Begünstigen Lebensraum und Ernährung die Ansammlung von Proteinüberschüssen, verlagert sich die Fortpflanzung auf kleine, hilflose Junge in größerer Zahl und / oder häufigere Geburtenfolge, so etwa bei kleinen, von proteinreichen Insekten lebenden Singvögeln oder bei den Fleisch verzehrenden Raubkatzen. Ausfälle im Nachwuchs lassen sich dank der Verfügbarkeit der benötigten Grundstoffe für die Erzeugung von Nachwuchs leichter ersetzen als bei Tieren, die von proteinarmer Kost leben. Diese brauchen viel länger, bis die benötigten Reserven im mütterlichen Körper aufgebaut sind. Solche Tiere bringen weniger, dafür aber in der Entwicklung erheblich weiter fortgeschrittene Junge zur Welt. Sie werden intensiver verteidigt, weil ihr Zustandekommen viel aufwändiger war. Welche Form der Fortpflanzung unter den gegebenen Umständen letztlich die günstigste ist, ergibt sich aus dem Überlebenserfolg des Nachwuchses bis zum Erreichen der eigenen Fortpflanzungsfähigkeit. Das Verhalten der Väter und ihr Beitrag zur Fortpflanzung lassen sich nicht davon abgelöst interpretieren. Genau das geschieht aber, wenn so getan wird, als ob die Geschlechter unterschiedliche Ziele verfolgen würden. Auch wenn das so aussehen mag, so konvergieren die Vorgehensformen der Männchen und Weibchen doch letztlich zum Erfolg des gemeinsamen Nachwuchses. Akzeptieren wir dies als «letztliche Ursache» (ultimate cause), so heißt das, dass die Männchen nicht betrügen und dass sich die Weibchen bei ihrer Partnerwahl an zuverlässigen Kriterien orientieren können sollten. Oder, zusammengefasst, dass «das Spiel der Fortpflanzung» ein «faires Spiel» ist. Wie sonst hätte es im Verlauf der Evolution Bestand haben können?

*«Ein faires Spiel»?*

Sind Hirsche «Angeber»? Was drückt ihr Geweih aus? Was bedeutet es, dass es als Leistung des Stoffwechsels dem Skelett der im Mutterleib heranwachsenden Hirschkälber entspricht? Stellt das Geweih eine «Leistung» dar, an der sich die Hirschkühe orientieren können? Die Körpergröße allein könnte doch auch genügen. Die Gleichung würde dann lauten: starker Hirsch = guter Hirsch. Für die Hirschkühe käme es lediglich darauf an, sich dem Hirsch zuzuwenden, der sich als stärkster in der Konkurrenz durchsetzt. Oder aber, wie beim Elch, sich von einem Hirsch umwerben zu lassen, wenn es bei ihnen so weit ist. Der Blick auf den Elch zeigt jedoch sogleich die Grenzen auf. Er übertrifft mit seiner Körpermasse den Rothirsch bei weitem. Ein Geweih entwickelt er auch. Dieses erreicht erheblich größere Maße durch die Verbreiterung zur Schaufelbildung und wird doppelt so schwer wie das Rothirschgeweih. Das Geweihgewicht steigt mit zunehmendem Körpergewicht der Hirsche entsprechend (= allometerisch) an. Dass die Gewichtszunahme nicht ein-

fach weitergehen kann, ohne ungünstige Folgen nach sich zu ziehen, hat
das Aussterben des Riesenhirsches gezeigt. Die Vorteile der Größe schlagen rasch um zum Nachteil eines (zu) hohen Nahrungsbedarfes. Wenden wir diesen Zusammenhang auf den Rothirsch an und verfolgen wir
seine tatsächliche und die mögliche Gewichtsentwicklung, wenn kein
Geweih ausgebildet würde. Im Alter von zwei Jahren hat er unter mitteleuropäischen Lebensbedingungen bereits durchschnittliche 60 Kilogramm erreicht. Das kleine «Spießer»-Geweih, das er trägt, stellt noch
keinen nennenswerten Anteil an seinem Körpergewicht. Mit vier bis fünf
Jahren wiegt er aber trotz zunehmender Geweihgröße schon 100 Kilogramm. Ohne die Masse, die ins Geweih geht und mit diesem abgeworfen wird, wären es mindestens 120, nach zehn Jahren aber bereits
360 Kilogramm, ginge alles, was die Hirschkuh an ihre Kälber abgibt,
beim Hirsch vollständig in die Körpermasse. Sollte er sein «biologisches
Alter» von 20 Jahre erreichen, das für ihn durchaus möglich wäre, wenn
er nicht vorzeitig abgeschossen würde, überträfe er jeden Elch. Er wäre
in die obere Gewichtsklasse des Riesenhirsches gekommen. Ganz offensichtlich würde die bloße Gewichtszunahme sehr bald nachteilig. Das
ließ sich einfacher für den auf das Fliegen angewiesenen Pfauenhahn darlegen als für den Rothirsch. Doch wenn wir uns an dessen Weibchen orientieren und das Doppelte bis höchstens Dreifache ihres Gewichts als
zulässige Obergrenze für den Hirsch annehmen, so kommt genau die in
der Natur festgestellte Größe alter Hirsche zustande. Haben sie diese
erreicht, beginnen sie «zurückzusetzen». Die Ausbildung eines großen
Geweihs und umfangreiche Brunftaktivitäten lassen sich somit als Notwendigkeit einstufen. Beide Wirkungen halten den Hirsch in der richtigen Kondition, nachdem er die reife Größe erreicht hat. Die Hirschkühe müssen demnach gar nicht wählen, weil sich der passende Zustand
für den Platzhirsch ganz von selbst ergibt. Seine Tauglichkeit weist er
durch die Siege im Kampf mit den Rivalen nach.

Vieles deutet darauf hin, dass es sich mit dem Hirsch für die Hirschkühe wirklich so verhält. Die Stärke ist es, die zählt. Der Sieger gewinnt
sie alle, die sich zum Weibchenrudel zusammengeschlossen haben. Allerdings erklärt sich hieraus noch nicht die Form des Geweihs. Seine Größe
mag einfach der jeweiligen Körpermasse der Hirsche entsprechen. Gilt
das aber auch für die Form? Das kann durchaus der Fall sein. Denn es wird
ja zum Rivalenkampf eingesetzt, sobald die Stangen die dafür passenden

Verzweigungen («Sprossen») ausgebildet haben. Am besten verhaken sich die Geweihe, wenn sie einander ähnlich gebildet sind. Dann besteht auch nicht die Gefahr, dass sich die Kämpfer, die mit zu großer Wucht aufeinander geprallt sind, nicht mehr voneinander lösen können. Das geschieht zwar manchmal, aber selten. Wie schon betont, entwickelt sich das Hirschgeweih zwar sehr symmetrisch, aber nicht unbedingt perfekt spiegelsymmetrisch. Deshalb gibt es die Zwölfender, … Achtzehn-, Zwanzigender und so fort bis zur Höchstzahl der Sprossen einer Geweihstange, die bei den sogenannten Kronenhirschen bis zu 13 erreicht und damit Sechsundzwanzigender ergibt – oder auch Fünfundzwanzigender, wenn eine Stange eine Sprosse weniger hat. Allein das Heranwachsen der Geweihe über die Jahre bringt eine große Variabilität mit sich, so dass sich im Herbst, zur Brunftzeit, die Hirsche an Körpergröße und Geweihform unterscheiden. Doch da die Hirsche im Alter von acht bis zehn Jahren ihr Körpergewicht im Wesentlichen erreicht haben, bringt die sich noch bis zum etwa zwölften Lebensjahr erstreckende Vergrößerung der Geweihe zusätzliche Unterschiede.

Nehmen wir nun an, wie das verbreitete Ansicht ist, die Hirschkühe wählen nach beiden Kriterien, der Größe der Hirsche und der Größe und Form ihrer Geweihe. Welche biologischen Qualitäten drücken sich dann in der Wahl aus? Zunächst geht aus der Körpergröße ganz unmittelbar hervor, dass der Hirsch voll erwachsen ist. Dann aber, über das Geweih, dass er sich im Zustand des Erwachsenseins schon mehrere Jahre lang befindet. Er hat also nicht nur bis zum Erreichen der vollen Körpergröße überlebt, sondern sich danach auch noch mehrere Jahre lang weiter behauptet. Im Sinne Darwins ‹Überleben der Tauglichsten› ließe sich dieser Befund durchaus als Qualitätssignal verstehen. Ein Hirsch, der diesen Zustand erreicht hat, war nicht nur so fit, dass er alt genug wurde, um sich als Platzhirsch zu qualifizieren, sondern er hat sich zudem so fit gehalten, dass er in der Ausbildung seines Geweihs entsprechend zulegte. Beides zusammen ergibt ein klares Qualitätskriterium für die Hirschkühe. Sie können diesen Hirsch als Vater für ihre Kälber wählen. Was das Geweih nach Erreichen der vollen Körpergröße ausdrückt, würde somit der Sexuellen Selektion zuzuordnen sein. Allerdings mahnen andere Befunde zu skeptischer Vorsicht mit dieser Deutung. Denn auf die Hirschkühe wirken offenbar Hirsche besonders attraktiv, die in sehr tiefer Stimmlage röhren, auch wenn ihr Geweih weniger Enden zählen und nicht so «schön» kronenhaft ausgebildet sein sollte. Das Urteil der Jäger in der Bewertung der Hirschgeweihe überlagert sich mit dem der Hirschkühe, denen oft gar nicht so große Wahlmöglichkeiten belassen worden sind. Denn die Jäger merzen aus, was nicht in ihre Vorstellungen vom «gekrönten Hirschhaupt» passt. In Phrasen, wie «der Hirsch, der König des Waldes» und «der edle Hirsch», kommt diese eher züchterische Beurteilung der Hirsche zum Ausdruck. Wir müssen also damit rechnen, dass unsere menschlichen Urteile zu Schönheit und Attraktivität des Hirschgeweihs nicht unbedingt identisch mit der Sichtweise der Hirschkühe selbst sind. Lassen wir daher vorerst offen, ob ein «schöner Hirsch» auch ein guter Vererber ist.

Mit den Säugetieren als Forschungsobjekte tun wir uns nicht zuletzt deshalb schwer, weil die meisten von ihnen, gerade solche Arten, die frei bei uns leben und die als «Wild» bezeichnet werden, in ihren Sinnesleistungen meist sehr verschieden von uns Menschen sind. Welchen Anteil für die Hirschkühe das Röhren der Hirsche, also die Stimme, oder auch ihr Geruch, der von männlichen Sexualhormonen geschwängerte Körpergeruch der siegreichen Platzhirsche, in ihrer Beurteilung einnimmt und was tatsächlich auf den optischen Eindruck entfällt, können wir ohne aufwändige Zusatztechnik nicht abschätzten. Wir urteilen nach unserem Eindruck und dieser wird eben sehr stark von dem bestimmt, was wir sehen. In diesem Ausschnitt der Sinneswahrnehmungen beeindrucken uns am Hirsch seine Form, die Größe und ganz besonders das Geweih. Ob das auch die entscheidenden Kriterien für die Hirschkühe sind, wissen wir nicht. Sicher können wir nur sein, dass unsere Farbtüchtigkeit in der Rot-Grün-Unterscheidung im Zusammenhang mit Hirschbrunft und Geweih keine Rolle spielt. Wenn die Hirschkühe überhaupt auf Körper- und Geweihform sowie seine Größe achten, dann sehen sie dies wohl recht ähnlich wie wir. Wechseln wir daher, nachdem sich die Frage nach den tatsächlichen Kriterien der Weibchenwahl beim Rothirsch nicht so ohne weiteres klären lässt, wieder zu den Vögeln. Mit diesen verbindet uns weit mehr im Optischen als mit den Säugetieren.

*Echte und falsche Farben*

Nehmen wir nun die Sache mit den Federn aus dem vorletzten Kapitel wieder auf. Bei ihrer Behandlung war noch unberücksichtigt geblieben, dass sie meistens auch Farben enthalten. Gerade deswegen wirkt das Prachtgefieder so eindrucksvoll. Farben in den Federn kommen auf zwei völlig unterschiedliche Weisen zustande. Sehen wir eine farbige Feder, so nehmen wir in aller Regel an, dass ein Farbstoff eingelagert ist. In vielen Fällen stimmt das auch, vor allem, wenn es sich um Farben aus dem Rot- und Gelbbereich oder um Brauntönungen handelt. Blau und Grün gehören seltener zu den echten Farben. Und bei schillernden Farben können wir annehmen, dass sie der anderen Möglichkeit, Farbwirkung zu erzeugen, zuzuordnen sein werden. Es sind dies die sogenannten Strukturfarben. Feinste Strukturen im Keratin der Feder erzeugen die Farbwirkung durch Lichtbrechung. Somit handelt es sich in diesen Fällen nicht um echte Farben. Ihre Intensität und vielfach auch der Ton ihres Glanzes oder Schillerns verändern sich mit dem Winkel des Lichteinfalls. Ohne auf Details einzugehen, auf die es hier nicht ankommt, können wir eine klare Verallgemeinerung vornehmen. Echte Farben, Pigmentfarben, stammen von echten Farbstoffen, Pigmenten, die in die Federn während ihres Wachstums eingelagert worden sind. «Falsche» Farben, Strukturfarben, entstehen durch unvollständige Ausbildung von Teilen der Federn und stellen daher, überspitzt ausgedrückt, Mangelbildungen dar. Diese Unterscheidung ist wichtig, weil sie uns im konkreten Fall die Richtung vorgibt, der wir zu folgen haben, wenn wir den Unterschied im Gefieder von Männchen und Weibchen verstehen möchten. Beginnen wir mit den echten Farben.

Bei den Farbstoffen handelt es sich um chemisch komplexe Gebilde. Ihre kleinsten Bauteile, die Farbstoff-Moleküle, sind so groß, dass sie das Licht, das auf sie trifft, teilweise in sich aufnehmen (absorbieren). Was übrig bleibt vom Spektrum des sichtbaren Lichtes nehmen wir als Farbe wahr. Ein roter Farbstoff hat also alle übrigen Wellenlängen des Lichtes aufgenommen (und meistens auch verändert, so dass sie, gleichsam abgebremst in ihrer Frequenz, in Wärmestrahlung, Infrarot, umgewandelt worden sind) und nur das Rot durchgelassen oder zurückgestrahlt. Rot bleibt daher Rot, gleich von welcher Seite und Richtung man den roten Farbstoff ansieht. Entsprechendes gilt für Gelb, Orange und all die anderen Farben, soweit es sich eben um echte Farben handelt. Werden Gelb und Blau gemischt, entsteht Grün. Auch solche Effekte, Mischfarben, können zustande kommen. Die mit Abstand bedeutendsten Farbsubstanzen, die für die Vögel und ihre Federn eine Rolle spielen, sind die Melanine. Bei Einlagerung dieser Stoffe in die Federn entsteht, je nach Konzentration, Braun in allen Tönungen bis hin zum völligen Schwarz. Das «tarnfarbene» Gefieder vieler Vogelweibchen und der Ruhekleider der Männchen beruht auf der Einlagerung von Melaninen in die Federn. Chemisch bestehen sie aus sogenannten Phenolkörpern, ringförmigen, sehr stabilen Kohlenwasserstoffverbindungen, die in eigenen Zellen, den Melanozyten, hergestellt werden. Sie liegen in einer Zwischenschicht der Haut. Von diesen Zellen aus werden die gelblich bräunlichen oder ganz schwarzen Gebilde (Granula) bei der Bildung der Federn in diese eingeschleust. Die winzig-stäbchenförmigen, sehr festen «Eu-Melanine» erzeugen dann die Schwarzfärbung der Federn, wie wir dies von den Krähen oder vom Amselmännchen kennen. Sie enthalten die Aminosäure Tyrosin. Eine andere, gelblich hellbraune Form der Melanine ist winzig-kugelförmig ausgebildet. Sie werden als «Phaeo-Melanine» von den schwarzen unterschieden, weil sie bräunliche Tönungen im Gefieder verursachen und leichter löslich sind. In ihre Bildung ist die Aminosäure Cystein mit einbezogen.

Diese kurzen Hinweise auf die Chemie der braunen und schwarzen Färbungen im Gefieder lassen erkennen, dass es sich dabei um eine Ausscheidung handelt. Denn chemische Stoffe, die Phenolringe enthalten, wirken auch auf uns Menschen giftig. Sie sind im Stoffwechsel «problematisch», weil sie sich nur mit erhöhtem Aufwand an Energie abbauen lassen. Bei diesem Abbau können giftige Zwischen- oder Endprodukte entstehen. Wir haben hier also die Parallele zur Federbildung. In diese steckt der Vogelkörper, wie ausgeführt (siehe Seite 125 f.), die Reste von Proteinen aus der Nahrung, die schwefeltragende Aminosäuren (Methionin, Cystin und Cystein) enthalten. Die «Schwefelbrücken» (chemisch: Disulfidbrücken) aus dem Cystin erzeugen die Elastizität im Keratin der Feder. Ein Teil des Cystins wird auf diese Weise nutzbringend entsorgt. Ein weiterer landet ebenfalls in der Feder – über die Bildung von Melanin. Wie wichtig dieser Weg im Stoffwechsel ist, geht daraus hervor, dass die Zellen, in denen die Melaninsynthese stattfindet, bereits in der frühen Embryonalentwicklung im Nervenrohr (Neuralleiste) als Melano-blasten gebildet werden. In diese speziellen Zellen wandern besondere Gebilde ein, die Melanosomen. Sie werden darin zu «Organen in der Zelle» (Organellen) und führen nun die Herstellung der schwarzen und braunen Farbstoffe durch. Eine der Hauptwirkungen der Melanine kennen wir von uns selbst, denn auch in unserer Haut findet Melanin-Synthese statt. Wir nennen den Vorgang Bräunung. Sie dämmt die Wirkung der kurzwelligen Ultraviolettstrahlung, die für die Hautzellen zerstörerisch wäre. Die Vögel sind dank der doppelten Schutzwirkung von Melaninen im Gefieder und dem Keratin der Federn selbst weit besser vor der UV-Strahlung als wir geschützt. Sie können deshalb der Sonne nahe kommen, in großen Höhen fliegen und auf Gebirgen leben, wo die Strahlung ohne besonderen Schutz lebensgefährlich wäre. Wir Menschen würden an Hautkrebs erkranken. Andererseits können es sich die Vögel auch leisten, in UV-armen Regionen «weiß» zu werden, das heißt keine Melanine in die Federn einzulagern. Das geht vor allem dort, wo das Gefieder sehr dicht entwickelt ist, wie gerade in den kalten Polarregionen und im Hochgebirge. Säugetiere, Kriechtiere und Lurche, die unter hoher Strahlungsintensität im Gebirge leben, lagern ganz entsprechend viel Melanin in ihr Haarkleid (Säuger) bzw. unter die Haut (Schlangen, wie die schwarze Form der Kreuzotter *Vipera berus,* und der Alpensalamander *Salamandra atra*) ein. Doch diese Schutzwirkung ist nachträglich zustande gekommen. Sie hat es den stark pigmentierten Lebewesen ermöglicht, Lebensräume zu besiedeln, die sie sonst wegen der darin herrschenden Strahlung hätten meiden müssen. Das Ursprünglichere ist die Entsorgung komplexer chemischer Verbindungen aus dem Körper, die mit der Nahrung im Übermaß gekommen sind. Alle Melanine, die ins Gefieder abgelagert worden sind, scheidet der Vogelkörper mit der nächsten Mauser vollends aus. Neue stehen genug zur Verfügung. Deshalb treten in der Natur weit häufiger Schwärzlinge (melanistische Mutanten) als Weißlinge (echte Albinos ganz ohne Melanine oder Gelblinge mit nur schwacher Melaninproduktion) auf. Die Schwärzlinge zeigen im Gegensatz zu den Albinos keine Beeinträchtigungen in ihrer Lebenstüchtigkeit. Man hält sie sogar, wie die Rappen bei den Pferden oder die Schwarzen Panther/Jaguare als Schwärzlinge des Leoparden und des Jaguars, für besonders «feurig» oder gefährlich.

Bei Tieren mit einfacher Haut, wie beim Alpensalamander oder bei den schwarzen Kreuzottern, wird das Melanin auch einfach abgelagert. Muster entstehen keine oder selten. Eher kommen Variationen in der Intensität von Schwarz oder Braun in Richtung heller oder dunkler zustande. Der Vorteil des Vogelgefieders besteht im Vergleich dazu darin, dass während der Entwicklung der Feder das Melanin schubweise abgegeben werden kann. So entstehen Abfolgen von Dunkel und Hell in Mustern, die wellenförmig, geradlinig, unscharf oder scharf gegeneinander abgegrenzt sein können. Schneller wachsende Gefiederpartien und große Federn erhalten mehr Melanin als kleine und langsame. Auf diese Weise werden insbesondere die Federn des Fluggefieders zumeist dunkler oder fast schwarz, während das Konturgefieder am Körper und das Kleingefieder heller und feiner gemustert bleiben. Wiederum kommt mit den unterschiedlichen Mengen an Melaninzuteilung ein höchst bedeutender Sekundäreffekt zustande. Federn mit viel Melanin werden hart und widerstandsfähig. Solche mit wenig oder ohne Einlagerung bleiben «flaumweich». Die sehr hellen oder weißen Daunen wärmen am besten, weil sie am weichsten und elastischsten sind. Mit den schwarzen Schwungfedern der Flügel lässt sich kein besonders wärmendes Federbett machen. Die Einlagerung von Melaninen erweitert demnach die Funktionsmöglichkeiten für das Gefieder. Es nimmt daher nicht wunder, dass das Alterskleid der meisten Vögel nicht nur härter, sondern auch dunkler ist. Denn sie haben mehr Grundstoffe für die Melaninbildung zur Verfügung und zu entsorgen.

Was für die Melanine gilt, trifft auch für andere Farbstoffe grundsätzlich zu. Rot und Gelb stammen meistens von uns gleichfalls wohl bekannten Stoffen ab, nämlich von den Carotinoiden. Wir schätzen sie aus guten Gründen als Inhaltsstoffe von Karotten, denen sie den charakteristischen Farbton ‹Karottenrot› oder ‹-gelb› verleihen. Auch bei den Carotinoiden handelt es sich um chemisch komplexe Stoffe. Ihre besondere Bedeutung bedarf einer ausführlicheren Behandlung. Sie folgt bei der Betrachtung des Dotters im Vogelei. Hier unmittelbar anzuschließen sind einige weitere Pigmente, die leuchtende Farben verursachen. Zu ihnen gehören die Porphyrine; intensiv rote Farbstoffe, die chemisch unserem Roten Blutfarbstoff, dem Hämoglobin, nahestehen. Braune und gelbe Farben können von Blattfarbstoffen, den Xanthophyllen, stammen. Der gelbe Kanarienvogel trägt im Gefieder ein solches ‹Kanarien-Xanthophyll›. Manche dieser Farben gehen durch geringfügige chemische Veränderungen von

Gelb in Rot über. Die Vielfalt ist groß, das Prinzip dahinter aber vergleichsweise einfach. Alle diese bunten Farben fehlen dem Exkrement der betreffenden Vögel. Da sie aus der Nahrung stammen oder, wie die Melanine, aus Bestandteilen davon aufgebaut und chemisch unschädlich gemacht werden, verlassen sie den Körper mithin auf die für uns ungewöhnliche Weise über die Haut. Nur in besonderen Fällen, die uns auch deswegen auffallen, färbt die Nahrung das Vogelexkrement. Zwei Beispiele hierzu sind allgemein bekannt. So scheiden die auf den Rasenflächen in Stadtparks grasenden Gänse den grünen Blattfarbstoff, das Chlorophyll, nur wenig verdunkelt in bräunlich grüner Form wieder aus. Ihre Verdauung verläuft so schnell wie unvollständig. Die aufgenommene Nahrung bleibt nur kurze Zeit im Körper. So kommt es nicht zum vollständigen Abbau und zur Übernahme der Inhaltsstoffe in den Körper. Den zweiten wohlbekannten Fall liefern die Amseln und einige andere Vögel aus der Verwandtschaftsgruppe der Drosseln im Spätsommer, wenn die Holunderbeeren reifen. Die Kleckse, die sie hinterlassen, wenn sie sich an den blauschwarzen Beeren gütlich tun, bleiben bestens sichtbar an den darunter geparkten Autos kleben.

Beide Beispiele, die Gänse wie die Drosseln, zeigen, dass bei vielen Vögeln die Verdauung schneller als bei Säugetieren verläuft. Das hängt mit ihrer hohen Körperinnentemperatur zusammen. Sie liegt, wie schon ausgeführt, um drei bis fünf Grad über den bei Säugetieren üblichen Werten und reicht mit 42 Grad Celsius an die Todesgrenze. Ein derart intensiver Stoffwechsel will wie ein loderndes Feuer beheizt sein. Der Umsatz an Energie ist daher bei den Vögeln doppelt bis mehrfach so hoch wie bei Säugetieren. Der Bedarf hierfür lässt sich nicht mit gemütlicher, gründlicher Verdauung decken. Ein rascher Entzug der Stoffe aus der aufgenommenen Nahrung, die der Körper braucht, ist zumeist günstiger als eine gründliche Verdauung. Das hat Vorteile. So können kleine Singvögel, wie etwa unsere Grasmücken, die für uns hoch giftigen, knallroten Beeren des Seidelbasts ohne Schaden zu nehmen verzehren. Sie schleusen diese so schnell durch ihren Körper, dass die chemisch komplexen Giftstoffe gar nicht erst ins Blut gelangen. Müssen die Vögel aber Stoffe aufnehmen, deren Abbau und Entgiftung viel zusätzliche Energie kosten würden, stellt die Ausscheidung über die Haut die bessere Lösung dar. Genau das geschieht mit den ansonsten unergiebigen, eher riskanten Farbstoffen und den Phenolverbindungen, aus denen die Melanine hergestellt werden. Der Ausscheidungsweg über die Haut und in die Federn stellt eine elegante Lösung der Problematik hochkomplexer und vielleicht auch giftiger Stoffe dar, derer sich ein auf Höchsttouren des Stoffwechsels laufender Körper zu entledigen hat. In diesem Zusammenhang ist nochmals auf die Aminosäuren zu verweisen, die Schwefel enthalten, weil bei deren vollständigem Abbau der sehr giftige Schwefelwasserstoff H2S entstünde. Auf die Melanine werde ich später zurückkommen, wenn es um das Haar des Menschen und die Hautfarben geht. Es genügt, hier für die Säugetiere zu ergänzen, dass Melanine bei ihnen über die Haare abgeschieden werden und kleine, ebenfalls mit «hohen Touren» im Stoffwechsel arbeitende Säugetiere meistens ein mehr oder weniger intensiv schwarzes Fell tragen. Bei den in der Dunkelheit und im Dickicht des Bodens in Wald und Gebüsch lebenden und nach Nahrung suchenden Spitzmäusen mag man das (auch) als eine Tarnung betrachten, aber beim unterirdischen Maulwurf ergibt das samtige Schwarz seines Fells keinen Sinn. Kommt er doch einmal an die Oberfläche, fällt es eher auf, als dass es tarnt. Mit über 39 Grad Celsius Körpertemperatur hat er im Vergleich zu uns Menschen regelrecht hohes Dauerfieber. Die viel kleineren Spitzmäuse nähern sich mit bis zu 42 Grad den Höchstwerten bei den Vögeln. Sie verbrauchen jedoch im Gegensatz zu diesen pro Tag das eigene Körpergewicht an Nahrung. Von diesen Extremen abgesehen, verdauen die meisten Säugetiere langsamer und ausgiebiger. Ihre Exkremente stinken – auch darauf habe ich bereits hingewiesen. Farbstoffe in der Nahrung und als Ergänzung dazu nutzen wir sehr gezielt. Das Beispiel der so gesunden (!) Karotten lässt sich erweitern mit roten Farbstoffen, zum Beispiel aus Rotwein oder von rotem Weinlaub. Diese Farbstoffe werden geschätzt wegen ihrer Wirkung als Beseitiger der sogenannten Freien Radikale im Stoffwechsel. Sie schützen damit in gewissem Umfang vor krebserregenden Stoffen und vor dem vorzeitigen Altern. Karotten gelten in noch umfangreicherer Weise als Heilmittel. Insbesondere Babys sollen durch verstärkte Versorgung mit den Inhaltsstoffen der Karotten widerstandsfähiger gegen gewöhnliche Infektionen werden. Mitunter scheint es, dass die Mütter davon ausgehen: Je gelber das Baby, desto gesünder ist es.

Damit sind wir wieder bei den gelben und roten Farbstoffen angelangt, die in der Vogelwelt so stark verbreitet sind. Die Carotinoide gehören nämlich nicht zu den «problematischen», sondern zu den lebenswichtigen Stoffen für die Vögel. Sie stecken in jedem Vogelei, und zwar im

Dotter. Seine gelbe oder rotgelbe Farbe rührt davon. Was bedeutet sie? Das weiß man erst seit kurzem. Dabei erfreuten sich seit jeher Hühnereier mit intensiv gefärbtem Dotter größerer Wertschätzung als solche mit blassem. Am Gehalt an Protein lag diese Einstufung gewiss nicht, denn dieser hängt nicht mit der Farbintensität zusammen. Es war auch seit langem bekannt, dass es in der Vogelwelt erhebliche Unterschiede in der Dotterfärbung gibt. Sie beruhen auf dem Gehalt an Carotinoiden. Wie alles, was das Ei enthält, stammen sie vom Weibchen. Je nachdem, wie viele Carotinoide es im Körper in Reserve hatte, umso intensiver oder blasser fällt die Dotterfärbung aus. Mangelt es im Hühnerfutter daran, wird diesem der Farbstoff inzwischen in den nötigen Mengen künstlich zugesetzt. Auch wenn das bei den für den Verzehr durch Menschen bestimmten Hühnereiern eine mehr kosmetische Maßnahme darstellt, so hat sie doch einen guten Grund. Die Carotinoide wirken nämlich in den Vogeleiern in ähnlicher Weise wie der Mutterkörper bei Säugetieren in der Immunabwehr für die sich entwickelnden Embryonen. Der Jungvogel, der im Ei heranwächst, ist ganz auf sich allein angewiesen. Nur die Wärme für die Entwicklung wird ihm von außen zugeführt. Alles, was er an Stoffen benötigt, muss das Ei enthalten. Dazu gehören die schon angeführten Strukturproteine, also die schwefelhaltigen Eiweißstoffe, aus denen die festen Gebilde, wie die Knochen und Sehnen, entstehen, und auch die Carotinoide als Hilfsstoffe zur Stärkung des Immunsystems. Bei zahlreichen Vögeln, deren Junge nach dem Schlüpfen aus den Eiern von den Eltern gefüttert werden müssen, treten sie noch in anderer Weise in Funktion. Was aus der Embryonalentwicklung an Carotinoiden übrig geblieben ist, wird im Mund- und Rachenraum in der Haut angesammelt. Beim Betteln nach Futter präsentieren die Jungen geradezu leuchtend rote, orangefarbene oder gelbe Rachen. Die Muster sind zwar weitgehend spezifisch für die verschiedenen Arten oder Gattungen, aber die allgemeine Wirksamkeit bleibt so groß, dass Brutparasiten, wie der Kuckuck *Cuculus canorus,* dieses Signal ausnützen. Der Jungkuckuck zeigt einen ganz besonders intensiv roten Sperr-Rachen. Dieser veranlasst nicht nur die zum Nest zugehörigen Eltern der Wirtsvögel, sondern sogar vorbeikommende fremde Vögel ihn eifrig zu füttern. Weshalb diese Wirkung zustande kommt, hängt mit den Carotinoiden zusammen. Ihre Farbintensität drückt aus, dass die Jungvögel topfit sind. Sie sind nicht erkrankt und haben deshalb auch wenig oder nichts vom Carotinoid-Vorrat verbraucht.

Für die Vogeleltern lohnt es, ihr aufwändiges Füttern auf die gesunden Jungen zu konzentrieren, zumal wenn Nahrung knapp ist. Der gelbe oder rote Sperr-Rachen ist also ein klares Signal für Gesundheit und Fitness – bei den eigenen Jungvögeln. Das Signal des jungen Kuckucks wird offenbar von den Wirtsvögeln so verstanden, mit der Folge, dass er allein mindestens so viel Futter bekommt wie die vier bis sieben richtigen Jungen der Wirtseltern zusammen. Zudem gibt er Bettelrufe von sich, die in ihrer Intensität dem Betteln der ganzen Jungenschar entsprechen würden. Dieses wirkt auch dann, wenn die Sichtverhältnisse am Nest den knallroten Sperr-Rachen nicht voll zur Wirkung bringen sollten.

Wechseln wir nun von den Weibchen und ihrer Versorgung der Eier mit Carotinoiden zu den Männchen. Was machen sie mit diesem Stoff? Sie lagern ihn in ihr Gefieder ein, wenn die Nahrung reich an Carotinoiden ist. Bekanntlich unterscheiden sich bei vielen Finkenvögeln die Männchen von ihren üblicherweise bräunlich oder gelblich grün gefiederten Weibchen durch intensiv rote oder gelbe Partien im Gefieder. Der Buchfink *Fringilla coelebs* präsentiert eine rötliche Brust, der größere Gimpel *Pyrrhula pyrrhula* mit seinem kräftigen Schnabel noch viel mehr. Fast ganz rot können die Männchen der Kreuzschnäbel *Loxia sp.* werden. Weitere Beispiele sind den Vogelbestimmungsbüchern zu entnehmen. Verbreitet ist auch ein intensiveres, auffälligeres Gelb bei den Männchen. Als typischer Fall sei hier, ebenfalls mit Verweis auf die Vogelbücher, die Goldammer *Emberiza citrinella* angeführt. Ganz allgemein entwickeln Vogelarten, die von Pflanzensamen, Früchten oder Knospen leben, mehr Farben in Gelb und Rot im Gefieder als solche, die von Würmern oder an Farbstoffen armen Kleininsekten leben. Aus proteinreicher Kost leiten sich eher Überschüsse an Melaninen ab, so dass das Gefieder Tendenzen zu dunklem Braun oder Schwarz zeigt.

Wie sind nun diesen Feststellungen zufolge schön gelbe Goldammern, rotbrüstige Gimpelmännchen oder rote Kreuzschnäbel zu betrachten? Männchen, deren Gefieder intensives Gelb oder Rot trägt, hatten genug Carotinoide dafür. Sie waren gesund, als sich ihr Gefieder entwickelte. Für die Weibchen kann dies ein ganz entsprechendes Signal für hohe Qualität sein wie der rote Sperr-Rachen der Jungen im Nest. Entscheidend dabei ist, dass beim Männchen der eigenen Art das Signal nicht gefälscht sein kann. Es ist «ehrlich»! Dasselbe drücken die intensiv roten Hautlappen des vor der Henne balzenden Fasans aus. Sie sind voll mit

Carotinoiden. Der Hahn hat sie zeit seines Lebens angesammelt und nicht verbraucht. Er ist nicht «blass» geworden. Er hat volle Lebenskraft. Dieselbe Botschaft steckt in den «Roten Rosen» über den Augen der balzenden Birkhähne. Wir finden sie wieder bei den anderen Arten ihrer Verwandtschaft, den Raufußhühnern. Carotinoide eignen sich infolgedessen bestens als Ausdruck für Gesundheit, weil sie von den Vogelweibchen in beträchtlichen Mengen in die Dotter der Eier gesteckt werden müssen, die sie erzeugen.

Andere Formen von «Rot» aus der Farbstoffgruppe der Carotinoide wirken in beiden Geschlechtern. Das beste Beispiel hierfür bieten die Flamingos. Das Rot dieser «Flammenvögel» kommt besonders stark zur Wirkung, wenn sie fliegen. Doch darin liegt sicher nicht die Hauptfunktion. Denn es ist kein Grund ersichtlich, weshalb das tiefe Rot der Federn am Armteil der Flügel beim Fliegen eine besondere Bedeutung haben sollte. Zudem tritt es sogar schon im grauen Jugendkleid auf, wenn die Geschlechtsreife noch nicht erreicht ist. Bei den Erwachsenen ist das ganze Gefieder rosa überhaucht. Männchen und Weibchen unterscheiden sich darin nicht. Die Männchen werden lediglich deutlich größer als die Weibchen. Also stellt das rosafarbene Gefieder kein Prachtkleid, sondern das Erwachsenenkleid dar. Es ist jedoch nicht farbstabil. Denn wenn die Flamingos in Vogelparks und Zoologischen Gärten kein entsprechendes Futter bekommen, verschwindet das Rot mit der nächsten Mauser. Die Farbe der Flamingos gehörte nach diesen Erfahrungen zu den ersten Pigmenten, für die klar wurde, dass sie aus der Nahrung stammen müssen. Flamingos ernähren sich von den kleinen Salinenkrebschen *Artemia salina*. Diese kommen im salzig-brackigen Wasser von Küstenlagunen oder an Salzseen in Massen vor. Für die Zwergflamingos *Phoeniconaias minor* Afrikas stellen *Spirulina* – Blaualgen (Cyanobakterien) die Hauptnahrung dar. Aus den Salinenkrebschen oder den Cyanobakterien entnehmen die Flamingos solche Mengen an roten Farbstoffen, dass die Kropfmilch, mit der beide, Weibchen und Männchen, ihr Junges füttern, wie Blut aussieht. Nährwert hat diese Farbe jedoch keinen. Ihre Anhäufung im Gefieder drückt aus, inwieweit die Flamingos gut ernährt sind. Beide Partner können dies bei der Balz an der Intensität der Rotfärbung der Federn auf der Innenseite der «tanzend» angehobenen Flügel sehen. Die Präsentation der Flügelunterseite gehört zu den Bewegungen, mit denen Flamingos die eigentliche, meist in größeren Gruppen gemeinsam stattfindende und von bezeichnendem Schnattern begleitete Balz einleiten. Flamingos brüten nicht zu bestimmten Jahreszeiten und oft auch nicht alljährlich. Ob sie in Brutstimmung kommen, hängt vom Wasserstand in den Lagunen ab. Ist er zu niedrig, trocknen die Stellen, an denen sie ihre Nester bauen, zu früh aus. Schakale, Füchse und andere Bodenfeinde können dann an die Jungen herankommen. Steht das Wasser zu hoch, gibt es nicht genügend Nahrung, weil die Salzkonzentration für eine Massenvermehrung der Salinenkrebschen oder der *Spirulina*-Cyanobakterien zu gering ist. Passt alles, kommt Brutstimmung auf und die Flammenvögel stimulieren einander. Mehrere Jahre nacheinander können die Bedingungen für die Fortpflanzung günstig sein. Fallen sie ungünstig aus, unterbleiben Brutversuche. Der Färbung kommt somit bei weitem nicht die Bedeutung zu, die wir aufgrund des Eindrucks, den die Flamingos in uns erwecken, annehmen. Es ist das Überangebot an Carotinoiden in der Nahrung, das die hochgradig darauf spezialisierten Flamingos über das Gefieder ausscheiden. So zeigt uns das Flamingobeispiel, dass es auf die Mengen ankommt. Sind bestimmte Farbstoffe oder ihre Vorstufen in der Nahrung nicht oder nur in sehr geringem Umfang enthalten, erscheinen sie auch nicht im Gefieder. Gibt es sehr viel davon, werden wir die Farben in den Federn beider Geschlechter finden. Im mittleren Bereich sortiert sich die Zuteilung im Fall der Carotinoide. Die Weibchen versorgen den Dotter ihrer Eier damit und die Männchen ihr Prachtgefieder. Wenn Vogelweibchen zum Eierlegen zu alt geworden sind, sollte sich ihr Gefieder dem der Männchen annähern. Bei den Stockenten habe ich bereits darauf hingewiesen, dass sehr alte Weibchen «hahnenfiedrig» werden können.

Halten wir fest: Farben im Gefieder der Vögel stammen aus der Nahrung, wenn es sich um echte, um Pigmentfarben handelt. Auch Gelb, Braun und Schwarz gehören dazu, wenn sie von braunen oder schwarzen Melaninen stammen. Ihre Mengenzuteilung hängt von der Ausgangsmenge in der Nahrung ab. Es liegt am Stoffwechsel, wie viel davon in welcher Weise bei Männchen und Weibchen zugeteilt wird. Die Zuteilung (Allokation) unterliegt der Steuerung durch die Hormone. Für beide Geschlechter kommt dieselbe Endbilanz zustande. Den Weibchen verbleibt somit nicht viel Spielraum für die Wahl. Allenfalls können sie, wenn sich entsprechende Unterschiede tatsächlich auch klar genug äußern, junge Männchen mit blasserem, in den Farben noch schwächerem Gefieder von mehrjährigen, den voll Erwachsenen unterscheiden. Oft sind die Jungen aber ohnehin noch gar nicht fortpflanzungsfähig. Die Einheitlichkeit im Aussehen erwachsener Männchen ergibt sich als Folge der Zuteilung. Für größere Abweichungen müssten sich die Männchen entsprechend anders als die Weibchen ernähren. Doch die verschiedenen Muster, die von den Farben auf dem Gefieder gebildet werden, sind so stabil, dass wir sie ganz selbstverständlich zur Identifikation der Arten nutzen. Schwierigkeiten machen weit mehr die Weibchen als die Männchen. Die Variationsbreite des männlichen Prachtgefieders fällt viel geringer aus als bei großer Bedeutung der Weibchenwahl zu erwarten wäre. Es lassen sich in der ganzen Vogelwelt, wie beim Kampfläufer schon betont, nur sehr wenige Fälle mit erheblicher, sogleich «ins Auge springender» Variabilität von Farben und Mustern der Männchen im Prachtkleid finden. Die Weibchen müssten demnach extrem genau beobachten und feinste Unterschiede in ihrer Wahl bewerten. Die Variationen müssten mit der Kondition der Männchen, mit ihrer Fitness zusammenhängen. Dafür lässt sich jedoch kein entsprechender Hintergrund erkennen. Was bereits bei der speziellen Behandlung des Pfaus hervorgehoben wurde, wird von der allgemeinen Betrachtung der Farben im Prachtgefieder nachdrücklich bekräftigt.

Allerdings blieben die Strukturfarben noch unberücksichtigt. Da diese nichts mit Pigmenten oder nur indirekt mit ihnen zu tun haben, wenn solche als Unterlage für Feinstrukturen einen ganz besonderen Glanz- oder Schillereffekt verursachen, könnte die Sexuelle Selektion hier bessere Ansatzmöglichkeiten als bei den Pigmentfarben finden. So wissen wir, dass bei den für unsere Augen schwarzen Krähen der Glanz des Gefieders im Bereich Bedeutung hat. Wie die Strukturfarben entstehen, das ist bereits auf Seite 143 ausgeführt worden. Wie aber kommt die «Struktur» zustande, die das Licht bricht und in Farben zerlegt? Physikalisch ist der Vorgang klar. Federn, die einen Schillereffekt erzeugen, wirken ähnlich wie ein Prisma aus Glas. Doch anders als dieses reflektieren sie nur einen Teil des Spektrums. Dieser wirkt seiner Wellenlänge entsprechend für unsere Augen als Farbe. Dass es in der Feder zu einer solchen Zerlegung des Lichtes kommt, setzt voraus, dass Licht brechende Hohlräume oder Feinstrukturen ausgebildet sind. Wäre die Feder ohne kleinste Hohlräume komplett aus Keratin aufgebaut, würden sie einfach milchig weiß aussehen; denn dann würde der größte Teil des sichtbaren Lichts von ihrer

Oberfläche zurückgestrahlt und das Wenige, das eindringen kann, käme in der Wirkung der Oberfläche einer dichten Schneedecke gleich. Nun brauchen wir aber nur den Kiel einer größeren Feder schräg durchzuschneiden, um zu sehen, dass zumindest dieser innen weitgehend hohl ist. Mehr oder weniger unregelmäßig ausgebildete Keratinreste sind darin enthalten. Man kennt sie seit langem, daher die umgangssprachliche Bezeichnung «Federseele». Mit entsprechend stärkeren Vergrößerungen lassen sich auch in den dünnen Teilen einer Feder feine Leerräume feststellen. Wo die Federfahne eine Fläche bildet, zeigt die Untersuchung mit dem Elektronenmikroskop so dünne, mit Farbstoffen oder einfach nur mit Luft gefüllte Schichten, dass klar wird, weshalb das Licht daran gebrochen wird. Kommt beim Heranwachsen der Feder keine vollständige Füllung mit Melaninen oder anderen Farbstoffen zustande, entstehen Strukturfarben. Sie sind also, wie schon kurz angedeutet, die Folge einer eigentlich unvollständigen, meist zu schnellen Entwicklung. Federn, die sehr schnell wachsen, bekommen weniger bzw. gar nichts mehr von den Füllstoffen oder nicht einmal mehr genug Keratin für die vollständige Ausbildung ab. In aller Regel sind es daher nicht die ganz normal herangewachsenen Federn des Fluggefieders, wie die Armschwingen und die Steuerfedern, die durch Strukturfarben auffallen, sondern solche, die zu den übrigen, mit dem Fliegen nicht direkt verbundenen Federn gehören. Kommen zum Beispiel an Schwanzfedern und nicht nur an dem Deckgefieder darüber Strukturfarben zustande, so darf angenommen werden, dass die betreffenden Vögel wie manche Hühnervögel wenig oder gar nicht mehr fliegen.

Die für das Fliegen benötigten Federn müssen fest, belastbar und sehr elastisch sein, sonst halten sie den Anforderungen nicht stand. Was nicht direkt zum Fluggefieder gehört, kann sich strukturell ohne Folgen für die Flugfähigkeit ändern. Strukturfarben finden wir deshalb insbesondere an Kehle und Brust, auch an den Kopfseiten, am Rücken, auf den Schultern und im Deckgefieder auf den Steuerfedern des Schwanzes. Es gibt sie besonders häufig bei Vögeln, die viel oder fast ausschließlich am Boden leben. Scheinbare Ausnahmen, wie die Kolibris, bekräftigen den Zusammenhang, weil ihre Flugweise ganz anders als bei den übrigen Vögeln ausgebildet ist. Die Kolibris eignen sich bestens, die Hintergründe für das Zustandekommen von Strukturfarben aufzudecken. Ihre Weibchen sind in aller Regel schlicht graugrün mit wenig Glanz. Oft sind sie schwer auseinanderzuhalten. Die Männchen hingegen entwickeln ein so phantastisch anmutendes Prachtgefieder, dass sie vielfach als «Fliegende Edelsteine» oder «Juwelen der Lüfte» bezeichnet wurden. Nun sind die Kolibris dafür bekannt, dass sie aus Blütenkelchen Nektar trinken. Ihre Flugweise erklärt sich daraus. Schwirrend «stehen» sie vor oder unter den Blüten, stecken ihren bei vielen Kolibriarten recht langen Schnabel hinein und lecken den Nektar mit noch längerer Zunge heraus. Der Schwirrflug nimmt sehr viel Energie in Anspruch. Verglichen mit dem Normalflug kleiner Singvögel benötigen die Kolibris das Fünf- bis Zehnfache. Nun ist der Nektar aber so etwas wie ein verdünnter Kraftstoff, weil er als wässrige Flüssigkeit Zucker enthält. Dieser treibt als «Brennstoff» den «Motor» der Flugmuskulatur und macht Höchstleistungen von über 1000 Flügelschlägen pro Minute möglich. Bei dieser hohen Frequenz hinterlassen die Flügel für unser Auge nur einen verwaschenen Eindruck. Kolibris können mit dieser Flugweise nicht nur in der Luft auf der Stelle verharren, sondern aufwärts, abwärts, vor- oder auch rückwärts fliegen. Wir können sie mit Hubschraubern vergleichen. Der Hubschrauberflug kostet sehr viel mehr Energie als der Normalflug eines in Größe und Gewicht vergleichbaren Flugzeugs. Hubschrauber werden daher bekanntlich für Spezialeinsätze (oder als schierer Luxus) verwendet. Weshalb leisten sich ausgerechnet die Kleinsten unter den Vögeln diesen Luxus? Wie ein solcher mag es nämlich aussehen, wenn wir die hohen Energiekosten damit zu rechtfertigen versuchen, dass Blütennektar eben viel Energie enthält. Um diese nutzen zu können, brauchen die Kolibris höchst leistungsfähige Organe. Denn das Übermaß an Wasser muss rasch aus dem Körper entfernt werden, sonst können sie keine neue Energie nachtanken. Irgendwie scheint sich damit bei den Kolibris alles im Kreis zu drehen: Eine energetisch extrem aufwändige Flugweise wird dazu benutzt, winzige Tröpfchen von Nektar zu tanken. Der Zucker darin macht den Schwirrflug möglich.

Ginge es nur um die Energie, dürfte es in der Tat Kolibris gar nicht geben. Doch aus guten Gründen hatte ich bereits darauf hingewiesen, dass der Energiehaushalt nicht alles ist. Es geht auch um Inhaltsstoffe in der Nahrung, die nicht einfach nur verbrannt werden, um Energie zu bekommen. Proteine und Mineralstoffe werden für den Aufbau des Körpers benötigt. Sie sind «Baumaterial» für Reparaturen und für die weitere Fortpflanzung. Aus dem Zucker im Nektar könnten die Weibchen der

Kolibris jedoch keine Eier machen und keinen Nachwuchs bekommen. Dazu brauchen sie, wie auch für den Eigenbedarf im Körper, Proteine. Diese fangen sie mit ihrem Schwirrflug in Form von Kleinstinsekten ein. Sie pflücken diese aus der Luft oder aus den Blüten. Der Gehalt an Eiweiß in diesen Kleininsekten liefert schließlich auch die Ausgangsstoffe für die Bildung der Eier. Wenn aber die Winzlinge gerade die «Größe» von Blattläusen erreichen, um die es den Kolibris geht, dann tun wir uns schwer, überhaupt zu sehen, was sie in der Luft fangen oder aus den Blüten mit dem Nektar herausfischen. Die Nachzucht von Kolibris in bestens ausgestatteten Zimmervolieren, die auch die tropische Temperatur geboten hatten, welche im Herkunftsgebiet der betreffenden Kolibris herrschte, gelang erst, als dem Nektar und Honigwasser Kleininsekten hinzugefügt wurden. Die kleinen Taufliegen, inzwischen besser unter ihrem wissenschaftlichen Gattungsnamen *Drosophila* bekannt, weil mit ihnen jahrzehntelang genetische Grundlagenforschung betrieben wurde, eigneten sich bestens für diesen Zweck. Mit Ausnahme winziger Mengen eines roten Farbstoffes in ihren Augen enthalten die Taufliegen aber so gut wie keine Pigmentfarben. Die Kolibris, Weibchen wie Männchen, können daher ihrer Insektennahrung kaum Farbstoffe entnehmen. Daher fehlen solche in ihrem Gefieder. Die Knappheit an Proteinen bringt es mit sich, dass für die Ausbildung ihres Prachtgefieders Aminosäuren auch nicht gerade reichlich zur Verfügung stehen. Melanine hingegen gibt es genug, weil phenolische Verbindungen in den kleinen, sich von pflanzlichem Material ernährenden Insekten enthalten sind. Also können die Kolibris zwar ein durch eingelagerte Melanine recht stabiles, aber kein farbenfrohes Gefieder ausbilden. Ihr Glänzen und Schillern stammt von den leeren Feinstrukturen in den Federn, die mit Melaninen unterlagert sind. Federn, die besonders schnell wachsen, glänzen am stärksten – es sind jene, die zum Prachtgefieder der Männchen gehören.

Zwar wäre es durchaus vorstellbar, dass alle Federn im Gefieder der Männchen gleich schnell und dem geringen Eiweiß-Angebot entsprechend langsam wachsen würden, aber dann müsste der Stoffwechsel der Männchen viel stärker von dem ihrer Weibchen abweichen. Diese benötigen rasch viel Eiweiß, wenn sie ihr stets aus zwei Eiern bestehendes Gelege fertigen. Es nimmt trotz des geringen Gewichts der winzigen Eier von 0,4 Gramm bei den kleinsten Arten und 1,4 Gramm beim «Riesenkolibri» *Patagona gigas* der südlichen Anden ein Drittel des Körpergewichts der Weibchen ein. Nur beim Riesenkolibri, der allerdings eine Ausnahme darstellt, sinkt der Anteil auf 15 Prozent. Die Bebrütung der Eier dauert mit 16 bis 19 Tagen zwei bis drei Tage länger als bei kleinen Singvögeln. Das Weibchen würde während des Brütens, das es den Tag über größtenteils alleine durchführt, denselben hohen Energiebedarf wie im normalen Leben außerhalb der Brutzeit haben. Weil es ruhig sitzt und nicht fliegt, kommt es zurecht und senkt dabei die Körperinnentemperatur von den üblichen 41 Grad Celsius auf kühle 32 Grad. Das spart die Hälfte des täglichen Energieverbrauchs ein. Sparsam mit Energie umzugehen ist äußerst wichtig, weil die Jungen nach dem Schlüpfen noch 23 bis 26 Tage, bei Kolibris, die im Hochland der Anden leben, sogar bis zu 40 Tage lang mit einer ergiebigen Mischung aus konzentriertem Nektar («Honig») und den Körpern von Kleininsekten oder winzigen Spinnen gefüttert werden müssen. Diese Angaben zeigen, wie nahe die Kolibris an der durch einen extremen Energieverbrauch gesetzten Grenze leben. Für die Männchen ergibt dies den nun schon hinlänglich bekannten «Überschuss» an Baumaterial, dem Gleichwert für die Eier und an Energie, die sie anders als die brütenden und fütternden Weibchen nicht einsparen müssen. Sie haben also Material zur Verfügung, das rund einem Drittel der Körpermasse entspricht und das in das rasch wachsende Prachtgefieder gesteckt wird. Zusätzlich bleibt ihnen Energie, die sie in den für unsere Augen abenteuerlichen Balzflügen abarbeiten. «Abarbeiten» dürfte der durchaus passende Ausdruck dafür sein, denn je mehr das Körpergewicht der Kolibrimännchen ohne diese aktive Energieausgabe anstiege, desto kostspieliger würde ihr Flug. Sie können sich eine stärkere Größenzunahme nicht leisten. Ihre Besonderheit liegt in der Miniaturisierung des Vogelkörpers. So winzig, wie sie sind, lohnen sie für keinen Greifvogel als Beute. Allenfalls verfangen sie sich gelegentlich in den zähen Netzen großer Seidenspinnen der Gattung *Nephila*. Aus diesen versuchen sie gefangene Insekten herauszupicken. Die eigentlichen Grenzen setzt ihnen die Verfügbarkeit von Nektar, also ihr Treibstoff. Wo es, wie auf den Hochflächen der Anden, nachts recht kalt wird, verfallen sie in einen Starrezustand (Torpor), in dem sie wie tot wirken. Dieser entspricht dem Winterschlaf etwa unserer Fledermäuse.

Wir können dem Beispiel der Kolibris entnehmen, dass die Bildung von Federn, die Strukturfarben erzeugen, ganz allgemein mit raschem Wachstum zusammenhängen sollte. Genau darum handelt es sich aber beim Prachtgefieder. Kommt eine zumindest teilweise Verknappung von Pigmentfarbstoffen in der Nahrung hinzu, sind die Voraussetzungen für das Entstehen von Schillerstrukturen erfüllt. Dieser Feststellung passt wiederum zum allgemeinen Befund, dass prächtige Farben im Vogelgefieder in den Tropen viel häufiger als in klimatisch gemäßigten und kalten Regionen vorkommen. Das «Luxurieren der Tropen», das die Naturforscher von Anfang an so stark beeindruckt hat, gewinnt in diesem Zusammenhang eine ganz andere Bedeutung. Denn Früchte, die echte Farben tragen, gibt es dort mehr oder weniger das ganze Jahr über, aber diese enthalten wenig Protein. Also müssen sie in großen Mengen verzehrt werden, damit ihr Eiweißgehalt den Bedarf deckt. Hieraus ergeben sie die Farbstoff-Überschüsse. Umgekehrt sind ungiftige Insekten in den Tropen rar, weil die Pflanzen, von denen sie leben, fast ausnahmslos giftige Abwehrstoffe enthalten.

Es herrscht in der Tropennatur infolgedessen Mangel an tierischem Protein, aber Überfluss an komplexen Pflanzenstoffen. Das drückt sich sehr deutlich im Gefieder der Vögel aus. Sind nun bunte Federn Luxus oder Notwendigkeit? Aus dem Dargelegten lässt sich die Vorstellung von Luxus kaum aufrechterhalten. Aus der Lebensweise der Menschen übrigens auch nicht. Von den wenigen Regionen, in denen vulkanische Böden in den feuchten Tropen sehr gute Produktionsbedingungen für Reis, Mais oder andere Nahrungsmittel für Menschen bieten, herrscht in den Tropen Mangel. Gerade die an bunten Arten reichsten Tropengebiete sind durch karge Böden gekennzeichnet. Diese liefern wenig Ertrag für Menschen oder, ganz allgemein ausgedrückt, kaum noch nutzbare Überschüsse. Die Vielfalt der Tropennatur ist die Antwort des Lebens auf den Mangel. Behalten wir das im Sinn. Denn noch immer ist das Kernproblem, ob überhaupt, und wenn ja, nach welchen Kriterien, die Weibchen wählen, nicht wirklich gelöst. Oder, anders ausgedrückt, verdankt die Natur der Sexuellen Selektion ihre Schönheit?

## Die Qual der Wahl

*Wie wird gewählt?*

In Darwins Weibchenwahl steckt der Charme des Nachvollziehbaren. Die prachtvoll gefiederten Männchen praktizieren ein Schaulaufen. Die Henne nimmt den schönsten Hahn. Der eindrucksvollste Hirsch wird von einem ganzen Rudel weiblicher Tiere dazu auserkoren, Vater der Kinder zu werden. Dafür lohnt der Kampf um die Vorrangstellung beim Hirsch, wie der Aufwand der Zurschaustellung bei den Vogelmännchen. Doch so selbsterklärend Darwins Sexuelle Selektion auch sein mag, sie macht große Schwierigkeiten, wenn es um den konkreten Nachweis geht. Ein Seitenblick auf uns Menschen bekräftigt das Unbehagen. Winfried Menninghaus hat ganz zu Recht betont, dass es gerade *nicht* die Schönen beiderlei Geschlechts sind, bei denen wir die größte Zahl von Kindern antreffen. Eher gilt: Je schöner, desto weniger Nachkommen. Wenn nun aber wie beim Menschen auffallende Schönheit die Ausnahme und nicht die Regel ist, könnten die (besonders) Schönen einfach in der Masse der Normalen untergehen. Wir werden diese Möglichkeit im Teil über den Menschen weiterverfolgen. Für die Tiere, zumindest für die hier näher ausgebreiteten Beispiele, gilt hingegen, dass Schönheit, die sich durch besondere Farben oder Ornamente auszeichnet, die Norm und nicht die Ausnahme ist. Das führen uns die Erpel der Stockenten vor Augen, wenn sie das Prachtkleid tragen. Abweichler gibt es so gut wie nie unter Freilandbedingungen. Ohne zusätzliche Markierung, zum Beispiel mit Farbringen verschiedener Kombinationen an den Beinen, gelingt es uns nicht, mehrere oder gar Dutzende Erpel voneinander zu unterscheiden. Genauso verhält es sich mit den Pfauen, wenn die Hähne voll ausgefiedert sind.

Deshalb tun wir uns auch so schwer, die Weibchenwahl in der Natur zu beobachten. Ob es sie gibt oder nicht, geht aus unseren Schwierigkeiten damit natürlich nicht hervor. Wahrscheinlich ist unser Auge für subtile Unterscheidungen einfach nicht gut genug. Dieser Mangel wird deutlich, wenn wir zum Beispiel ein Paar Rabenkrähen oder Graugänse betrachten. Wir können die Partner eines Paares individuell nicht erkennen. Unter Dutzenden oder Hunderten von Artgenossen gelingt das den Krähen offenbar ohne weiteres. Bei einem Gänsepaar sehen wir zwar, dass der Ganter deutlich größer als die Gans ist, aber dieser Unterschied hilft uns nur, solange sich keine anderen Gänsepaare dazugesellen. Somit könnten die Weibchen tatsächlich auf Unterschiede reagieren, die so fein sind, dass sie uns entgehen. Eine einzelne, nur ein wenig andersgeartete Feder könnte für sie schon zählen. Befunde für Pfauen weisen darauf hin. Drei fehlende Federn im Rad erkennen die Hennen. Aus ein paar etwas vergrößerten Federn züchteten Taubenhalter neue Taubenrassen. Ihr scharfer Blick reichte dafür aus. Nach einer Generationszahl von Haustauben, die ins Leben eines Taubenzüchters passte, erzielten sie die eindrucksvollsten Neuheiten, als hätten sie diese «hervorgezaubert». Darwin kannte das. Er züchtete selbst Tauben und hielt enge Kontakte zu anderen Züchtern. Deshalb wusste er, dass tatsächlich kleinste Unterschiede genügen, um den Ansatz für Neues zu bieten. Was der Mensch als Züchter kann, sollten die Weibchen der gezüchteten Arten auch können.

Experimente bestätigen tatsächlich, dass geringfügige Veränderungen, sogar solche, die an Stellen vorgenommen wurden, an denen von Natur aus keine geschlechtsspezifischen Unterschiede vorhanden sind, die Weibchenwahl beeinflussen. So hat man Zebrafinken *Taeniopygia guttata*, kleine Finkenvögel, die häufig als Ziervögel gehalten werden, mit bunten Ringen an den Beinen versehen. Es zeigte sich, dass ein solcherart künstlich zum Beispiel orangerot beringtes Männchen weit mehr Interesse bei den Weibchen erregte als unberingte oder solche mit einem gleich kleinen, aber schwarzen Ring. Zebrafinkenmännchen entwickeln erwachsen ein orangefarbenes Wangengefieder («Bäckchen») und ihr Schnabel wird rot. Ein roter Fußring steigerte ihre Attraktivität am stärksten. Nun sind bunte Ringe an den Beinen eine zweifellos sehr auffällige Veränderung an so kleinen Vögeln, die nicht einmal die Körpergröße eines Sperlings erreichen. Wir brauchen, um die Weibchenwahl überzeugender nachvollziehbar zu machen, feinere Selektionswirkun-

Mandarinerpel *Aix galericulata* im Prachtkleid. Seine Schönheit ist kein Handicap. Erpel überleben besser als die Weibchen.

Paar der Mandarinenten *Aix galericulata*. Das tarnend gefiederte Weibchen
bebrütet ihr Gelege und führt die Jungen bis zum Selbständigwerden allein;
eine weitaus größere Belastung als das Prachtgefieder des Erpels.

Stockenten *Anas platyrhynchos*. Gesellschaftsbalz der Erpel. Damit halten sich die Männchen bis weit in die Brutzeit ihrer Weibchen hinein sexuell aktiv.

Stockentenpaar *Anas platyrhynchos*. Beginnende Paarungsbalz.

Birkhähne *Tetrao tetrix* balzen im Frühjahr gemeinsam auf einer Arena mit den kräftigsten (!) im Zentrum. Unterschiede im Prachtgefieder sind, da zu gering, vermutlich bedeutungslos.

Höckerschwanpaar *Cygnus olor*. Die Partner stimmen sich vor der Paarung mit synchronen Bewegungen aufeinander ab. Das «Herz» interpretieren Menschen hinein.

Hirsch *Cervus elaphus* mit Weibchenrudel in der Brunftzeit.

Aggressionsloses Zusammensein der Hirsche *Cervus elaphus*
im Frühsommer während des Geweihwachstums.

Der Pfau *Pavo cristatus* sucht am Rand des indischen Dschungels nach Nahrung und wird im nächsten Augenblick von einem Leoparden angegriffen.

Der Leopard greift den Pfau aus der Deckung heraus an, hat aber das Nachsehen, weil dieser schnell genug abfliegt. In einer ganz ähnlichen Szene erfasste die Großkatze den Pfauenhahn, der mit einer Schreckmauser sein Prachtgefieder abwarf und den verdutzten Leoparden in einem Haufen Federn zurückließ.

Das vom Hinterrücken über die Oberschwanzdecken ausgebildete Gefieder des
Pfaus, das bei der Balz zum Rad aufgestellt wird, verdeckt mit seiner Vielzahl
von Augen wirkungsvoll die Körperform des großen Hühnervogels und bildet
eine dichte Abwehrschicht gegen Angriffe, wie z. B. von einem Leoparden.

Die Schmuckfedern des Pfaus sind sehr groß, und sie wachsen so schnell, dass die Federfahne an der Spitze «zusammengeschoben» wird. Aus dieser Stauchung entsteht das «Auge». An der oberen Feder, die einen Zwischenzustand darstellt, ist das Wachstum in Form des hellen, sich zum Federende verjüngenden Keils zu erkennen. Im mittleren Bild wurde das darunter abgebildete Auge auseinandergezogen, um die Wirkung der Stauchung durch das stark beschleunigte, kurzzeitige Wachstum anzudeuten.

Die meisten Säugetiere sehen die Farben nicht so wie wir. Das für uns – und auch für die Rotkehlchen *Erithacus rubecula* selbst – sehr markante Rot hebt sich für einen Fuchs oder Marder nicht vom Untergrund ab, weil sie Rot und Grün nicht unterscheiden können. In diesem Bild wurden Rot und Grün künstlich gemischt. Daraus geht hervor, dass Rot nicht unbedingt auffällt, auch wenn uns das so scheint.

Lockmittel mit Farbe und Form: Eine Blüte des Drüsigen Springkrautes *Impatiens glandulifera*; es gibt sie auch in Weiß und in kräftigem Rot. Auf die davon angelockten Hummeln wirkt jedoch vor allem das von der Blüte reflektierte UV-Licht. Die Einschlupfform entspricht dem Körper der Hummel.

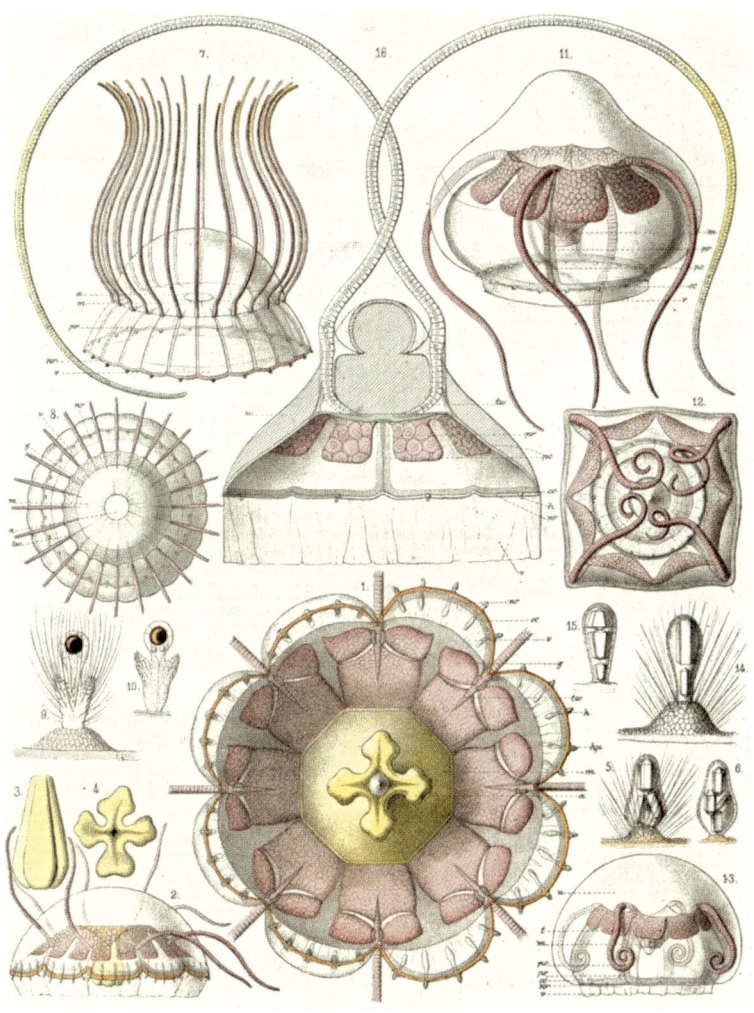

Alle Formen von Symmetrien sind bei den einfacheren Lebewesen zu sehen.
Die Tafel von Ernst Haeckel (1879) zeigt beispielhaft Vertreter der im Meer
lebenden, weitgehend durchsichtigen Narcomedusen.

links: Dreistrahlige Blüte der Wasserschwertlilie *Iris pseudacorus*. Jedes Blütenblatt
ist, wie auch die übrigen Blütenteile, in sich bilateral-symmetrisch. Gelb hat als
Blütenfarbe die stärkste Anlockwirkung für Insekten. Dennoch weisen feine
«Bahnen» den Blütenbesuchern zusätzlich den Weg von außen in die Blüte.

Zu einem Fächer zusammengefügte Augen von fünf Pfauenfedern; eine Hand-
arbeit aus Nordindien. Den Augen und ihrer Form wird in vielen Kulturen
besondere Bedeutung beigemessen. Das Spektrum reicht von hervorhebender,
betonender Schminke bis zum ‹bösen Blick›. Die Augenform wird schon von
Kleinstkindern als solche erkannt und richtig gedeutet (Lächeln, Ärger, Wut).
Auch sehr viele Tiere «erkennen» Augen sofort – und lassen sich von falschen
Augen täuschen.

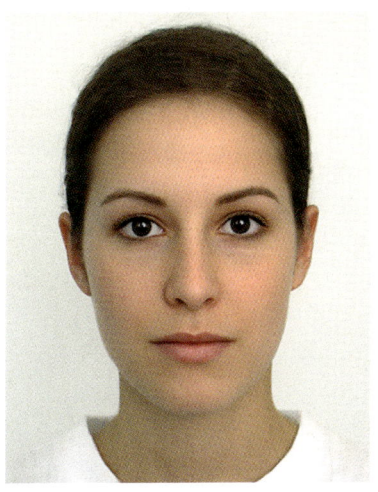

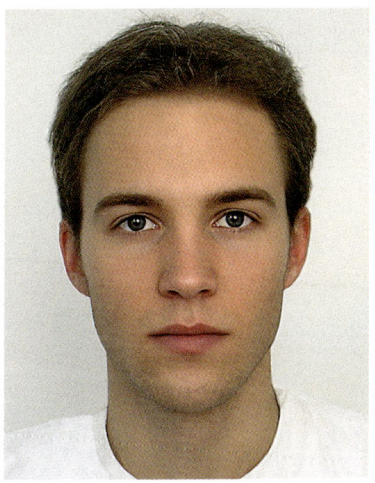

Durch Überlagerung zahlreicher Einzelgesichter lässt sich ein «Durchschnitts-
gesicht» künstlich herstellen. Es wirkt perfekt, entspricht weitestgehend dem
(auf das jeweilige Alter bezogenen) Schönheitsideal, verliert aber das Persönliche
und damit die Attraktivität. Das besonders «anziehend Schöne» ergibt sich
aus geringfügigen Abweichungen vom idealen Durchschnitt.
Erst die Variation schafft die Individualität.

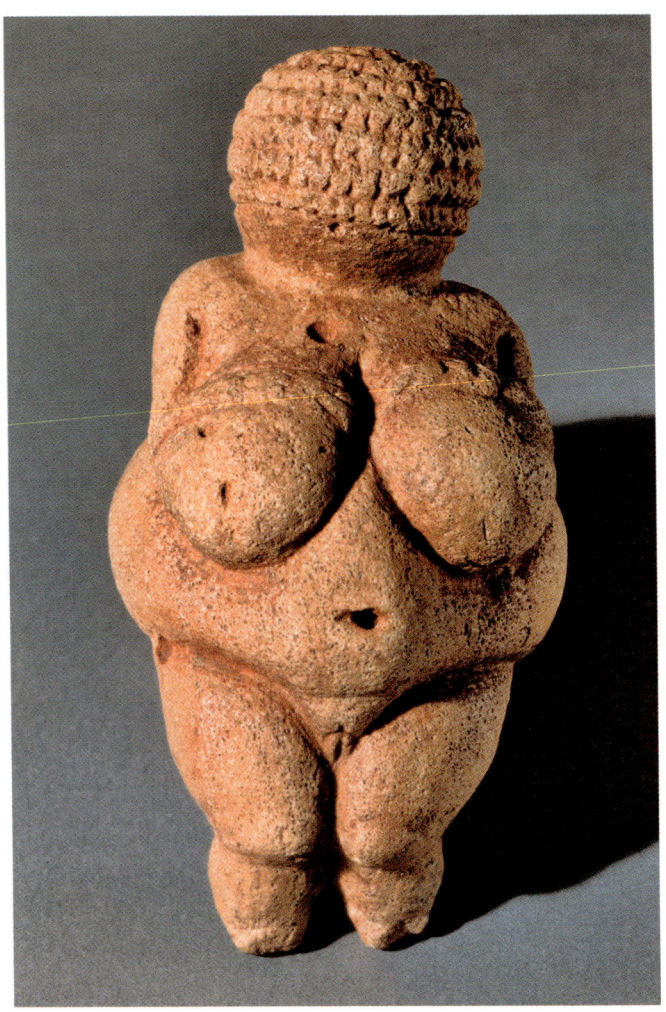

Die sogenannte Venus von Willendorf, die beim Bau der Bahn am Donauufer bei
Willendorf in der Wachau am 7. August 1908 gefunden worden war, entspricht
wohl kaum dem Schönheitsideal ihrer Zeit vor etwa 25 000 Jahren. Sie besteht aus
einem mineralogisch Oolith genannten Kalkstein, der Spuren einer Bearbeitung
zeigt. Dabei kann es sich um eine Nachbearbeitung der vorgefundenen Form des
etwa faustgroßen Steins (11 Zentimeter Höhe) gehandelt haben. Bei der weitgehend nomadischen Lebensweise, die die Menschen in jener Zeit, der letzten Eiszeit,
zwangsläufig zu führen hatten, wäre eine derartige Körperform nicht überlebenstauglich gewesen.

Das weltberühmte Gemälde ‹Geburt der Venus› von Sandro Botticelli, entstanden um 1485/86, stellt ihre Landung auf einer riesigen Pilgermuschel am Strand von Zypern dar. Es gilt als Ausdruck des frühneuzeitlichen Schönheitsideals, das sich, stark von der Renaissance beeinflusst, an den griechischen Statuen orientierte und in bezeichnender Weise schlanke lange Beine, verhältnismäßig kleine Brüste, ein mädchenhaftes Gesicht, aber langes, wallendes Haar betont. Die «Idealfrau» entspricht damit weit mehr dem «evolutionären Original» des nomadisch herumziehenden Menschen als die ‹Venus von Willendorf›.

Modernes weibliches Schönheitsideal: Schmales Gesicht, sehr große,
durch Makeup betonte Augen und Lippen, langer Hals und voller Busen sowie
das bis zu den Brustspitzen reichende, füllige Haar «versprechen» biologische
Fitness. Bezeichnenderweise weicht die Haltung von der perfekten Symmetrie
ab und verleiht dem Bild damit die persönliche Note, die Individualität
(Brigitte Bardot, 1968).

gen. Solche können wir zwar gegenwärtig für den Bereich der Sexuellen Selektion noch nicht beibringen, aber es gibt sie für die Natürliche Selektion. Das US-amerikanische Forscherpaar Peter und Rosemary Grant gewann zusammen mit ihrer Arbeitsgruppe sehr umfangreiches, höchst überzeugendes Material auf den Galapagos-Inseln im Pazifik. In jahrzehntelangen Forschungen wiesen sie nach, dass sich die Schnabelgrößen der Darwinfinken in Zeiten extremer Trockenheit oder solchen mit viel Regen durch den Selektionsdruck der Umwelt verändern. Ohne genaue Vermessungen würde die Zunahme oder Abnahme der Schnabelgröße nicht bemerkt werden, weil sie sich nur im Zehntelmillimeterbereich vollzieht. Dennoch hat das Auswirkungen auf die Nutzung der harten Pflanzensamen, die ihre Hauptnahrung bilden. Je nach Verlauf der Witterung gibt es mehr von den größeren oder von den kleineren Samen. Der Schnabel der Finken ist kein unveränderliches Gebilde, auch wenn das so aussieht. Er unterliegt weit stärker als erwartet der Wirkung der Natürlichen Selektion. Ihre Richtung wird erst sichtbar, wenn viele Finken untersucht werden. Der einzelne Vogel bedeutet nicht viel. Auf den Durchschnitt im Bestand, in der Population einer Insel kommt es an. Zehntelmillimeter entscheiden über Leben und Tod. Die Befunde der Grants bestätigen Darwin. Die von der Selektion bewirkten Veränderungen vollziehen sich unmerklich. Und so wie sich unter den entsprechenden Bedingungen die dickeren Schnäbel «durchsetzen», weil ihre Träger besser überleben, so können sich anfangs kaum merklich gerötete Schnäbel unter der Wirkung der Weibchenwahl durchsetzen und blutrot werden.

Ein besonders eindrucksvolles Experiment machte der dänische Evolutionsbiologe Anders Pape Möller in den 1980er Jahren mit Rauchschwalben *Hirundo rustica*. Die Form ihrer Schwanzfedern ist als «Schwalbenschwanz» so bekannt, dass der Ausdruck auch in anderem Zusammenhang benutzt wird. Eine große Familie von Tagschmetterlingen trägt wegen ihrer schwänzchenartigen Verlängerungen an den Hinterflügeln die Bezeichnung «Schwalbenschwänze» (Papilionidae). Rauchschwalben brüten im Sommer meistens zweimal. Jungvögel der ersten Brut sind somit flügge vorhanden, wenn das Paar die zweite beginnt. Da es dabei zu «Umpaarungen» kommen kann, also Männchen und Weibchen einen anderen Partner für die nächste Brut wählen, wird auch vor der zweiten Brut erneut gebalzt. Die jungen Männchen tragen jedoch viel kürzere äußere Schwanzfedern als die ausgewachsenen alten. Die Weibchen akzeptieren sie normalerweise nicht, wenn erwachsene Männchen vorhanden sind, deren Schwanzspieße lang genug sind. Dass hierbei Veränderungen in der Länge die Weibchenwahl sehr stark beeinflussen können, zeigte Möllers Experiment. Er fing erwachsene Rauchschwalbenmännchen und stutzte ihnen die Schwanzspieße um ein Stückchen. Die Reaktion der Weibchen fiel deutlich aus. Je kürzer die Schwanzspieße, desto weniger interessierten sie sich für die Männchen, mochten diese auch noch so intensiv zwitschern. Das war an sich noch nicht weiter verwunderlich, weil die jungen Männchen kurze Schwanzspieße haben. Die eigentlich alten waren durch das Kürzen der Spitzen scheinbar jünger geworden. Viel spannender wurde die Reaktion der Weibchen, als Männchen abgeschnittene Spitzen angeklebt wurden, so dass ihre Schwanzspieße deutlich länger als üblich waren. Solche Männchen umflogen die Weibchen wie verrückt. Das Experiment bestätigte mithin, dass die tatsächliche Ausbildung eines markanten Geschlechtssignals bei den Männchen die Wahl der Weibchen beeinflusst. Ein paar Millimeter reichen dazu aus.

Um welch geringe Größenunterschiede es bei der Weibchenwahl gehen kann, zeigte Möller auch am Haussperling *Passer domesticus*. Die Männchen tragen einen schwarzen Fleck («Latz») auf dem Kehl- und Brustgefieder. Im Ruhekleid ist er klein und auf den Bereich des Unterschnabelansatzes begrenzt. Deshalb ist der schwarze Latz kaum sichtbar. Im Brutkleid entwickelt er sich aber zu einer runden schwarzen Fläche, die bei aufgeplustertem Gefieder markant in Erscheinung tritt. Von der Größe dieses schwarzen Latzes hängt der Erfolg des Männchens bei der Paarung mit Weibchen ab. Durch zusätzliche Schwarzfärbung der grauen Federn rund um den Latz kann man einen «Superspatz» erzeugen, dem alle Weibchen einer örtlichen Spatzenkolonie zufliegen. Es gibt sie also, die Variation. Weibchen können wählen, wenn sie die feinen Unterschiede für bedeutsam halten. Trotzdem fallen die Abweichungen, wo sich solche bei sehr genauen Studien feststellen lassen, recht gering aus. Viel Auswahl scheinen die Weibchen nicht zu haben. Warum variiert die Länge der Schwanzspieße bei den Männchen der Rauchschwalben nicht stärker, wenn die Weibchen so sehr darauf abfahren? Schwalbenkenner werden zu dieser Frage einwenden, dass noch längere Schwanzspieße die Flugfähigkeit der Männchen behindern würden. Rauchschwalben sind Zugvögel. Tausende von Kilometern müssen sie auf dem Zug ins afrikanische Winterquartier zurücklegen. Zu lange äußere Schwanzfedern würden den Flug behindern. Daher setzt die Notwendigkeit des Fluges ins Winterquartier und von dort wieder zurück ins Brutgebiet der möglichen Länge der Schwanzspieße genau die Grenze, die sie erreicht haben. Der Einwand stimmt vermutlich. Denn eine nahe verwandte Schwalbe, die Drahtschwanz- oder Rotkappenschwalbe *Hirundo smithii*, entwickelt noch längere, drahtdünne äußere Schwanzfedern. Sie ist in Afrika zwischen den Wendekreisen weit verbreitet und meist Standvogel. Nur die südlichen und nördlichen Populationen dieser Art führen einen im Vergleich zur Rauchschwalbe kurzen Zug innerhalb Afrikas durch. Eine weitere Verlängerung der Schwanzspieße wäre also bei unseren Rauchschwalben tatsächlich möglich, wenn sie nicht den langen, aufwändigen Zug zu machen hätten.

Wo aber bleibt dann die Freiheit für die Weibchen zu wählen, wenn sich die Männchen dem möglichen Grenzwert der Länge der Schwanzspieße stark genähert oder diesen so gut wie erreicht haben? Und welche Rolle sollten eventuell als «Spielraum» noch verbleibende Millimeter für die Qualität der Männchen haben? Wir kommen auch in diesem von einem Experiment so eindrucksvoll beleuchteten Fall wieder an die Grenze praktischer Gleichförmigkeit, die schon bei der Betrachtung der Erpel unserer Stockenten festgestellt werden musste. Die Enten und die Schwalben mögen ja bessere Augen haben als wir, aber was nützt es ihnen? Was haben sie von einem Schwanzspieß, der sich nur am toten Vogel um einen Millimeter länger als bei einem anderen Rauchschwalbenmännchen herausstellt? Wenn es aber nur darum geht, ein junges, noch nicht richtig fortpflanzungsfähig gewordenes Männchen anhand der kurzen Schwanzspieße von einem voll erwachsenen zu unterscheiden, hätte die künstliche Verlängerung der Schwanzspieße keinen Eindruck auf die Weibchen machen dürfen. Zumindest keinen so großen, wie es Möller beschrieben hat.

Diesen Bedenken zum Trotz steckt die Lösung des Problems tatsächlich in der Wirkung der verlängerten Schwanzspieße. Nur vollzieht sie sich in anderer Weise. Sie führt uns zurück zu den Enten und den Pfauen und zu den anderen Beispielen für Besonderheiten balzender Vogelmännchen. Denn ihnen allen gemeinsam ist, dass das Prachtkleid aktiv zur Schau gestellt wird. Aktiv bedeutet, nicht einfach so, dass sich die

Männchen irgendwo hinstellen und «sich zeigen», sondern in Verbindung mit Bewegungen. Das können ritualisierte Balzkämpfe sein wie bei den Birkhähnen, Balzflüge wie beim Brachvogel oder den Singflügen der Feldlerchen, Aufstellen des Prachtgefieders zum Rad wie bei den Pfauen, mit dem ein häufiges heftiges Zittern verbunden wird, oder die Gesellschaftsbalz der Erpel. Die Rauchschwalbenweibchen sehen (und «begutachten») die Schwanzspieße der Männchen in Balzflügen oder wenn die Männchen frei sitzend ihren Zwitschergesang etwa vom Draht einer Stromleitung aus vortragen. Die Feldlerchenweibchen sehen nichts Auffälliges an ihren Männchen, das diese von ihnen selbst unterscheiden würde, aber sie können den Steigflug mit verfolgen und die Dauer des Gesangs hören. Die Weibchen der Stockenten und all der anderen Enten mit Gesellschaftsbalz sehen, wie intensiv die Erpel in den Gruppen balzen. Und auch die Spatzenmännchen hüpfen bei der Balz heftig tschilpend umher oder singen von der Dachrinne aus. Dabei verbreitert sich der schwarze Latz an der Kehle deutlich im Vergleich zur Ruhehaltung des Gefieders. Kurz, die Schönheit des Prachtkleides und seine Besonderheiten werden nicht einfach «gezeigt», sondern mit mehr oder weniger hohem Einsatz von Energie präsentiert. An diesem Einsatz, an der Aktivität der Männchen, können sich die Weibchen orientieren. Auch bei im Grunde völlig gleich aussehenden Erpeln drücken sich ihre Qualitäten an Leistungsfähigkeit sauber quantitativ über Dauer und Intensität der Gesellschaftsbalz aus. Ebenso wählen die Rauchschwalbenweibchen aus der Fluggruppe werbender Männchen dasjenige, welches mit langen Schwanzspießen am besten bzw. am eindrucksvollsten fliegt. Es ist die Fluggewandtheit, die für die Rauchschwalbenweibchen das entscheidende Kriterium für die Beurteilung der Männchen abgibt, und nicht die genaue Länge der Schwanzspieße. Denn von der Fluggewandtheit wird es abhängen, ob das erwählte Männchen reichlich Fliegen und andere passende Insekten als Futter für die Jungen beibringen kann. Die Schwanzspieße ermöglichen einen gebremsten Flug. Dieser ist nötig, um kleine Flugobjekte in der Luft, Fliegen eben, punktgenau im Flug zu fangen. Wenn wir ihnen zusehen, diesen kleinen Flugkünstlern, sehen wir, welche Bedeutung die Wendigkeit im Flug hat. Deshalb tragen auch die Weibchen der Rauchschwalben ähnlich tief gegabelte Schwänze wie die Männchen. Die etwas kleineren Mehlschwalben *Delichon urbica* fliegen anders, oft viel niedriger als die Rauchschwalben, und sie benutzen häufiger Segelflugstrecken. Ihr Flügelschnitt ist ganz anders als bei den Rauchschwalben.

Das Beispiel der Schwalben gilt im Grundsatz ganz allgemein. Die Kriterien der Weibchenwahl orientieren sich am Beitrag der Männchen zur Fortpflanzung. Beschränkt sich dieser, wie bei unseren Stockenten, auf die kurze Zeit, in der es darum geht, von der Ente andere, zu Vergewaltigungen bereite Erpel fernzuhalten und für die Kopulationen bereit zu sein, die sie zum richtigen Zeitpunkt für die Befruchtung der Eier benötigt, wird sie einen Erpel wählen, der sich kraftvoll zeigt. Sein Prachtkleid muss sich nicht von dem anderer Erpel seiner Art nennenswert unterscheiden. Ähnlich verhält es sich mit Pfau, Fasan und anderen Hühnervögeln. Die Dauer der anstrengenden Balzhaltung und der heftigen Balztänze sagt mehr über die Kondition der Hähne als das Prachtkleid. Nur wenn dieses offensichtliche Mängel oder Schäden zeigt, braucht die Henne dies zu berücksichtigen. Deshalb treten Fehlverpaarungen unter Hühnervögeln, wie zum Beispiel zwischen Fasan und Birkhenne, durchaus nicht selten auf. Die Birkhenne ist nicht darauf eingestellt, von einem Birkhahn zur Paarung bedrängt zu werden. Zur Balz des Fasans gehört hingegen eine ziemliche Aufdringlichkeit des Hahns. Als Fasane zu Zehntausenden um die Wende vom 19. zum 20. Jahrhundert in Mitteleuropa ausgesetzt wurden, um sie als Jagdwild einzubürgern, kam es wiederholt zu Fehlverpaarungen mit Birkhennen. Damals gab es Birkhuhnvorkommen noch außerhalb der Alpen auch im Flachland. Die «Fehltritte» lagen sicher nicht an der falschen Wahl seitens der Birkhennen, sondern weil diese bis zu einer Art von Vergewaltigung von Fasanenhähnen bedrängt worden waren. Tatsächlich sehen Fasanen- und Birkhenne mit ihrem bräunlich schuppigen Gefieder einander recht ähnlich. Die Kreuzungsprodukte, die wohl nur erkannt wurden, wenn es sich um männliche Bastarde handelte, pflanzten sich nicht weiter fort. Der biologische Unterschied zwischen Fasan und Birkhuhn ist dafür zu groß.

So weisen diese Bastarde gleichfalls auf die zentrale Rolle der Aktivität in der Balz hin. Wo sie sich im Abbau von (überschüssiger) Energie erschöpfen kann, finden wir auch ein entsprechend aufwändiges Balzverhalten. Wo aber Energiereserven der Männchen, die ihnen zukommen, weil sie keine Eier legen, für die gemeinsame Aufzucht der Jungen benötigt werden, rückt beurteilungsfähige Leistung in den Vordergrund. Die Männchen gründen Brutreviere, verteidigen diese gegen Artgenossen und singen darin intensiv. Kommt ein Weibchen und verpaart sich mit diesem Männchen, gehen Singen und Revierverteidigen weiter, solange das Weibchen brütet. Danach nimmt beides ab und beschränkt sich weitgehend auf die frühen Morgen- und späten Abendstunden. Das Männchen ist nun richtig eingespannt in das Brutgeschäft. Unablässig sucht es nach Nahrung für die Fütterung der Brut. So bietet der Gesang den Weibchen die Möglichkeit zur Partnerwahl und dieser erhält gleichzeitig auch das Männchen in guter Kondition für die Beteiligung am Brutgeschäft. Die bei der Weibchenwahl «abgefragte Leistung» betrifft diese Qualität und nicht etwa Feinheiten eines besonderen Prachtgefieders. Für die Jungenaufzucht besagt der Gesang mehr als bunte Federn. Damit ist das Ergebnis klar: Für die Weibchen zählen Eigenschaften, die für die Fortpflanzung von Bedeutung sind. Dabei handelt es sich um solche, die mit den bereits von den Männchen erbrachten Leistungen oder mit ihrer zu erwartenden Leistungsfähigkeit verbunden sind. Die diesen Eigenschaften zugeordneten Signale müssen «ehrlich» sein. Die Weibchen tun gut daran, gründlich zu prüfen. Sie tun dies umso ausgeprägter, je größer die Leistung des Männchens als Beitrag zur Fortpflanzung nach der Paarung werden soll. Mithin können wir uns nun der Frage zuwenden, warum so aufwändig gewählt wird. Wenn, wie üblich, von Natur aus Männchen und Weibchen in etwa gleicher Häufigkeit geboren werden oder aus den Eiern schlüpfen, sollte jedes Paar seine Chance zur Fortpflanzung haben. Welche Paarung im Hinblick auf die Nachkommen gut oder weniger günstig ausfällt, zeigt sich erst hinterher mit mehr oder weniger ausgeprägter Zeitverzögerung. Nach Darwin gibt es weder bei der Natürlichen noch bei der Sexuellen Selektion ein Züchtungsziel. Wozu also die Wahl, wenn doch kein Ziel vorhanden ist?

### Warum wird gewählt?

Die Bezeichnung Weibchenwahl erweckt den Eindruck, die Wahl würde bewusst oder absichtlich vorgenommen. Die Pfauenhenne wählt den Hahn, die Ente den Erpel, der ihr am besten gefällt. Müssten dann, ganz unabhängig von der Klärung der Frage, ob die Wahl tatsächlich so wählerisch-direkt vorgenommen wird, nicht auch die Meinungen der Weibchen unterschiedlich sein? Wenn alle gleich wählen, wie es bei der hohen

Gleichförmigkeit des fertigen, ausgereiften Prachtgefieders aussieht, verliert die Wahl an Bedeutung. Es kommt doch eine Einheitsversion zustande. So sehr die Weibchen einander gleichen, so sehr gleichen sich auch die Hähne einander an. Im Ergebnis sind dann zwar die Geschlechter verschieden, aber nicht wirklich variabel. Eine derartige Selektion wird in der Fachsprache der Genetiker «Stabilisierende Selektion» genannt, weil sie die Eigenschaften stabilisiert, die das Äußere bestimmen.

Wer die buntscheckige Vielfalt von Hausentenmischlingen mit wildfarbenen Stockenten gesehen hat, kann sich vorstellen, wie die Wahl aussehen könnte, wenn tatsächlich vielfältige Wahlmöglichkeiten gegeben wären. Da könnten sich ganz weiße Enten einen ganz schwarzen Erpel mit dem Glanz von flaschengrün auf dem Gefieder wählen, oder ein dunkles Weibchen einen cremefarbenen Erpel mit sehr gelbem Schnabel. Federkrönchen könnten die Aufmerksamkeit erregen und die Attraktivität erhöhen. Es gibt sie im bunten Mischmasch aus gezüchteten Hausenten und ihrer wilden Stammform. Doch in der Natur finden wir diese vielfältigen Variationen nicht. Die doppelte Einheitlichkeit, nämlich das ganz bestimmte Weibchenkleid und das bezeichnende Prachtkleid der Erpel, müssen jeweils auf ihre Weise zustande gekommen sein. Da es offensichtlich im Erbgut der Art viel größere Variationsmöglichkeiten gibt, verhindert Natürliche Selektion, dass sie sich ausprägen. Das macht es uns nicht leichter, die Hintergründe der Wahl ausfindig zu machen. Beide Gefiederformen von Männchen und Weibchen sind stabil. Das qualifiziert sie beide als überlebenstauglich. Stärkere Abweichungen davon treten gar nicht auf.

Das Weibchengefieder tarnt, daran kann kein Zweifel bestehen. Das Prachtgefieder der Erpel hingegen fällt auf; mit Tarnung lässt es sich nicht begründen. Wir werden diese verbreitete Diskrepanz zwischen dem Äußeren der Männchen und der Weibchen erneut aufgreifen, wenn es um die Anpassung geht. Sie ist, wie schon mehrfach betont, seit Darwin ein Grundkonzept der Evolutionsbiologie. Doch noch ist die Frage offen, warum gewählt wird. Seit die Grundlagen der Vererbung, das Erbgut und die Gene, aufgedeckt sind, lautet die gängige Antwort: «Weil die Weibchen gute Gene bevorzugen!» Sie sehen diese, weil sie sich am Partner durch zuverlässige äußere Kennzeichen erkennen lassen. Das tadellose Prachtkleid drückt aus, dass es sich fehlerfrei und ungestört in der letzten Mauser, also kurz vor der neuen Fortpflanzungsperiode, entwickelt hat.

Schönheit bedeutet Gesundheit. Die gleichartige (!) Ausbildung des Prachtgefieders besagt, dass der Träger der Norm entspricht. Während seiner eigenen Entwicklung gab es keine Störungen oder Abweichungen. Alles verlief «wie nach Plan». Als balzender Erpel zeigt er kein Handicap, sondern den Zustand grundsätzlich für die Fortpflanzung geeigneter Fitness. Mit der Dauer seiner Balzleistung im Gesellschaftsspiel drückt er die momentane Kondition aus. Das Prachtkleid bietet mithin die allgemeine Orientierung sowie die individuelle Performanz. Hieraus ergibt sich für die Weibchen eine Zweistufenwahl. Ob es sich tatsächlich so verhält, könnte wiederum am besten an den Mischlingsbeständen von Enten ermittelt werden. Jedenfalls vermittelt die allgemeine Zuordnung zum Prachtkleid eine erste konkrete Vorstellung davon, warum gewählt wird.

Es geht bei den «guten Genen» darum, ob das betreffende Männchen grundsätzlich für die Fortpflanzung taugt, für die es an unmittelbarer Eigenleistung letztlich nur eine Portion Samenzellen zur Verfügung stellt. Das Weibchen leistet mit der Bildung der Eier schon vor der Verpaarung sehr viel, machen diese doch je nach Vogelart zwischen einem Fünftel und fast der Hälfte ihres Körpergewichtes aus. Das Weibchen kann sich nicht leisten, dass die Eier dann unbefruchtet bleiben oder falsch befruchtet worden sind. Welcher Grad des Fortpflanzungserfolges nach der Paarung mit einem Männchen erzielt werden wird, hängt nun auch von der tatsächlichen genetischen Qualität des Samenspenders ab. Diese gilt es zu testen und an hinreichend sicheren Kriterien zu erkennen.

Die «guten Gene» bilden die Gesamtheit des Erbgutes (Genom). Sie kennzeichnen in ihrem Vorhandensein und Zusammenwirken die Gemeinschaft der Individuen, die wir Art nennen. Deshalb erscheinen uns die Arten klarer voneinander verschieden, als sie das im Hinblick auf die Variationsmöglichkeiten in ihrem Genom tatsächlich sind. Die moderne Molekulargenetik hat bisher kein einzelnes Gen gefunden, das die Artverschiedenheit bewirkt. Ganz im Gegenteil hält sie sich bei unsicheren Abgrenzungen an die statistische Größe des genetischen Unterschiedes, der sich im Genom nachweisen lässt. Manche Arten können daher äußerlich einander fast ununterscheidbar ähnlich sehen, wie zum Beispiel unsere kleinen Laubsänger Fitis *Phylloscopus trochilus* und Zilpzalp *Phylloscopus collybita,* weil sie sich an der Unterschiedlichkeit ihrer Gesänge erkennen und daher das Gefieder keine Rolle spielt. Andere wiederum, wie viele Arten der Enten, sehen so verschieden aus, dass wir keine Mühe haben, sie auch auf größere Entfernungen eindeutig zu identifizieren. Aber es treten Bastarde in der Natur auf, die nicht etwa durch Gefangenschaftshaltung halb erzwungen sind. Diese Bastarde können zwar bestens überlebensfähig sein, aber sie vermehren sich untereinander nicht, weil sie entweder gar nicht fruchtbar, sondern steril sind, oder weil sie keine Partner bekommen, also nicht als artgemäß und passend erkannt werden. Deshalb besagt die Ähnlichkeit oder Unterschiedlichkeit des Äußeren nicht allzu viel über die Artzugehörigkeit und die Nähe der Verwandtschaft. Doch stets bleibt dem jeweiligen Erbgut einer Art, ihrem Genom, eine äußere Erscheinungsform, der Phänotyp, zugeordnet. Daran erkennen wir die Arten und bestimmen sie anhand hinreichend stabiler Unterschiede. Ginge es um das Durchspielen möglichst vieler genetischer Kombinationen, müssten Phänotyp und Genotyp möglichst weit sein. Denn je größer die Variationsbreite, desto eher kommen besondere Kombinationen zustande. Bei uns Menschen könnte es sich dank unserer außerordentlichen individuellen Vielfalt so verhalten. Bei den meisten anderen Lebewesen anscheinend aber nicht. Sonst könnten wir die Lebensvielfalt auch nicht in Arten gliedern. Das Konzept der «guten Gene» besagt deshalb kaum mehr als eine artgemäße Paarung, die dadurch gewährleistet wird. Ansonsten müsste sich ein besonderes Gen (oder einige wenige, die zusammenwirken) herausheben und entsprechend gut erkennbar werden.

Fassen wir diese Betrachtungen zusammen, so ergibt sich, dass es bei der Wahl des Fortpflanzungspartners zu allererst darum geht, einen artgemäßen Partner zu finden. Dass diese Wahl wichtig ist, liegt auf der Hand. Denn die Paarung mit einem Vertreter der falschen Art ergäbe eine Fehlinvestition. Kenner der Pflanzenwelt werden an dieser Stelle einwenden, dass Hybridisierung im Pflanzenreich sehr weit verbreitet und sogar ein wichtiger Artbildungsmechanismus ist. Der Einwand ist natürlich richtig. Aber er unterstützt die Argumentation, denn die Pflanzen, bei denen es häufig zu Hybridisierungen zwischen verschiedenen, gleichwohl nahe miteinander verwandten Arten kommt, spalten nicht in männliche, nur Pollen liefernde Individuen und weibliche mit Eizellen auf. Beide Geschlechter kommen an ein und derselben Pflanze vor. Es gibt daher keine unterschiedlichen Beiträge der Geschlechter zur Fortpflanzung. Von den Neukombinationen können beide gleichermaßen gewinnen. Verglichen mit dem üblichen Aufwand von Pollen- und Samenbildung sind Fehlbefruchtungen, die zu Hybridpflanzen führen, bedeutungslos. Daher kann an ihnen auch keine «Gegenselektion» ansetzen. Wo hingegen, wie bei vielen Tieren, das weibliche Geschlecht sehr viel in den Nachwuchs vorinvestiert, das männliche aber wenig, kommt es nur äußerst selten zu Fehlpaarungen, außer diese sind erzwungen, also Vergewaltigungen. Wiederum bekräftigt ein kurzer Seitenblick auf uns Menschen diese allgemeine Feststellung. Von unseren nächsten Artverwandten, den beiden Schimpansen-Arten, trennen uns nur etwas mehr als ein Prozent Unterschied im Erbgut, aber zu Hybridisierungen kommt es trotzdem nicht. Nicht einmal mit dem Neandertaler, einer Menschenart, die uns genetisch sehr nahe stand, gab es eine Vermischung oder, wenn doch, in bedeutungslos geringem Umfang. Umgekehrt sind alle heutigen Menschen grundsätzlich und uneingeschränkt in der Lage, untereinander gesunde, fortpflanzungsfähige Nachkommen zu erzeugen. Dennoch kam es bekanntlich zu ziemlich massiven Hemmungen, wenn das Äußere, der Phänotyp, zu unterschiedlich war. Es findet etwas statt, was die Biologen «assortative mating» nennen. Gemeint ist damit eine klar von Zufallsverpaarungen abweichende Bevorzugung von (äußerlich) zueinanderpassenden Personen. Der Volksmund drückt das mit «gleich und gleich gesellt sich gern» aus.

Genau dies lässt sich in den Hybridpopulationen der Parkstockenten beobachten. Abweichungen treten eher auf, wenn nicht so sehr das Äußere für die Partnerwahl von Bedeutung ist, sondern Körpergeruch die innere «Passung» vermittelt. Diese geht vom Immunsystem aus. Für dieses gilt: «Gegensätze ziehen sich an». Denn je unterschiedlicher die Immunsysteme der beiden Partner, die gemeinsam Nachwuchs erzeugen, desto besser vorbereitet wird dieser auf die Abwehr von Krankheitserregern sein. Infolgedessen wirkt eine zweite, ähnlich wichtige Tendenz bei der Partnerwahl: Die Partner sollen möglichst verschieden voneinander sein. Aus dieser überlebenswichtigen Anforderung geht die innere Variabilität hervor. Zu sehen ist sie kaum, denn die äußere Einheitlichkeit des Phänotyps überdeckt die innere Vielfalt. Und da das Immunsystem selbstverständlich auch genetisch begründet ist, können wir festhalten, dass der Genotyp mehr oder minder variabel sein kann und sein wird, auch wenn der Phänotyp ein hohes Maß an Einheitlichkeit zum Ausdruck bringt. In unseren konkreten Beispielen, wie der Balz der Enten, des Pfaus oder dem Hirschgeweih, widerspricht daher die äußere Gleichförmigkeit keineswegs der inneren Vielfalt. Beide sind buchstäblich zwei Seiten desselben Phänomens, nämlich die nach außen gewandte des Phänotyps und die innere des Genotyps. Die Sexuelle Selektion sollte mithin vornehmlich dort ansetzen, wo gleichsam innere Qualitäten zum Ausdruck kommen. Nicht jeder äußere Unterschied muss ihr zugeordnet werden. Infolgedessen nimmt es nicht wunder, dass in der Vogelwelt Farben eine so große Bedeutung haben, weil sie aus besonderen Zuständen und Leistungen des Stoffwechsels hervorgehen. Die in roten und gelben Farben an exponierten Körperpartien sichtbaren (!) Überschüsse an Carotinoiden drücken Gesundheit aus. Diese Individuen sind wenig oder nicht nennenswert von Parasiten oder Krankheitserregern befallen. Dasselbe gilt für Gefiederpartien, die sehr rasch wachsen, wie die Schmuckfedern der Pfauen. Nur ein gesunder, sehr leistungsfähiger Hahn bringt sie in der perfekten Form mit der spiraligen Anordnung der «Augen» zustande. Jede Störung darin kann eine innere Beeinträchtigung oder eine äußere Schwäche ausdrücken. Auch die so einzigartige Segelform der orangebraunen Schmuckfeder an der Seite des Mandarinerpels *Aix galericulata* setzt die störungsfreie Entwicklung und die entsprechend dosierte Versorgung mit Farbstoff voraus. Wenn der Erpel bei der Balz mit seinem lackroten Schnabel auf diese Feder hinweist, brauchen wir gar nicht zu vermenschlichen, um auszudrücken, was er damit dem Weibchen anzeigt. Auf jeden Fall handelt es sich um ein ehrliches Signal und damit um ein mögliches Kriterium für die Wahl seiner artzugehörigen Ente.

Erneut können wir zum besseren Verständnis auf uns selbst blicken. Wir wissen, dass für zahlreiche Krankheiten eine genetische Disposition bei uns gegeben ist. Nicht die Krankheit selbst ist angeboren, sondern die körperliche Konstitution, die ihre Entstehung oder ihr Ausbrechen begünstigt. Wir wissen auch, dass Überreaktionen und Fehlfunktionen unseres Immunsystems, gemeinhin zusammengefasst als Allergien, das Leben selbst im abgesicherten Rahmen einer Wohlstandsgesellschaft sehr schwer machen können. Auch sie beruhen auf genetischen Dispositionen. Das Äußere macht uns, sehen wir von jenen Menschen ab, die durch allzu starke Abweichungen vom Normalen wirklich vom Schicksal geschlagen sind, weit weniger persönliche Schwierigkeiten als die Krankheiten. Durchschnittliche oder sogar eher weniger schöne Menschen können wunderbare Kinder bekommen, während den Schönen nicht automatisch auch prächtiger Nachwuchs beschieden ist. Somit kennzeichnet uns das Äußere mehr allgemein als Menschen, während dem Inneren Lebenstauglichkeit und Fortpflanzungserfolg entspringen. Die äußere «Hülle» kann viel oder wenig bedeuten und durch entsprechende Kleidung oder schönheitschirurgische Maßnahmen verbessert werden. Die innere Passung erriechen wir weit mehr als uns bewusst ist und als wir dem Augenschein nach vermuten würden. Das ist die Botschaft der modernen Geruchsforschung. Darin verbirgt sich der immense Erfolg der Hygienemittel- und Parfümindustrie. Und all das deckt sich bestens mit den eigentlichen (Hinter-)Gründen der Partnerwahl. Das Erbgut der Partner muss grundsätzlich zusammenpassen. Erfüllen die äußeren Anzeichen die Kriterien für die Passung, kann das Besondere zur Entfaltung kommen. «Zur Ent-Faltung» ist in der Tat ein treffender Ausdruck dafür, denn nun erst geht es um Variation, um Freiheit. Wie groß diese Freiheit ist oder werden kann, hängt von den Lebensumständen der betreffenden Arten ab. Beim Menschen ist sie sicherlich weit größer als bei allen übrigen Säugetieren und Vögeln, weil wir unsere Lebensbedingungen weitestgehend selbst gestalten. Wer abhängiger ist von der äußeren Umwelt, dem bleibt weniger Spielraum. Deshalb wenden wir uns nun der Anpassung an die Umwelt, der eigentlichen Selektion im Sinne Darwins, noch einmal zu. Dabei geht es um die Frage, wie groß der Spielraum zwischen Notwendigkeit und Freiheit tatsächlich ist. Denn in diesem Freiraum entfaltet sich die Schönheit.

## Ein langer, kalter Winter

Lang und kalt war der Winter 2009/10 in großen Teilen Europas. Es hatte scharfe Fröste und Massen von Schnee gegeben. Die Vögel wurden noch intensiver gefüttert, als im Februar erneut Kälte kam und der März in der ersten Monatshälfte nochmals viel Schnee und Nachtfröste bis unter –10 Grad Celsius brachte. Doch an den Futterstellen fanden sich immer weniger Vögel ein. «Was ist los?», so lauteten zahlreiche Anfragen, denn vielerorts blieben die erwarteten hungrigen Vögel aus. Grünfinken *Chloris chloris,* die sich vom Überangebot mühelos sättigen konnten, starben, weil sie sich an den Futterplätzen mit Salmonellen infizierten. Wird uns ein «stummer Frühling» bevorstehen, sorgten sich viele Menschen. Gewiss, dieser Winter hatte manche Vogelart hart getroffen. Doch im Frühjahr wird sich zeigen, dass alles halb so schlimm wie befürchtet war. Die nächsten Bruten werden eventuelle Lücken in den Beständen wieder auffüllen. Solche und ähnliche Auskünfte sollten die Besorgnis zerstreuen. Winterverluste gibt es immer. Mal fallen sie größer, dann wieder geringer aus.

Längst nicht alle Vögel, die «Standvögel» genannt werden, überwintern tatsächlich an Ort und Stelle. Teile des Bestandes ziehen in mildere Gegenden ab. Bei manchen Arten ist das gut zu sehen, weil Männchen und Weibchen unterschiedlich gefiedert sind. Die bekanntesten Vertreter solcher Vögel sind in Mitteleuropa die Buchfinken und die Amseln. Viele Männchen beider Arten überwintern hier, während die meisten Weibchen und Jungvögel des vergangenen Sommers nach Süden und Südwesten ziehen, um in milderen Regionen den Winter zu verbringen. Der Kurz- oder Mittelstreckenflug in die Überwinterungsgebiete erfordert zwar auch einen nicht unbeträchtlichen Aufwand an Energie, aber diese Vorinvestition lohnt, so die gängige Erklärung für das unterschiedliche

Verhalten der Geschlechter und der Altersgruppen, weil die Überlebenschancen im milderen Winterquartier höher ausfallen.

Wie so oft haben «gängige Erklärungen» ihre Tücken. Das zeigte der Winter 2009/10. Denn entgegen der Erwartung waren bei den Amseln die Männchen besser durch diesen Winter gekommen als die Weibchen. Und das, obwohl sie nördlich der Alpen langen Frostperioden und zeitweise hoher Schneelage ausgesetzt waren. Wer angenommen hatte, mit dem Kommen des Frühlings würde nun auch eine Flut von Amselweibchen eintreffen, wurde mit genau dem Gegenteil konfrontiert: Die schwarzen Männchen, die inzwischen eine intensiv gelbe bis rotgelbe Schnabelfarbe entwickelt hatten, stritten sich schier ohne Ende um die wenigen Weibchen, die tatsächlich zurückgekehrt waren. Meine Zählungen Ende März ergaben ein krasses Missverhältnis von drei, ja gebietsweise sogar fünf bis sechs Männchen pro Weibchen. Kämpfende Amselhähne, die sich Kampfhähnen vergleichbare Gefechte lieferten, fielen dem Straßenverkehr zum Opfer, weil sie nicht einmal den nur mit Tempo 30 ankommenden Autos auswichen. So verbissen kämpften sie miteinander. Ein schwarzer Amselhahn, der gerade einen Eindringling aus dem Garten, seinem Revier, vertrieb, streifte im Vorbeifliegen mit dem Flügel beinahe mein Gesicht. Den Luftzug bekam ich an der Wange zu spüren. Gleich darauf purzelten beide aus der nächsten Hecke, in die sich der Verfolgte geflüchtet hatte, auf den Gehsteig heraus zu Boden. Katzen hätten fast mühelos Beute machen können. Sperber taten es. Bei den wenigen Buchfinken, die ab Mitte März zu singen begonnen hatten, ließen sich gleichfalls nur wenige Weibchen feststellen. Aber anders als bei den Amseln lässt sich das Geschlechterverhältnis bei den Buchfinken nicht mehr so leicht ermitteln, wenn sie die nähere Umgebung der Futterstellen verlassen und die Verteidigung ihrer Reviere begonnen haben. Wie schon den ganzen Winter über gab es mehr Männchen als Weibchen bei den Grünfinken. Weibchen kamen anscheinend auch kaum aus den Winterquartieren nach. Und was der Rotkehlchengesang bedeutete, der einsetzte, als Mitte März schließlich doch der Schnee schmolz, ließ sich mangels klarer äußerlicher Unterschiede zwischen den Geschlechtern aus der bloßen Zahl singender Männchen nicht ableiten.

Anders beim Buntspecht. Der rote Federfleck am Hinterkopf fehlt den Weibchen. Mit etwas Geduld und einem Fernglas ist es daher möglich, das Geschlecht festzustellen. Im Winter 2009/10 reiften Fichtenzapfen in großen Mengen, denn es hatte davor ein sogenanntes Mastjahr bei der Fichte gegeben. Die Buntspechte waren dank dieser reichlich vorhandenen Nahrung und auch dank des zusätzlichen Futters in Form fetthaltiger «Meisenknödel», das ihnen geboten wurde, gut durch den Winter gekommen. Alle acht Buntspechte, die sich seit Herbst 2009 in der engeren Umgebung meines Wohnorts in München aufhielten, kamen durch. Doch dass schon Ende Dezember / Anfang Januar ein ungewöhnlich intensives Trommeln einsetzte und dass immer häufiger Verfolgungsflüge zu beobachten waren, deutete darauf hin, dass es auch bei ihnen zu wenige Weibchen gab. Ein einziges tatsächlich nur! Zu einem der acht Männchen hatte sich inzwischen ein Weibchen gesellt. Der Art des Geländes zufolge handelte es sich um ein erstklassiges Brutrevier für Buntspechte in der Stadt. Das Männchen, das den Winter über hier (an der Zoologischen Staatssammlung in München und den Gärten der unmittelbaren Umgebung) geblieben war, gehört also zu jenen Beispielen, die der gängigen Deutung entsprechen: Wer frühzeitig oder dauerhaft ein (sehr) gutes Revier halten kann, wird gute (bessere) Chancen haben, eine Partnerin für die Fortpflanzung zu bekommen. Folglich lohnt es für die Männchen, im Brutgebiet auszuharren, auch wenn ein harter Winter droht, um präsent zu sein, wenn die Konkurrenz erscheint.

Warum aber bleiben dann nicht auch die Weibchen? Was ist mit ihnen geschehen, dass bei so unterschiedlichen Vogelarten so wenige von ihnen nach dem Winter 2009 / 10 zurückgekommen sind? Was immer im Einzelnen passiert sein mag, das Ergebnis ist klar: Die Männchen haben besser überlebt; auch in diesem harten Winter! Die Beuteliste der Sperber würde nun ein falsches Bild davon liefern, wie riskant es ist, ein auffälliges (Vogel-)Männchen zu sein. Denn wenn es jetzt im Frühjahr vermehrt Amsel-Männchen in den Sperberrupfungen gibt, heißt das nicht, dass die Männchen gefährdeter sind, sondern lediglich, dass sie um ein Mehrfaches häufiger als die Weibchen waren. Ist das Risiko, den natürlichen Feinden, wie den Sperbern, zum Opfer zu fallen, für beide Geschlechter gleich groß, werden dennoch die Männchen mit ihrer Häufigkeit entsprechend größeren Anteilen in der Sperber-Beute vertreten sein.

Die Männchen haben eindeutig besser als die tarnfarbenen Weibchen überlebt. Also kann ihr auffälligeres schwarzes Gefieder kein Handicap sein – und ihr Ausharren in kälteren Regionen sowie ihre Rivalenkämpfe auch nicht. Weder bei den Amseln, Buchfinken, Grünlingen und

Buntspechten war es von Nachteil, ein Männchen zu sein, im Gegenteil. Der Weibchenmangel drückt aus, dass das weibliche Geschlecht erheblich gefährdeter ist. Es ist also durchaus richtig, dass die Weibchen (und Jungvögel) als die Schwächeren das Risiko des Zuges in ein klimatisch milderes Winterquartier eingehen. Ebenso ist es verständlich, dass die Männchen als die Robusteren im Brutgebiet bleiben oder näher an diesem überwintern. Die umfangreichen Wasservogelzählungen haben seit langem diese Verschiebung aufgedeckt. Am deutlichsten führen die Enten vor Augen, dass die Erpel im Prachtkleid weder den natürlichen Feinden, noch den Unbilden des Winters in größerem Umfang zum Opfer fallen als die Weibchen. Der Winter 2009 / 10 hat das, wie viele andere davor sicherlich auch, für «Landvögel» gezeigt, bei denen sich Männchen und Weibchen gut unterscheiden lassen. Zwar wird es hierzu andernorts andere Befunde geben – das liegt in der Variabilität der Natur. Liegen Untersuchungen von verschiedensten Orten vor, wird sich erweisen, ob und wie lokale Befunde verallgemeinert werden können. Es ist ja nicht zu erwarten, dass der Winter überall gleich gewirkt hat. Deshalb gibt es keine «beste Strategie» für das Meistern des Winters, sondern Alternativen. Sie bieten die Möglichkeit zu raschen Veränderungen im Zugverhalten. Dass seit einigen Jahrzehnten Mönchsgrasmücken *Sylvia atricapilla* aus dem südwestlichen Mitteleuropa nicht mehr nur in die traditionellen Überwinterungsgebiete im Mittelmeerraum fliegen, sondern mit 90 Grad Kursabweichung nach Nordwesten bis Südengland, um dort in dieser wintermilden Region zu überwintern, ist ein aktuelles Ergebnis dieser natürlichen Flexibilität. Verstärkend wirkte dabei sicherlich, dass die Mönchsgrasmücken in England intensiv und artgerecht gefüttert werden. Die anfänglich «falsch» geflogenen Vögel überlebten nicht nur, sondern sie kamen aus dem neuen Winterquartier in besserer Kondition zurück. Es sind eben oft gar nicht die vermeintlichen Zwänge, von denen Neues ausgeht, sondern Möglichkeiten, die sich aufgetan haben. Doch davon später mehr.

Betrachten wir die aktuelle Lage der oben behandelten Überwinterer noch ein wenig genauer. Die Amseln eignen sich dafür am besten. Denn es überwintern neben den alten Männchen auch junge der vorausgegangenen Brutzeit und einige (alte) Weibchen. Die jungen Männchen sind trotz ihres schwarzen Gefieders leicht an der unauffälligen Schnabelfärbung von den alten zu unterscheiden. Bei diesen kommt, wie schon angedeutet, zum Gelb noch eine mehr oder weniger kräftig rote Tönung der Schnabelspitze dazu. In den Auseinandersetzungen um Reviere siegen meistens diese alten Männchen und auch sie sind es, die am ehesten eine Partnerin bekommen, wenn die Weibchen so rar wie im Frühjahr 2010 sind. Dass sie sich im Rivalenkampf durchgesetzt haben, qualifiziert sie hinsichtlich der rein physischen Kondition. Die Schnabelfärbung zeigt an, dass sie gesund sind. Wenn die Weibchen so viele Männchen zur Auswahl haben, wie im März 2010, kommt es nicht allein darauf an, dass das Männchen ein Revier besetzt hält. Der Gesundheitszustand zählt mehr als der Verlust von ein paar Federn, die es bei den Kämpfen gelassen hat, oder dass das Gefieder etwas in Unordnung geraten war. Diese Kurzzeit-Wirkungen der Kämpfe gehen vorüber. Die Schnabelfärbung sagt mehr aus. Sie ist als Signal verlässlicher. Was sie ausdrückt, betrifft allerdings nur die überlebenden Weibchen, die nun im Überangebot von Männchen wählen können.

Warum aber die Amselweibchen höhere Verluste als die Männchen erlitten haben, geht aus der aktuellen Lage nicht hervor. War ihr Abzug in Winterquartiere die falsche Strategie? Wäre es besser gewesen, sie hätten wie die Männchen an Ort und Stelle überwintert? Die Antwort auf solche Fragen fällt keineswegs leicht. Manche schlüssige Erklärung ließe sich zusammenreimen. Gehen wir von den Fakten aus: Alte Männchen sind im Herbst mit durchschnittlich über 96 Gramm um fünf Gramm schwerer als alte Weibchen. Sogar die jungen Männchen des letzten Sommers übertreffen vor Beginn des Winters die Weibchen um ein paar Gramm. Das mag nicht bedeutsam erscheinen, ist es aber. Denn ein halbes Gramm Fett kann in der kalten Winternacht über Leben und Tod entscheiden. Größeres Gewicht bedeutet mehr Reserven, wenn die Lage kritisch wird. Bis zum Frühjahr haben die alten Männchen zwar auch etwas Gewicht verloren, aber sie sind im Durchschnitt immer noch etwa so schwer wie die alten Weibchen im Herbst waren. Und das, obwohl sie in erheblich kälteren Regionen überwintert haben. Die Weibchen starten in den Frühling nur mit 83 bis 84 Gramm. Damit sind sie um 15 bis 20 Prozent leichter als die Männchen, wenn diese ihre Reviere gründen. Das erste Gelege bedeutet für die Weibchen einen weiteren Verlust von Gewicht und Kondition. Sie sind und bleiben physisch schwächer als die Amselmännchen. Nur die alten, vom Leben erprobten Weibchen schaffen die Überwinterung zusammen mit den Männchen. In der winterlichen Konkurrenz um knappe Nahrung sind diese aber keineswegs bereit, Rücksicht auf die Weibchen zu nehmen. Den Schwächeren bleibt also wahrscheinlich gar nichts anderes übrig als zur Überwinterung weiter süd- und südwestwärts in mildere Regionen auszuweichen. Die Weibchen würden ansonsten eher noch höhere Verluste erleiden. Für diese Deutung spricht, dass in den milden Wintern der jüngeren Vergangenheit keine nennenswerte Steigerung der Menge überwinternder Amselweibchen festzustellen war. Den geringen Anteil von 10 bis 20 Prozent stellen die mehrjährigen «alten» Weibchen. Ihr Prozentsatz im Winterbestand steigt wegen eines oder einiger milder Winter nicht gleich an. Denn auch die Männchen überleben besser, wenn der Winter milder verläuft.

Was für die Vögel gilt, die mehr oder weniger weit ziehen (können), sollte eigentlich auch auf solche Tiere zutreffen, die im Gebiet bleiben müssen. Das Frühjahr bietet dazu vielfältige Möglichkeiten für eigene Beobachtungen. So sind, wo es sie noch gibt, im März und April die Feldhasen sehr aktiv. Unermüdlich, wie starrsinnig, laufen sie über die Fluren in Kurven oder im Zickzack hintereinander her. Es sind Männchen, Rammler genannt, die einer Häsin folgen. Selten ist es nur ein Rammler, der hinter der Häsin her ist, meistens verfolgen sie mehrere. Die Verfolgergruppe kann fünf bis sieben Männchen stark sein. Also gibt es auch bei den Feldhasen nach dem Winter einen Männchenüberschuss. Denn hätten beide Geschlechter etwa gleich gut überlebt, sollten es hauptsächlich Paare sein, die den Paarungslauf als Vorspiel durchführen. Da sich keine festen Hasen-Paare bilden, könnten es auch zwei Rammler im Durchschnitt werden, die einer aufnahmebereiten Häsin folgen. Wo aber fünf und mehr Männchen hinter einer Häsin her sind, herrscht mit ziemlicher Sicherheit Rammlerüberschuss. Dass die Männchen nun gerade im Frühjahr dem Straßenverkehr zum Opfer fallen, ist eine neue Entwicklung, die nicht zur Natur des Feldhasen gehört. Die Unachtsamkeit können sich die «verrückten Märzhasen» offenbar in der Natur leisten, so unauffällig sie sich sonst das Jahr über auch verhalten.

Gibt es einen Tümpel, in dem Erdkröten *Bufo bufo* in größerer Zahl laichen, wird sich ganz sicher auch ein Männchenüberschuss zeigen. In früheren Zeiten als die Erdkröten noch sehr häufig waren, fiel dieser nicht selten so groß aus, dass sogenannte Krötenzöpfe entstanden. Mehrere Männchen, bis über zehn konnten es sein, saßen jeweils am Rücken des anderen geklammert auf einem Weibchen. Die Last der Männchen drückte es unter Wasser, so dass es schließlich ertrank und sich nicht mehr wehrte. In den 1960er Jahren sah ich in einem Teich, in dem Hunderte Erdkröten laichten, ein Krötenmännchen, das irrtümlich die Nase eines Karpfens geklammert hatte. Der Fisch musste wohl oder übel warten, bis die Kröte den Irrtum bemerkte und los ließ. Solche Extreme bekräftigen nur, was sich im Verhalten der Erdkröten äußert. Der Weibchenmangel ist normalerweise so ausgeprägt, dass die Männchen bereits bei der Wanderung von den Winterverstecken zum Laichgewässer Weibchen zu packen versuchen und sich wie ein Reiter von diesem ans Ziel tragen lassen. Sie besitzen buchstäblich schon ein Weibchen, bevor die große Rauferei im Gewässer losgeht. Während das Weibchen den Doppelstrang mit den Eiern auspresst, spritzt das Männchen seinen Samen darüber. Die Befruchtung muss außerhalb des Körpers im Wasser stattfinden. Deshalb kann ein zweites Männchen, das wie im Doppelpack das erste klammert, ebenfalls Erfolg haben, wenn vom Weibchen die Eier ausgepresst werden. Dies ist der Ansatz zur Bildung des «Krötenzopfes». In der Bilanz heißt das, dass bei diesen langsamen Fußgängern mit einem Aktionsradius von nur wenigen hundert Metern um den Teich die Männchen deutlich besser überleben als die erheblich größeren und kräftigeren Weibchen. Deren Größe hängt mit der Masse von Eiern zusammen, die gebildet werden und die Körpermasse der Mutter dafür in Anspruch nehmen, während bei den kleineren Männchen alles «Kondition» bleiben kann.

Im Frühjahr können wir bei manchen Schmetterlingen beobachten, dass nach der Überwinterung ganz klar die Männchen (weit) häufiger vorkommen als die Weibchen. Die intensiv gelben Männchen der Zitronenfalter fliegen oft schon ab Ende Februar und bis in den April hinein in weit größerer Zahl als die blassgelben Weibchen. Das Verhältnis Männchen zu Weibchen kann durchaus drei zu eins betragen, obgleich die Männchen bis über zwei Wochen früher und sehr viel mehr als die Weibchen fliegen. Sie, die auffällig Zitronengelben, sollten daher gefährdeter als die blassgrün-weißlichen Weibchen sein, die zudem vom Schutz der von den meisten Vögeln wegen der Senföl-Glykoside, die sie in ihrem Körper tragen, gemiedenen Kohlweißlinge profitieren. Die Zitronenfalterweibchen imitieren die giftigen bzw. schlecht schmeckenden Kohlweißlinge. Die Männchen haben das offensichtlich so nicht nötig. Also kann der Feinddruck, dem sie ausgesetzt sind, keinesfalls größer als bei den Weibchen sein. Im Sommer, wenn die neue Generation der Kohlweißlinge geschlüpft ist, ergeben die Zählungen zunächst ein ganz ausgeglichenes Geschlechterverhältnis. Also sind auch bei dieser verbreiteten und häufigen Tagfalterart, bei der Männchen und Weibchen ganz leicht zu unterscheiden sind, die auffälligen Männchen nicht benachteiligt. Warum sie zwei Wochen früher als die Weibchen fliegen, ist unbekannt. Vielleicht geht es bei ihnen ähnlich wie bei den Zugvögeln um das möglichst frühe Einnehmen eines guten Flugreviers. Denn die Zitronenfalter fliegen nicht wahllos im Wald oder in den Stadtparks umher. Vielmehr halten sie bestimmte Flugstrecken ein, die sie wie bekannte Wege in einem Revier regelmäßig patrouillieren. Bevorzugt sind Orte, an denen später Weibchen fliegen und die von den Männchen als Aufforderung zur Paarung angeflogen werden können. Wenn es sich beim Zitronenfalter so verhält, würde die verfrühte Flugzeit der Männchen tatsächlich dem Verhalten der Zugvogelmännchen entsprechen, die so frühzeitig wie möglich ein gutes Revier zu erobern suchen. Wer ankommt, wenn ein Revier schon besetzt ist, hat, wenn nicht das Nachsehen, so doch auf jeden Fall den Nachteil, einen bereits Etablierten vertreiben zu müssen. Das misslingt oft. Dass die Singvogelmännchen früher als die Weibchen im Brutgebiet ankommen, hat also mit diesen gar nicht viel zu tun, denn es geht in der Konkurrenz der Männchen untereinander vorerst um das Revier und erst später um das Weibchen. Dem entspricht der vorgezogene Bau von Nestern durch noch unverpaarte Männchen. Diese bieten das Nest und sich selbst darin den nachkommenden Weibchen an.

Es erübrigt sich eigentlich, hinzuzufügen, dass in all diesen tatsächlich nur beispielhaft aus einer weit größeren Zahl herausgegriffenen Fällen die Männchen nicht benachteiligt sein können. Auf ihnen lastet kein größerer Druck von Feinden, weil sie auffälliger sind, sich früher zeigen und offen präsentieren. Sie überlebten die kritischen Zeiten des Winters oder der Trockenheit offensichtlich auch besser als die Weibchen.

Wir haben nun reichlich Stoff, um zur näheren Betrachtung der «äußeren Natur» und ihrer Bedeutung für die Lebewesen überzugehen. Denn sie, die Umwelt, ist gemeint, wenn es um «Anpassungen» geht. Seit Darwin gilt die Selektionswirkung der Umwelt als die entscheidende Triebkraft der Evolution. Die Umwelt ist allgegenwärtiger «Partner» des Lebens. Wie viel «bestimmt» oder «diktiert» sie wirklich? In welchem Verhältnis stehen die notwendigen Anpassungen zur Schönheit und ihrer Freizügigkeit.

# Teil II

# Die Deutung der Schönheit

## Die Anpassung: Zu schön fürs Überleben?

*Anpassung woran?*

Die Entdeckung der Natürlichen Selektion war der geniale Wurf von Charles Darwin und Alfred R. Wallace. Selektion bewirkt Anpassung. Die besser passenden Individuen überleben, statistisch gesehen, häufiger als die weniger gut den Anforderungen der Umwelt entsprechenden. Die Umwelt wirkt wie eine Schablone mit Sieb. Nur solche Lebewesen, die überhaupt in die Schablone passen, kommen für den Test der Überlebenstauglichkeit in Frage. Diesen bestehen nur sehr wenige. Die Umwelt selektiert mit einer Mischung aus Zufall und Notwendigkeit. Klare, strenge Vorgaben gibt es nicht. Solchen folgt nur die züchterische Auslese der Menschen – und bewirkt damit ungleich schnellere Veränderungen als sie in der Natur zustande kommen. Die Vorgaben der Natur bleiben variabel, weil sie nirgends längerfristig im gleichen Zustand verharrt. Was in der einen Generation zu einer bestimmten Zeit günstig gewesen sein mag, kann in einer anderen unpassend sein. Zudem ändern sich die Gegebenheiten der Umwelt von Gebiet zu Gebiet, von Region zu Region. Gleichförmigkeit über größere Flächen ist die Ausnahme, Wechsel der Lebensbedingungen die Regel.

Woran passen sich die Organismen dann an? Geht es um die allgemeinen Bedingungen, erkennen wir die Anpassungen leicht. Das Wasser als im Vergleich zur Luft recht dichtes Medium wirkt sehr stark auf die äußere Form etwa der Fische. Aber nur, wenn es um schnelles Schwimmen im freien Wasser geht. Dann begünstigt der Gegendruck des Wassers die «typische Fischform». Ihr hatten in der Entwicklung nicht nur die Fische selbst zu folgen, sondern auch die Fischechsen (Ichthyosaurier) und die Delphine; ja auch im freien Ozean schnell schwimmende Weichtiere («Schnecken»), wie die Kalmare. Für langsam schwimmende oder sich in der Schwebe haltende Wassertiere wäre die den geringsten Wasserwiderstand hervorrufende Fischform jedoch höchst ungünstig. Sie vergrößern Anhänge am Körper und damit ihre Oberfläche, die sich mit dem Wasser reibt. Leben Fische im Korallenriff oder in den Tangwäldern an den Küsten, sind ganz andere Formen möglich, wie zum Beispiel die (stachel-)kugelige der Igelfische, die fransenbehaftete, tarnende von Seepferdchen oder auch die schlangenartige der in Höhlungen lebenden Muränen. Das Wasser zwingt also keineswegs grundsätzlich zur Fischform, wenn es nicht um schnelle Fortbewegung darin geht.

Ähnlich sieht es im noch dichteren Medium des Bodens oder im steinharten Kalkfels an den Küsten aus. Der Maulwurf hat einen walzenförmigen Körperbau mit kurzen, schaufelartigen Grabfüßen entwickelt. Natürlich ist das eine «passende Anpassung» an das Wühlen unterirdischer Gangsysteme im humusreichen Boden. Auch die Regenwürmer, die Hauptnahrung der Maulwürfe, sind walzenförmig, aber beinlos. Die Fähigkeit, sich zusammenzuziehen und zu strecken reicht den Regenwürmern für ihr Bohren im Boden aus. Die Engerlinge, die im Boden an den Wurzeln von Pflanzen fressen und das mitunter so erfolgreich, sprich verheerend tun, dass die Pflanzen absterben und aus der Sicht des Menschen große Schäden entstehen, weichen in ihrer halb gekrümmten, dicken Körperform wiederum deutlich von den Würmern und auch von der (entfernt) maulwurfförmigen Maulwurfsgrille *Gryllotalpa gryllotalpa* ab. Die nähere Übereinstimmung mit dem zu der Ordnung der Insektenfresser unter den Säugetieren gehörenden Maulwurf *Talpa europaea* ist lediglich in den bei ihr zu Grabschaufeln entwickelten Vorderbeinen gegeben. Der große Rest des Körpers ist insektenhaft geblieben, obwohl die Maulwurfsgrille unterirdische Gänge gräbt, die nur viel kleiner als die vom Maulwurf gefertigten sind. In maulwurfsähnlicher Größe gräbt hingegen die Schermaus *Arvicola terrestris* ohne entsprechende «Grabschaufeln» und mit nur unwesentlich von der typischen Mausform abweichender Körperform. Ihre Auswurfhaufen sind leicht mit denen des Maulwurfs zu verwechseln. Ihre 80 bis 320 Gramm Körpergewicht schiebt die Schermaus jedoch ohne hochgradig spezialisierte Grabinstrumente durch den Boden. Der Maulwurf hat für seine 60 bis 130 Gramm sichtlich (oder vermeintlich?) bessere Grabwerkzeuge zur Verfügung. Vielleicht kann er deswegen auch tiefer in den Boden wühlen, so dieser tiefgründig genug ist, als die mehr oberflächlich aktive Schermaus. Oder diese hat es nicht nötig, mehr Aufwand zu betreiben, obwohl in ihre Gänge ein ganz anderes, für die Wühlmäuse höchst gefährliches Säugetier folgen kann, das Mauswiesel *Mustela nivalis*. Lang und schlank in der Körperform, aber ohne Grabwerkzeuge und mit dem typischen Raubtiergebiss ausgestattet, folgt es der Beute in die großen Gänge nach. Den Maulwurf mag das Mauswiesel, wohl wegen seiner unangenehm riechenden/schmeckenden Drüsensekrete nicht.

Und mit diesen Beispielen ist die Lebensfülle im Boden bei weitem nicht ausgebreitet. Ameisen graben hinunter und legen unterirdische Kammern an, ohne dass sich an ihrer Ameisennatur äußerlich etwas veränderte. Käfer und viele andere Kleintiere bis hin zu winzigen Formen, die aufgrund ihrer Kleinheit im Lückensystem zwischen den Bodenteilchen leben können, gibt es in großer, noch nicht annähernd vollständig bekannter Arten- und Formenfülle. Auch der dichte Boden stellt keine einfache Schablone dar, in die sich die Lebewesen hineinzwängen und einpassen mussten, so sie darin leben. Nicht einmal Felsgestein als dichtestes Medium für Lebewesen erfordert für das Eindringen eine ganz bestimmte Form. Wurzeln können es fast wurmartig aufschließen, Bohrmuscheln arbeiten sich damit hinein, dass sie den Kalk chemisch mit ihren Ausscheidungen auflösen, und ähnlich gehen mit umgekehrter Richtung manche Algen vor, wenn sie chemisch Kalk abscheiden und sich selbst versteinernde Lebensstätten aufbauen. So leicht es scheint, für ein bestimmtes Lebewesen seine Anpassungen an die Umwelt zu begründen und damit den logischen Nachweis von Natürlicher Selektion zu führen, so schwierig wird es, wenn auf die Feststellung, dass es (aller Wahrscheinlichkeit nach) so gewesen ist, die Frage kommt, ob das auch so sein musste. Denn die oben angeführte, kleine Auswahl von Beispielen zeigt bereits, dass sehr verschiedene «Lösungen» möglich (gewesen) sind, wie bei komplexen mathematischen Gleichungen mit zahlreichen Unbekannten. Wir – und damit meine ich insbesondere uns Biologen – neigen aber dazu, die Anpassungen als Notwendigkeiten anzusehen und nicht, zumindest zuerst und zurückhaltend, als Möglichkeiten. Maulwurf und Schermaus waren offenbar möglich, obwohl sie in ihrer Lebensweise große Übereinstimmungen aufweisen, und sind doch sehr verschieden geblieben. Niemand wird sie verwechseln. Auch die von Wurzeln lebende und nach solchen grabende Maulwurfsgrille war eine Möglichkeit, an das als Nahrungsquelle ergiebige Wurzelwerk heranzukommen. Die Engerlinge von Maikäfern waren eine andere Möglichkeit. Viele weitere kommen hinzu, wie die Raupen von Eulenfaltern («Wurzeleulen»), die Wurzelläuse und so fort.

Die Beispiele genügen, um das Prinzip hervortreten zu lassen: Anpassungen (durch Natürliche Selektion) ja, aber mit ganz erheblichen Freiheitsgraden. Die Anpassungen sind als solche zweifellos vorteilhaft, aber sie müssen nicht so sein, um das Überleben zu garantieren. Andere Versionen sind durchaus möglich. Noch deutlicher: Wir – und wiederum sind dabei in erster Linie wir Biologen gemeint –, wir sollten behutsamer mit dem Begriff der Anpassung umgehen und nicht alles und jedes, was wir sehen und zu erkennen glauben, der Anpassung zuschieben. Oft, sehr oft sogar, heißt das, dass wir lediglich zu wenig wissen, um die Vorgänge wirklich nachvollziehen zu können, die zu Form und Funktion eines bestimmten Organismus geführt haben. Dass dabei das «Innenleben» eine viel größere Rolle spielt als üblicherweise angenommen wird, weil so gut wie alles auf die äußere Anpassung bezogen wird, sei hier nur kurz betont; denn dieser außerordentlich wichtige Punkt wird später erneut aufgegriffen und vertieft. Hier soll als Quintessenz dieses Kapitels an dessen Ende lediglich die Warnung stehen, mit der «Anpassung» zurückhaltender umzugehen.

### Strategien und Alternativen

Ob Amseln ein paar Hundert Kilometer weit ins Winterquartier ziehen oder im Brutgebiet bleiben, verursacht auf jeden Fall Verluste. Ob diese für die Zieher geringer ausfallen als für die Verbleibenden, hängt stark vom nicht vorhersehbaren Verlauf der Winterwitterung ab. Für die einzelne Amsel geht es in jedem Fall um Leben oder Tod. Für den Amselbestand und seine Entwicklung zählen die unterschiedlichen Verlustraten. Die nachfolgenden Generationen werden sich mehr zum Verhalten von Standvögeln hin entwickeln, wenn die Winterverluste an Ort und Stelle anhaltend geringer ausfallen als die Verluste auf dem Zug und im fernen Winterquartier. Und umgekehrt. Hängt die «Entscheidung» zu bleiben davon ab, in welcher körperlichen Kondition sich die einzelnen Amseln befinden, wird zwangsläufig der Anteil der Männchen größer als der der

Weibchen ausfallen, so dass diese dementsprechend im Winterquartier in der Überzahl sind. Es muss also gar nicht direkt um ein unterschiedliches Verhalten von Männchen und Weibchen gehen. Sind diese schwächer als die Männchen, kommt ganz von selbst eine geschlechtsabhängige Trennung zustande.

Betrachten wir unter diesen Vorgaben nun konkret die Wirkung der Natürlichen Selektion. Sie lässt sich, was das bloße Überleben anbelangt, in drei Bereiche aufteilen. Der erste entspricht der nicht-lebendigen, rein physischen Umwelt. Darin wirkt, vereinfacht ausgedrückt, vor allem das Wetter. Den zweiten Bereich stellen die natürlichen Feinde, wie der schon genannte Sperber und andere Greifvögel, aber auch, vor allem in der Brutzeit, Eulen, Krähen, Elstern, Katzen, Marder und andere mehr. Ihr gemeinsames Kennzeichen und Unterscheidungsmerkmal zur physischen Umwelt ist, dass sie alle selbst lebendig sind. Sie wirken aktiv auf ihre Beute, nicht passiv, wie Kälte, Nässe, Wind und andere Faktoren der Witterung. Schließlich enthielt der Hinweis auf die Salmonellose, die im Spätwinter 2010 vielen Grünfinken und anderen Vögeln an den Futterhäusern das Leben gekostet hatte, die dritte Gruppe von bedeutenden Selektionsfaktoren. Es sind dies die Krankheitserreger und die Parasiten. Sie wirken im Organismus. Wie er damit zurechtkommt, hängt, wie bei uns Menschen auch, von der Gesundheit ab.

Woran ist nun die Amsel als Vogelart angepasst? An den Winter, an Sperber und andere Feinde, an die Krankheiten, oder auch seit zwei Jahrhunderten an die Menschenwelt, in die hinein sich die früher scheue «Waldamsel» so erfolgreich ausgebreitet hat, dass sie bei uns zu den häufigsten Vögeln gehört? Bereits diese paar Zeilen drücken aus, dass es alles andere als einfach sein wird, anzugeben, woran ein Lebewesen angepasst ist. An vieles zugleich auf jeden Fall, aber sicherlich nicht an alles und mit offensichtlichen Möglichkeiten zu Änderungen, wie die Verstädterung der Amsel bewiesen hat. Die Angelegenheit mit der Anpassung wird noch schwieriger, wenn wir neben der Amsel auch die Gattungsverwandten Singdrosseln *Turdus philomelos* und Misteldrosseln *Turdus viscivorus* in die Betrachtung mit einbeziehen. Vielerorts kommen alle drei Drosselarten zusammen als Brutvögel in den Städten vor. Mancherorts sind aber nur zwei von ihnen «verstädtert» oder dies ist sogar alleiniges Merkmal der Amsel. So suchen Misteldrosseln im Winter zwar Städte wie München auf, verlassen diese aber im Frühjahr wieder, um draußen in den Wäldern zu brüten. Singdrosseln waren früher häufiger, nun sind sie seltener oder fehlen in der Stadt, ohne dass die Amseln erkennbar reagiert hätten.

Wie aber können drei Arten von Drosseln beisammenleben, wenn sie sich wie Misteldrossel und Amsel (auch Schwarzdrossel genannt) nur wenig in der Körpergröße unterscheiden, und die zwar kleinere Singdrossel aber der Misteldrossel recht ähnlich sieht? Alle drei Arten suchen nach Drosselart am Boden nach Nahrung, wobei sie durch ihr bezeichnendes Hüpfen auffallen. Bei Mistel- und Singdrosseln sind Männchen und Weibchen gleich gezeichnet und gefärbt. Bei den Amseln sind bekanntlich die Männchen schwarz, die Weibchen aber erdbraun. Auch ihr Schnabel bleibt unauffällig bräunlich, während er bei den Amselmännchen leuchtend gelb bis rotgelb wird. Die Amselhähne tragen also ein Prachtkleid, die Männchen der Mistel- und Singdrosseln nicht. Die Frage nach der Anpassung hilft uns zum Verständnis dieser Übereinstimmungen und Unterschiede nicht weiter. Denn wenn das düstere Braun der Amselweibchen eine Anpassung sein sollte, die in ihrer Tarnwirkung dem einförmigeren Braun der Oberseite von Mistel- und Singdrossel entspricht, warum sollte dann das Amselmännchen diese Tarnung nicht nötig haben, die Männchen der beiden anderen Arten aber schon?

Eine vierte Drosselart lässt sich anschließen, die Wacholderdrossel *Turdus pilaris*. Bei ihr sehen zwar beide Geschlechter gleich aus, aber sie sind «bunt» gefiedert mit blaugrauem Kopf, rotbraunem Rücken, grauem Bürzel, gelbbrauner Brust und hellem Bauch sowie dunklen, markant V-artigen Flecken darauf. Der Schnabel ist gelb mit schwarzer Spitze. Auch die Wacholderdrosseln suchen am Boden nach Nahrung; gern auf Grünland und in größeren innerstädtischen Parkanlagen. Sie brüten, wo sie vorkommen, meist in lockeren Kolonien und greifen Luftfeinde gemeinsam an. Dabei «schießen» sie gezielt mit ihrem Kot nach den Greifvögeln; sogar auf Attrappen davon, wenn solche an Glaswänden in der Nähe ihrer Brutplätze angebracht worden sind. Und nun stellen wir uns vor, was bleibt, wenn diese vier Drosselarten gerupft vor uns liegen würden. Nur mit sehr guten Kenntnissen könnten wir sie dann vielleicht noch unterscheiden, was vollends misslänge, würden auch die Hornscheiden der Schnäbel entfernt, weil diese die Färbung tragen. Nun hätten wir «Drosseln» vor uns, die der Gattung *(Turdus)* entsprechen, aber wir könnten nicht sagen, warum das verschiedene, sogar recht eigenständige Arten sein sollten. Ernähren ließen sie sich alle auf dieselbe Weise, wie die alten

Vogelhalter wussten, als diese Art der Vogelhaltung noch nicht so weitgehend tabuisiert war wie sie es gegenwärtig ist. «Weichfresser» wurden sie genannt. Sie mögen Würmer, Larven und anderes, «weiches» Kleingetier sowie Obst und auch manches, was in Küchenabfällen vorkommt und auf dem Komposthaufen landet.

Um vor allem von Fachkollegen nicht missverstanden zu werden: Die kleinen, wissenschaftlich durchaus auch fassbaren Unterschiede sollen nicht unberücksichtigt bleiben oder wegdiskutiert werden. Es geht ums Grundsätzliche. Dass sich die Drosselarten voneinander unterscheiden, reicht nicht aus, um die Unterschiede als Anpassungsnotwendigkeit zu begründen. Sie könnten auch zufällig oder beliebig (zustande gekommen) sein. Entgegnet werden könnte, dass sich die vier hier speziell behandelten Drosselarten in ihren natürlichen Vorkommen sehr wohl in der genauen Wahl ihrer Lebensstätten (Biotope) und auch in der geographischen Verbreitung über Europa und Nordasien unterscheiden. Das ist richtig. Doch gerade in einer solchen Feststellung steckt ein ganz wesentliches «historisches Element». Die Arten entstanden vor langer Zeit in unterschiedlichen, geographisch vielleicht weit auseinanderliegenden Gebieten. Das ist Geschichte, evolutionäre Geschichte. Als sie (viel) später zusammenkamen, zeigte sich, dass sie auch zusammenleben können, ohne sich zu vermischen und infolgedessen als Arten zu verschwinden.

Besonders wichtig für das Erkennen der eigenen Art ist offenbar der Gesang. Denn darin unterscheiden sich diese Drosselarten weitaus stärker als in ihrem Äußeren und in der Art der Nahrungssuche. Mit Anpassung an eine bestimmte Umwelt hat der Gesang allerdings nichts zu tun, sehr viel hingegen mit der Identifikation der eigenen Art. Wenn die Misteldrossel ihr einfaches, durchaus wohltönendes, aber variantenarmes Lied vorträgt, besteht auch für uns Menschen kein Zweifel, dass sie es ist und nicht die kleinere Singdrossel mit ihren vielfältigen, meist drei- bis viermal wiederholten Motiven. Ohne direkten Größenvergleich könnte man die beiden dagegen durchaus verwechseln, so ähnlich sehen sie einander im Gefieder. Wiederum erheblich anders singt die Amsel, deren Gesänge allgemein bekannt sind, während der Gesang der Wacholderdrosseln so wenig kennzeichnend ist, dass er sich schwer beschreiben lässt. Viel bezeichnender sind ihre Rufe, ein elsternartiges Schäckern, und ihr Koloniebrüten, das keine weittragenden Gesänge nötig macht. Ganz Entsprechendes ließe sich mit anderen verbreiteten und häufigen Vogelgattungen darlegen, etwa mit den Laubsängern und Grasmücken. Es gibt Unterschiede, die im Detail durchaus beachtlich sind, aber die kleinen Abweichungen wirken als Anpassungen zu wenig gewichtig, um sie als Notwendigkeit zu akzeptieren. Es sind verwirklichte Möglichkeiten, aber keine zwingenden Notwendigkeiten, mit anderen Worten keine notwendigen Anpassungen, ohne die es kein Überleben geben würde!

Diese Feststellung, man mag sie als Behauptung werten, zwingt zu einer noch näheren Betrachtung der «Ökologie», also der zugrunde liegenden Mechanismen, mit denen sich die Organismen mit ihrer Umwelt auseinandersetzen oder zusammenfügen. «Zusammenfügen» ist dabei der Schlüsselbegriff. Denn Anpassung soll die Einstellung auf die spezifischen Gegebenheiten der Umwelt bedeuten. Ist der Organismus so etwas wie ein Abdruck seiner Umwelt oder hat er Abstand davon? Und wenn ja, wie viel?

## Organismen und ihre Umwelt

Seit Darwin wissen wir, dass Evolution ein beständiger Vorgang ist. Nichts bleibt so wie es ist; alles ändert sich. Das ist die Kernaussage der Naturgeschichte, die wir als Geschichte, als historischen Prozess, zu verstehen haben und Evolution nennen. So richtig diese Feststellung auch ist, so sehr verwundert die Beständigkeit der Lebewesen. Sie scheinen sich geradezu gegen den unausweichlichen Veränderungsvorgang zu stemmen. Sie halten ihre Form, und das offenbar umso besser, je komplexer sie aufgebaut sind. Schnelle Evolution kennen – und erleben wir selbst mitunter höchst schmerzlich – von den Mikroben. Viren, Bakterien und andere Krankheitserreger verändern sich so schnell, dass die Gegenmittel in der Regel schon «veraltet» sind, wenn sie zum Einsatz kommen, weil bereits neue, dagegen immune Varianten aufgetreten sind. Aber Maikäfer sind Maikäfer geblieben, seit sie als solch erkannt und benannt wurden, und Elefanten natürlich auch Elefanten.

Gerade die größeren und großen Organismen erwecken so sehr den Eindruck von Unveränderlichkeit, dass die Gegner der Evolution nicht müde werden, darauf zu pochen, dass «noch nie eine neue Art entstanden sei». Wenn sie sich dabei auf die komplexen, die sogenannten höheren Lebewesen beziehen, scheinen sie Recht zu haben, abgesehen lediglich von bekannten Hybridisierungen zweier verschiedener Arten, aus denen eine neue dritte Form bzw. Art hervorgegangen ist. Dazu gehören zum Beispiel so wichtige Nutzpflanzen wie der Mais *Zea mays,* von dem es keine einzelne Wildart gibt, und der Saatweizen *Triticum sativum,* der aus Kreuzungen von Wildweizenarten entstand. Hybridisierungen treten bei Pflanzen sogar recht häufig auf. Sie müssen ihrer Bau- und Wuchsform gemäß keine so engen Normen einhalten wie viele Tiere. Aber auch bei diesen gibt es bekannte und weniger bekannte Kreuzungen. Maulesel und Maultiere als Hybriden zweier so unterschiedlicher Elternarten wie Pferd *Equus caballus* und Esel *Asinus asinus* leben in Millionen Exemplaren und tun ihre Dienste. Der gewöhnliche, früher «gemeine» Wasserfrosch *Rana esculenta* entstand als Kreuzung zwischen dem kleinen Teichfrosch *Rana lessonae* und dem großen Seefrosch *Rana ridibunda*. Seine eigenständige Fortpflanzung will nicht so recht klappen und bedarf immer wieder der Rückkreuzung mit einer Elternart. Löwen lassen sich mit Tigern und Leoparden kreuzen. Was entsteht, wird ‹Liger› oder ‹Leopon›, je nach Kombination, genannt. Die Körper solcher Mischlinge funktionieren, aber die weitere Fortpflanzung gelingt nicht.

Das ist ein wichtiger Befund. Denn die sogenannte Kreuzungssterilität, also die Unfähigkeit von Artkreuzungen, sich selbst wieder erfolgreich fortzupflanzen, drückt aus, dass die innere genetische «Passung» und die äußere körperliche Fitness nicht unbedingt und ganz direkt zusammenhängen. Liger haben funktionstüchtige Körper. Maultiere sind sogar erheblich zäher und leistungsfähiger als ihre Elternarten beim Einsatz im Gebirge oder bei schwerer Arbeit. Also schränkt das Nicht-Zusammenpassen des Genoms bei der Fortpflanzung die Möglichkeiten stärker ein als die Umwelt. Um es nochmals zu betonen: Maultiere sind möglich und ohne jeden Zweifel umwelttauglich. Aber sie sind nicht fruchtbar, nicht fertil. Halten wir diesen scheinbar nebensächlichen Befund fest. Denn er bedeutet, dass die Umwelt vielleicht ganz allgemein (viel) mehr zulässt als seitens der Organismen realisiert (worden) ist. Der Rückverweis auf das Prachtgefieder vieler Vogelmännchen ist hier angebracht. Es ist nicht zu bezweifeln, dass Pfauen und Paradiesvögel, Federkrönchen und Hirschgeweihe «zulässig» gewesen sind, denn es gibt sie! Alle existierenden Lebewesen sind kraft ihrer Existenz möglich gewesen, aber nicht notwendig im Sinne einer umfassenden Anpassung. Die logische Folgerung hieraus ist Freiheit; Freiheit in der Entfaltung, auch in der weiteren Entwicklung. Zwischen den Organismen und der Umwelt existiert eine mehr oder minder große Kluft; ein Abstand, der «frei» ist – nicht überall und in jeder Hinsicht, aber grundsätzlich.

Warum das nicht nur so ist, sondern sogar so sein muss, geht aus der Grundstruktur der Lebewesen hervor. Sie sind abgeschlossene, von der Umwelt gelöste Gebilde. Stets, auch bei den kleinsten Bakterien und den Viren, gibt es eine Grenze zur Umwelt, die das Innen der Lebewesen vom Außen trennt. Diese Grenze ist zwar durchlässig und sie muss das sein, sonst wäre kein Stoffaustausch möglich, aber fest genug, um die innere Organisation vom äußeren Chaos getrennt zu halten. Im Innern gibt es das komplizierte Netzwerk chemischer Abläufe und Steuerungssysteme, das wir abgekürzt Stoffwechsel nennen, und die gespeicherte Information dazu gleichsam als Betriebsanleitung. Wir nennen sie das Erbgut oder Genom und die aktiven Untereinheiten darin, die Informationsträger, Gene. Mit diesen drei grundlegenden Eigenschaften unterscheidet sich alles Leben von der Umwelt, auch wenn in dieser weitere Lebensformen vorkommen. Jede für sich bildet eine Funktionseinheit mit geregeltem Stoffwechsel, ohne den nichts gehen würde, gespeicherter Information, ohne die es keine Weitervererbung geben könnte, und der Abgrenzung des Organismus nach außen.

Die Grenze ist das Entscheidende. Sie bremst den Zerfall, der nach den Naturgesetzen zwangsläufig stattfinden müsste, und macht es möglich, dass die Organismen unter Energieeinsatz dagegenwirken. Sie halten sich fern vom rein physikalischen Gleichgewicht. Wird dieses schließlich doch erreicht, ist der Organismus tot. Das Leben hat aufgehört zu leben. Lebendig zu sein heißt also grundsätzlich sich von der Umwelt entfernt zu halten; sich dagegen abzuschirmen und gegen den natürlichen Zerfall zu arbeiten. Mit Folgen für die Wechselwirkungen mit der Umwelt.

Als Begriff ist ‹Umwelt› vor rund einem Jahrhundert von Jakob von Uexküll eingeführt worden. Die Wahl der Bezeichnung war gut und logisch, auch wenn sie, wie das im Lauf der Zeit so oft geschieht, später zu sehr verallgemeinert und damit verwässert wurde. Denn gemeint war damit jener Teil der Außenwelt, der für die betreffenden Organismen von Bedeutung ist. Mit der Umwelt stehen sie in Wechselwirkung. Aus ihr werden Stoffe (Material) und Energie entnommen. In ihr kommen all jene anderen Lebewesen vor, die mit dem Betreffenden etwas zu tun haben, direkt oder indirekt. Aus der Umwelt bündeln sich die verschiedenen Wirkgrößen zu «Faktoren», also zu «Machern», die etwas (am Organismus und seinen Mitlebewesen) verändern können.

Wir können uns die Bedeutung der Umwelt durch folgenden Vergleich verdeutlichen. Unsere Augen nehmen beständig optische Informationen (Bilder und Bildfolgen) auf, die, wollten wir sie wirklich alle «betrachten», im Nu unser Aufnahmevermögen und die Auswertungsmöglichkeiten des Gehirns hoffnungslos überforderten. Ein großartiger, in seiner Wirkweise nach wie vor nur ganz unzulänglich verstandener Filter sorgt dafür, dass uns die Flut von Signalen nicht verrückt macht. Unser Gehirn nimmt nur auf, was von Bedeutung ist. Manchmal ist das zu wenig, wie sich später herausstellt, mitunter zu viel und wir müssen «abschalten», aber im Großen und Ganzen entsteht so das Bild unserer Umwelt, mit dem wir leben und dessen Veränderungen wir nachvollziehen können. Natürliche Selektion schuf diesen «Filter» und sonderte so die für uns bedeutungsvolle Umwelt von der ungleich größeren Außenwelt. Dass diese weit über alle Leistungsmöglichkeiten unserer Sinnesorgane hinausreicht, aber mit geeigneten technischen Methoden der Forschung zugänglich ist, beweist hinlänglich, wie eingeengt tatsächlich die aufgenommene Umwelt auch für uns Menschen ist. Bei den Tieren und Pflanzen sind die spezifischen Umwelten sehr unterschiedlich gelagert. Insekten sehen anders als wir. Viele Säugetiere können die Farben Grün und Rot nicht voneinander unterscheiden. Manche Arten sehen noch im Ultraviolett, hören im Ultraschall oder verfügen über für uns gänzlich unvorstellbar feine chemische Sinne. Die «Welt» eines anderen Lebewesens kann also sehr verschieden von unserer sein, die wir, der Leistung unserer Sinnesorgane gemäß, uns ein-bilden; das heißt innen abbilden.

Was für die Außenwelt gilt, trifft selbstverständlich auch für die Innenwelt zu. Doch diese bereitet uns schon bei uns selbst die größten Schwierigkeiten. Wir «spüren etwas im Bauch», fühlen uns «unwohl», physisch oder auch psychisch, betrachten als Ersatz für wirkliche Einblicke Kurven und Schwingungen elektrischer Geräte, wenn wir erkrankt sind, und so fort. Die Innenwelt zu erfassen, fällt methodisch ungleich schwerer als die Forschung in der Außenwelt. Diese existiert außerhalb von uns. Sie kann im Allgemeinen von außen betrachtet, mitverfolgt oder gezielt experimentell verändert werden. Obgleich wir sie viel besser als die Innenwelt kennen, ist und bleibt sie von geringerer Bedeutung, denn das Leben lebt im Innern. Das mag banal klingen, ist es aber nicht. Denn insbesondere in der Ökologie bleibt der Organismus gleichsam eine ‹Blackbox›, wenn es um die Umwelt und ihre Veränderungen geht.

Von dieser nach außen, auf die Umwelt gerichteten Betrachtung der Lebewesen ist ein wichtiger Begriff der Ökologie abgeleitet worden, die «Ökologische Nische». Damit wird ausgedrückt, welche «Rolle» die betreffende Art in der Natur einnimmt – «im Naturhaushalt», wie meist hinzugefügt wird. Gemeint sind die Wechselwirkungen der Art mit ihrer Umwelt. Zu dieser gehören auch die anderen Lebewesen, die im gleichen Gebiet oder gar am selben Ort vorkommen. Der Ort, die Lebensstätte, ist der «Biotop», wie der Fachausdruck in direkter Übertragung von Lebens-Stätte (griechisch: *bios* = Leben und *topos* = Ort, Stelle) heißt. Da an dieser Lebensstätte aber mehrere, oft sogar sehr viele verschiedene Arten vorkommen, dient ein aus dem Amerikanischen übernommener Begriff, «Habitat», der Einschränkung auf die einzelne Art. Vereinfacht können wir es auch so ausdrücken: Habitat gibt die Adresse der Art an, wo sie zu finden ist, Biotop besagt, in welcher Gemeinschaft anderer Lebewesen sie vorkommt, und die Ökologische Nische meint die Rolle der Art im Leben dieser Gemeinschaft. In der Lebensstätte, im Biotop, kommen aber nicht nur auch andere Arten vor, sondern sie ist gekennzeichnet durch die nicht-lebendigen, physischen oder, präziser ausgedrückt, abiotischen Lebensbedingungen wie Bodenbeschaffenheit, Temperaturverhältnisse, Jahreszeitenwechsel und so fort.

Es sind also ziemlich komplexe, meist (aus Sicht der Forschung) auch recht verwickelte Verhältnisse zu berücksichtigen, wenn wir die Anpassungen von Lebewesen an ihre Umwelt verstehen möchten, zu kompliziert für Nichtfachleute – und auch für die Ökologen selbst. Denn genau genommen können sie für keine einzige Art wirklich präzise die Ökologische Nische angeben. Vielmehr nähern sie sich mit mehr oder minder groben Vereinfachungen ihrer Beschreibung. Die gröbste Vereinfachung ist dabei die Annahme, dass die Nische «festgelegt» sei, was sie nicht ist und nicht sein kann; denn die Arten, alle Arten, sind Zwischenzustände eines kontinuierlichen Prozesses von Veränderungen, von Evolution. Was sie wirklich «können», geht aus noch so genauen Untersuchungen ihrer derzeitigen Vorkommen nicht sicher genug hervor. An jedem Ort, an dem eine Art vorkommt, wird sie nicht nur von den abiotischen Lebensbedingungen beeinflusst, sondern auch von den anderen, dort vorhandenen Arten, deren Häufigkeit und Zusammensetzung mit der Zeit und auch geographisch variiert. Infolgedessen realisiert jede Art dort, wo sie vorkommt, nur das, was sie in diesem Biotop auch realisieren kann, und nicht alle Möglichkeiten, die sie hätte.

Das liest sich alles sehr theoretisch und ist damit verständlicherweise lästig. Dennoch halte ich es für zwingend notwendig, diese Grundgegebenheiten zu betonen, weil wir ansonsten weder die äußere Form, die sichtbare Schönheit, noch ihre Entstehung, also Evolution und Bedeutung der schönen Formen, hinreichend erkennen können und verstehen werden. Deshalb die Bitte um noch ein wenig Geduld mit der Theorie. Ein konkretes Ergebnis lässt sich an dieser Stelle zum besseren Verständnis einschieben. Es betrifft die vielen Arten von Pflanzen und Tieren, die sich in den neuen, gänzlich künstlichen und noch nie da gewesenen Lebensräumen der Menschen angesiedelt und ausgebreitet haben. Kulturfolger werden sie oft genannt, oder auch mit wissenschaftlicherem Klang Synanthrope. Mit ihnen nähern wir uns dem Kern der ökologischen Konzepte von Ökologischer Nische und Naturhaushalt: Viele, sehr viele Arten, wahrscheinlich die allermeisten, sind nicht fixiert auf eine ganz bestimmte Umwelt, die ihnen mit der Ökologischen Nische zugewiesen wird, sondern durchaus in der Lage, mit neuen Bedingungen, oft sogar besser als mit den bisherigen, zurechtzukommen. Die Nischen der Arten sind keine Prägestempel in der Matrix der Umwelt und die Biotope keine festgelegten Räume im großen Haus der Natur, in dem alles und jedes seinen Platz und seine Bestimmung («Rolle») hat. Genau diese statische Sicht sollte spätestens seit der Veröffentlichung von Charles Darwins *Ursprung der Arten* vor gut 150 Jahren überwunden und durch die offene, dynamische Sicht der Evolution ersetzt sein. Dass dies insbesondere in die vom Naturschutz praktizierte, «populäre» Ökologie nicht eingegangen ist, geht aus Formulierungen hervor, wie dass diese oder jene Art «fehl am Platze» sei (harmlos ausgedrückt) oder «ausgerottet werden müsse, weil sie nicht hierher gehört» (fundamentalistisch-dogmatisch). Die (gebiets-)fremden Arten gelten als Störer und Zerstörer eingespielter biologischer Gleichgewichte. Sie «gefährden» Ökosysteme und führen zu ihrem «Zusammenbruch». Jede Veränderung wird als «Störung» angesehen, die «auszugleichen ist», wenn sie vom Menschen ausgeht.

Hier ist indes nicht der Ort, auf diese Sicht der Natur näher einzugehen. Es geht um anderes. Die überraschend schnelle und reichhaltige Besiedlung von Flächen, die der Mensch von Grund auf neu gestaltet hatte, und die Tatsache, dass sehr viele Arten auch in ganz anderen Regionen erfolgreich Fuß fassen, wenn sie dorthin gelangen, drückt aus, dass die gegenwärtige Verteilung der Arten im Raum, lokal wie global, keineswegs nur Ausdruck der Anpassungen der Lebewesen an ihre Umwelt sein kann, sondern maßgeblich Ergebnis von naturgeschichtlichen Prozessen ist. Weil die tropischen Regionen von Südamerika, Afrika und Südostasien viele Millionen Jahre lang geographisch voneinander getrennt waren, hat sich ein großer Teil des Artenspektrums eigenständig entwickelt, ohne dass dies bedeutet, dass diese Arten nicht auch auf den anderen tropischen Kontinentalbereichen vorkommen könnten. Noch größer sind die Ähnlichkeiten zwischen Europa und Nordamerika. Die Trennung, verursacht durch die massiven Vorstöße des Eises vor Zehntausenden von Jahren, änderte an den grundsätzlichen Lebensbedingungen so wenig, dass ein (vom Menschen in Gang gesetzter) Artenaustausch ökologisch kein Problem war. Viele Nordamerikaner leben in Europa, und umgekehrt, und es könnten noch viel mehr sein oder werden. Die damit verbundenen Probleme sind wirtschaftlicher Natur, weil die Interessen und Zielsetzungen der Menschen von den «fremden Arten» beeinträchtigt werden können. Das gilt global. Dass der Naturschutz das Vordringen fremder Arten auf ozeanischen Inseln beklagt und die Eindringlinge wieder ausrotten möchte, ist mit der Zielsetzung verbunden, die besonderen Arten und ihre einzigartige Zusammensetzung auf den entlegenen Inseln zu erhalten, und insofern nachvollziehbar und gerechtfertigt. Auch darum aber geht es hier nicht, sondern um den zugrunde liegenden Befund dieser «Invasionsbiologie». Denn gerade die Tatsache, dass die Tier- und Pflanzenwelt von Inseln besonders anfällig ist, empfindlich auf Eindringlinge reagiert und die bei weitem meisten, nachweislich von Menschen direkt oder indirekt ausgerotteten Arten Inselarten waren, bekräftigt die Unzulänglichkeit des Konzepts der Ökologischen Nische und die Vagheit des «Gleichgewichts im Naturhaushalt». Denn hätten all die bedrohten oder verschwundenen Arten auch ihre festen Nischen gehabt, hätten sie von anderen Arten nicht so leicht verdrängt werden – und diese hätten sich eigentlich auch nicht so leicht ausbreiten können.

Mithin lösen die Befunde zum Eindringen vieler Arten in den Siedlungsraum des Menschen und zur Invasion und Ausbreitung gleichfalls sehr vieler Arten in anderen Kontinenten und auf Inseln die allzu starr gesehenen Bindungen der Lebewesen an «ihre Umwelt» noch weiter auf. Der Mensch hätte die tatsächlich ablaufende Dynamik in der Natur gar nicht auslösen und so sehr, wie in unserer Zeit, weiter beschleunigen können, wenn alle Arten «ihren Platz im Naturhaushalt» von Natur aus gehabt hätten. Das war eine schöne Vorstellung aus der Zeit der Romantik. Sie entspricht allerdings weit mehr einem Wunschbild ihrer Vertreter als der Wirklichkeit.

Es gibt dazu Einwände, berechtigte Einwände. So ist doch nicht zu übersehen oder wegzudiskutieren, dass viele Arten hochgradig spezialisiert sind. Wenn zum Beispiel die winzigen Raupen der Kastanienminiermotte *Cameraria ohridella* nur in den Blättern der Rosskastanie *Aesculus hippocastanum* leben, so ist dies unleugbar ein Fall eines hochgradigen Spezialisten. Die wenigen Befunde, dass auch bestimmte Ahornarten befallen werden können, ändern an dieser Spezialisiertheit wenig. Die winzigen, bei ihrem Schwärmen im hellen Sonnenlicht mit bloßem Auge oft nur als flimmernde Pünktchen zu erkennenden Motten suchen so erfolgreich die Rosskastanien auf, dass sie im Grunde jede zu finden vermögen, gleichgültig, wo diese gepflanzt worden sein mag. In Mitteleuropa verhält es sich seit Anfang der 1990er Jahre so, als diese Miniermotte vom südöstlichen Balkan hierher kam. Sie folgte mit ein paar Jahrhunderten Verspätung der Rosskastanie nach, die auch von dort stammt und ursprünglich hierzulande nicht heimisch war. Dass der Parasit, wie man die in den Kastanienblättern minierende Motte durchaus auch nennen könnte, dem Wirt folgt, ist nichts Ungewöhnliches oder gar Unnatürliches. Die Kastanien werden auch von einem besonderen Pilz befallen, der von den Rändern her die Blätter verbräunen lässt und mit wissenschaftlichem Namen *Guignardia aesculi* heißt. Auch er ist auf die Rosskastanie spezialisiert. Das sind die Maikäfer *Melolontha melolontha* und *Melolontha hippocastani* nicht, obgleich letzterer, der Waldmaikäfer, die Rosskastanie in seinem Artnamen trägt. Die Käfer befressen zwar die Kastanienblätter bevorzugt und in machen Jahren so stark, dass sie Kahlfraß verursachen, aber sie fliegen auch viele andere Bäume an, deren Blattwerk zu ihrer Flugzeit im Mai jung und frisch grün ist. Ganze Laubwälder wurden in den frühen 1950er Jahren von Maikäfern kahl gefressen. Die im Herbst reifenden Kastanien mögen Mäuse und Hirsche, die auch Eicheln, Bucheckern oder die Rinde verschiedenster Bäume, sogar der Harz führenden Fichten, verzehren. Der Spezialist ist also eine Möglichkeit, aber nicht die einzige. Geht man die Tierwelt durch, die sich von Pflanzen ernährt, so kommt eine klare Tendenz zutage: Je kleiner die Arten sind, desto spezialisierter sind sie zumeist auch. Mit zunehmender Körpergröße hingegen nimmt der Grad der Spezialisierung ab. Die ganz großen Säugetiere machen kaum noch Unterschiede. Lediglich (sehr) giftige Arten verschmähen sie. An solchen können aber kleine Spezialisten leben. Entsprechendes finden wir auch in der Tierwelt. Hochgradig spezialisiert sind Krankheitserreger und viele Parasiten, mäßig spezialisiert die Insekten und andere kleine Tiere jagenden Arten und kaum noch oder gar nicht spezialisiert die großen Arten. Sie nehmen, was der Masse nach geeignet ist, selbst Kadaver, weil sie diesen nicht mehr mit erheblichem Aufwand an Energie hinterher jagen müssen. Auch in der Pflanzenwelt liegen die Verhältnisse ganz ähnlich. Viele kleine Arten können nur an besonderen Lebensstätten vorkommen, weil sie recht eng spezialisiert sind. Große, wie die Bäume, schaffen sich im Zusammenschluss mit vielen Artgenossen oder anderen Baumarten eigenständige Lebensbedingungen durch den Aufbau von Wäldern. Auch dass man die meisten Baumarten in Gärten und Parks erfolgreich anpflanzen kann, wenn die äußeren klimatischen Bedingungen einigermaßen dafür passen, ist allgemein bekannt. Die Größe macht die Arten auch langlebig. Sie müssen in ihrer Lebenszeit mit den unterschiedlichsten Bedingungen zurechtkommen. Die Schwankungen von Jahr zu Jahr und über die Jahrzehnte oder Jahrhunderte können beträchtlich sein. Das Aufwachsen in Wäldern schafft den Bäumen ein Bestandsklima, das diese Fluktuationen dämpft.

Noch ungleich besser funktioniert die Selbstkontrolle der Lebensbedingungen bei den Säugetieren und den Vögeln. Mit geregelter, hoher Körperinnentemperatur und gut abgeschirmt nach außen laufen die inneren Vorgänge weitgehend unabhängig von den Außenbedingungen ab. Mit ihren 37 bis 39 Grad Körpertemperatur liegen die meisten Säugetiere fast in allen Lebensräumen beträchtlich über der Außentemperatur. Wie auch immer diese im Rahmen des noch Erträglichen schwanken mag, es wirkt sich nicht auf die Innentemperatur und damit auf die Leistungsfähigkeit des Körpers solcher warmblütiger Lebewesen aus. Am weitesten sind dabei die Vögel gegangen. Viele Arten, insbesondere Kleinvögel, «arbeiten» bei Betriebstemperaturen ihres Stoffwechsels bis zu 42 Grad Celsius; also hart an der Grenze des Todes. Diese sehr hohen Innentemperaturen ermöglichen Leistungen, die ganz erheblich über das hinausgehen, was Säugetiere gleicher Körpermasse zustande bringen können. So überstehen unsere kleinsten Vögel, das Wintergoldhähnchen *Regulus regulus* und der Zaunkönig *Troglodytes troglodytes,* mit ihrem Gewichtchen von nur fünf bis sechs Gramm Winternächte, in denen die Temperatur bis unter minus 20 Grad Celsius absinken kann. Die Federschicht, die sie am Körper tragen, isoliert ein Temperaturgefälle von über 40 Grad im Innern und unter 20 außen, bei der sie tiefgefroren sein könnten, zumal wenn auch noch Wind geht und die Kälte verschlimmert. Um rund 60 Grad Temperaturunterschied geht es auch, wenn Wölfe oder Füchse die eisigen Winternächte des Nordens auf der Suche nach Beute durchstreifen. Und selbst in den Inneren Tropen herrschen durchschnittliche Außentemperaturen, die rund 10 Grad Celsius unter den Innentemperaturen der dort lebenden Säugetiere und Vögel liegen.

Dieser Abstand von der Umwelt kann nur deshalb aufrechterhalten werden, weil bei den Säugetieren und den Vögeln im Stoffwechsel unablässig nachgeheizt wird. Das kostet Energie; viel mehr Energie als bei Angleichung der Innentemperaturen an die äußeren Verhältnisse. Dafür bleibt aber die Leistungsfähigkeit des Säugetier- und Vogelkörpers permanent hoch, und zwar weitestgehend unabhängig von den Außentemperaturen. Dass dies insbesondere bei der Suche oder Jagd nach Nahrung entscheidende Vorteile bringt, wenn diese temperaturbedingt schon langsam oder unbeweglich geworden ist, liegt auf der Hand. Dass letztlich die Bilanz entscheidet, ob es besser ist, dauerhaft aktiv zu sein und dafür den Preis stark erhöhter Kosten für die «innere Heizung» zu entrichten, oder ungünstige Phasen in Ruhe überbrückt werden sollten, lässt sich dem Spektrum des Verhaltens von Säugetieren und Vögeln in allen Formen des Übergangs entnehmen. Sie reichen von der Entwicklung eines echten Winterschlafs mit stark abgesenkter Körpertemperatur, die nur wenige Grad über Null gehalten wird, bis zur Winterruhe mit eingestellter oder drastisch verminderter Aktivität ohne größere Absenkung der Innentemperatur der Körper und von Umstellung auf fettreiche Nahrung bis zum Fernflug in tropische oder subtropische Winterquartiere. Die Nahrungsumstellung ist uns von den Meisen geläufig, die im Winter an den Futterstellen Sonnenblumenkerne oder von «Meisenknödeln» auch ganz direkt Fett herauspicken, während sie im Sommer, zur Brutzeit, von Insekten leben. Winterschlaf mit Körpertemperaturen wenige Grad über dem Gefrierpunkt halten so unterschiedliche Säugetiere, wie Igel *Erinaceus europaeus*, Fledermäuse und Siebenschläfer *Glis glis*, also Angehörige von Insektenfressern (Igel), Fledertieren (Fledermäuse) und Nagetieren (Siebenschläfer). Ihre nähere Verwandtschaft hingegen «arbeitet» den Winter mit voller Intensität durch, wie die zu den Insektenfressern und damit zur Verwandtschaft des Igels gehörenden Spitzmäuse, oder schränkt ihre Aktivität nur ein, wie die zu den Nagetieren gehörenden Biber *Castor*. Winterruhe halten die Bären als die größten Landraubtiere, nicht aber die als größte der Großkatzen fast so schwergewichtigen Sibirischen Tiger *Panthera tigris*.

Solche oder ähnliche Optionen haben die «Kaltblüter» nicht, aber deswegen sind sie keineswegs nur und ganz direkt von den Außentemperaturen abhängig. So ziehen sich große Krokodile in der besonders heißen Trockenzeit in Schlammlöcher zurück und halten darin «Trockenschlaf», bis die neue Regenzeit kommt. Kleine Reptilien suchen Stellen auf, an denen sie sich sonnen und somit innerlich aufwärmen können. Das tun auch viele Insekten. Am besten kennen wir es von Tagfaltern, wenn sie bei kühler Luft ihre Flügel ausbreiten und zur Sonne ausrichten. Wie Sonnenkollektoren nehmen sie über die von ihrer Körperflüssigkeit durchströmten Adern in den Flügeln Wärme auf. Auch ihre kleinen Körper erreichen damit Betriebstemperaturen, die erheblich über denen der Außenluft liegen. Im Flug wird weitere Wärme von der Muskulatur erzeugt. Kräftige Flieger, wie die großen Schwärmer, erreichen auf diese Weise Innentemperaturen, die jenen von Kleinvögeln gleichkommen. Damit sind sie in der Lage, auch die Nächte durchzufliegen und Wanderungen zu vollführen, die sie aus den Subtropen Afrikas bis über die Alpen nach Mittel- und Nordeuropa bringen – und zurück, wenn es nach der Fortpflanzung im Sommer Zeit für den Rückflug ist. Es liegt also ganz maßgeblich an der Beweglichkeit, in welchem Umfang sich Tiere vom Diktat der Umwelt lösen können.

Die «Anpassung» beinhaltet stets auch eine Komponente der Befreiung von den Zwängen. Am deutlichsten ist das beim Menschen. Als «Kinder der Tropen» sind wir mit unserem inneren Stoffwechsel eigentlich auf tropische Umweltbedingungen eingestellt. Bei 27 Grad Celsius befinden wir uns im sogenannten Thermo-Neutralzustand. Bei dieser Außentemperatur verliert unser unbekleideter Körper gerade so viel Wärme wie im Grundumsatz von innen her nachgeliefert wird. Dieser Grundumsatz, ohne besondere körperliche Anstrengungen, stellt unsere Betriebstemperatur her. Muss der Körper mehr leisten, etwa bei schwerer körperlicher Arbeit oder in anhaltendem Lauf, wird die Energieerzeugung gesteigert. Dieses «Hochdrehen der Heizung» erhöht einerseits die Leistung, erhitzt aber andererseits den Körper, so dass entsprechend gekühlt werden muss. Unser Körper erzielt die Kühlung vornehmlich durch Schwitzen. Hunde, die das nicht am ganzen Körper können, lassen die Zunge heraushängen. Sie wird stark durchblutet, so dass Wärme abgegeben werden kann. Ihr Kühlsystem Zunge wirkt natürlich bei weitem nicht so gut wie unser eigenes, an dem die gesamte Körperoberfläche beteiligt ist. Deshalb kann auch kein anderes Säugetier solche großartige Dauerleistungen vollbringen wie der Mensch im Marathonlauf oder in vielen Stunden anhaltender Schwerstarbeit. Und da die Menschen einstens entdeckt hatten, dass man sich mit Kleidung gegen Auskühlung sehr gut schützen kann, eröffneten Tierfelle und später richtige Stoffkleidungen aus Pflanzenfasern dem Tropenwesen Mensch die Ausbreitung in alle Landlebensräume der Erde. Obwohl unser Stoffwechsel nach wie vor «tropisch niedrig» läuft, können Menschen am Rand des Eises, in Hochlagen der Gebirge, in Wüsten, in denen nachts die Temperatur unter den Gefrierpunkt sinkt, und auch sonst überall leben, wo sie genügend Nahrung finden. Auf ganz bestimmte Umweltbedingungen ist der Mensch nicht angewiesen. Konrad Lorenz bezeichnete ihn in merkwürdiger Verdrehung des Begriffs der Anpassung als «spezialisiert auf Nichtspezialisiertsein».

Wichtiges, sehr Wichtiges geht aus diesen Befunden hervor: Die Organismen lösen sich mit zunehmender innerer Komplexität und Körpergröße immer stärker von den äußeren Lebensbedingungen. Sie «emanzipieren sich» von der abiotischen Natur. Das macht sie freier. Sie gewinnen Unabhängigkeit und Freiheitsgrade. Nennen wir es «Spielräume», haben wir den sprachlich passenden Hinweis auf die Entfaltungsmöglichkeiten des Lebens, die mit der fortschreitenden Lösung von der Umwelt entstehen. Die Ökologie darf sich daher nicht zu sehr auf die «Anpassungen» konzentrieren; sie muss auch die Freiheiten der Lebewesen berücksichtigen. Sie bilden die eigentliche Grundlage für Veränderungen, für Evolution. Denn die ganze innere Variation könnte nichts bringen, wenn die äußeren Verhältnisse eine feste Anpassung vorschreiben würden. Eine statische, auf die Gegenwart ausgerichtete Ökologie erfasst nur das Geschehen auf der Bühne der Zeit, aber nicht die Dynamik, die sich in den evolutionären Veränderungen äußert. Alles existierende Leben hat Geschichte – Naturgeschichte. Und wie die derzeitigen Verhältnisse in der Menschenwelt nicht ohne die Geschichte zu verstehen sind, die ihrem Zustandekommen zugrunde liegt, so wenig besagen die nur auf die Gegenwart bezogenen Feststellungen der ökologischen Forschung, warum es so ist, wie es sich zeigt, und dass es so sein und bleiben müsse, wie es (gerade) ist. Deshalb «enttäuscht» nicht selten die geschützte Natur, weil sie nicht in dem Zustand verharrt, in dem sie unter Schutz gestellt wurde, sondern sich anders weiterentwickelt. Bei den Vorgängen im Nicht-Lebendigen sind wir gewohnt, vom «Zahn der Zeit» zu sprechen, der am Bestand nagt und nichts von Dauer sein lässt. Aber in der lebendigen Natur wollen wir die Veränderung nicht wahrhaben, am wenigsten an uns selbst. Das Altern nehmen wir gezwungenermaßen als unumgängliches Übel hin. Bei den Kindern stört uns, dass sie in ihrer Entwicklung von uns abweichen und sich nicht einfach nach unserem Wunschbild formen lassen. Dass die Welt auch nach gewaltigen Veränderungen weiterexistiert, allen Befürchtungen zum Trotz, reicht im Allgemeinen nicht aus, um den Schluss daraus zu ziehen, dass das Streben nach Beständigkeit eine völlige Verkennung des Lebens und der Welt ist. Vielleicht wirkt auch in der wissenschaftlichen Ökologie im Hintergrund dieses zutiefst menschliche Streben nach Beständigkeit, wenn Anpassungen an «die Umwelt» oder «Störungen des Naturhaushaltes» beurteilt werden. Vordergründig geht es oft um die Reputation: Das Festgestellte ist nur dann festgestellt, wenn es auch so bleibt. Welchen Sinn hätte eine Fachaussage, gälte sie nur für das Hier und Jetzt und nicht auch «in Zukunft». In der Ökologie sollte viel mehr als bisher die Vergänglichkeit des Zustandes akzeptiert und in den Schlussfolgerungen berücksichtigt werden. So sie Aussagen über den Naturhaushalt macht, wäre es wohl besser, sich am Menschen, an der Humanmedizin, zu orientieren als an einer fiktiven Festlegung eines Zustandes der Natur, der nur deswegen als solcher in Erscheinung tritt, weil er gerade als solcher festgestellt worden ist. Weder wir Menschen noch die lebendige Natur insgesamt leben in der besten aller Welten, sondern lediglich in einem der vielen möglichen Zustände, der zudem nicht von Dauer sein wird und das auch nicht sein kann. Entwicklung, Evolution, setzt Freiheiten voraus. Gäbe es diese nicht, hätte sich das Leben nicht erhalten und durchsetzen können. Am meisten Freiheit hat der Mensch, das Lebewesen, das, wie es so oft heißt, «aus der Natur herausgetreten ist». In dieser Hinsicht ist er nicht einzigartig, jedoch sehr viel weiter fortgeschritten als alle anderen Lebewesen. Er kann sich in großem Rahmen (s)eine eigene Welt schaffen – eine Welt mit Räumen und Strukturen, die keineswegs nur seinen überlebensnotwendigen Bedürfnissen entsprechen, sondern seine Vorlieben und Wünsche ausdrücken.

Diese Freiheit erschwert den Blick auf die Ursprünge des Schönen, weil sie dieses nicht nur idealisieren, sondern auch, kunstfertig oder einfach nur künstlich, gänzlich umgestalten kann. Damit entsteht der Eindruck, die Schönheit, die wir in der Natur vorfinden, müsse etwas anderes sein als das, was Menschen in so vielfältiger Weise als Kunst hervorbringen oder dafür halten. Kunst sei, so eine gängige Sichtweise, zweckfrei. Die naturgetreue Wiedergabe von Schönheiten der Natur drücke lediglich mehr oder weniger die Fertigkeit aus, also das Können, und nicht die Kreativität, wie die Kunst an sich. Wie immer, wenn Positionen aus ganz unterschiedlicher Betrachtungsweise heraus vorab bezogen sind, verlaufen Diskussionen hierüber günstigstenfalls unergiebig, weil aneinander vorbeigeredet und argumentiert wird. Deshalb bleibt hier das künstlerisch Expressive und Kreative unberücksichtigt. Die Betrachtung bewegt sich vielmehr «von unten», von der Natur außerhalb des Menschen, auf diesen zu. Ziel ist es, auf dieser Basis – zu betonen ist, dass damit wirklich die biologische Grundlage gemeint ist! – Grundzüge des Schönen auch beim Menschen aufzudecken. Denn, so die Kernthese, was Menschen als schön empfinden, hat auch und sehr viel mit ihrer Natur zu tun und wird nicht allein von der geistig-kulturellen Betrachtungsweise vorgegeben.

## Symmetrien und ihre Bedeutung

*Es «passt», was zusammenpasst*

Die Welt ist voller Symmetrien. Diese Gegebenheit ist uns so geläufig, dass darüber im Allgemeinen kaum nachgedacht wird. Die Physiker, insbesondere die Quantenphysiker, suchen nach den Symmetrien der kleinsten Teilchen, die Technik bedient sich ihrer so umfangreich und selbstverständlich, dass die «Brechung der Symmetrie» das Besondere, ja der Ausnahmefall ist. Genau genommen ist auch eine mathematische Gleichung eine Symmetrie – und wenn nicht, geht aus der Ungleichung hervor, dass Änderungen anzunehmen sind oder folgen werden, bis die Symmetrie wieder hergestellt ist. Das Gegenstück zu den Symmetrien ist das Chaos ohne Ordnung, zumindest ohne erkennbare. Symmetrisch sind abstrakte Figuren, wie Dreiecke, Quadrate oder (regelmäßige!) Sterne, chemische Verbindungen, insbesondere wenn sie zusammenpassen. Symmetrisch gebaut sind Blätter und Bäume, Blüten und Früchte, Tiere und Menschen, nahezu alle Bauwerke und Maschinen. Die Abweichungen fallen auf; das Symmetrische bildet den Normalzustand. Es äußert sich am deutlichsten im Einfachsten. So in Kristallen, die wir ob ihrer Klarheit der Form und häufig auch wegen ihrer Reinheit von Farbe und Lichtbrechung schätzen. Wo die Kristallstruktur für unsere Augen nicht mehr erkennbar ist, verlieren die Minerale ihre Attraktivität für uns. Sie sind Gestein geworden. So etwa beim Quarz, der uns als Bergkristall fasziniert, als Gestein aber zum Straßenschotter degradiert wird. Das Extrem der Extreme überhaupt bilden Diamant und Kohlenstaub; ersterer Metapher für unvergängliche Schönheit, letzterer nur Dreck, aber beide aus nichts anderem als Kohlenstoff aufgebaut.

Die Betrachtung der Kristalle führt uns drei Grundprinzipien vor

Augen, die wir wieder und wieder anwenden, ohne das normalerweise zu bemerken. Das erste Prinzip besagt, je reiner die Kristallstruktur, desto höher die Wertschätzung. Das zweite betrifft die Variation: Die bloße Wiederholung der stets völlig gleichen Kristalle mindert ihre Attraktivität. Kristalldrusen werden als besonders schön empfunden, wenn sie die Kristallform mit in Größe und Verteilung dazu passenden Variationen der Kristalle verbinden. Das dritte Prinzip wirkt subtiler: Kristalle sind *nicht* lebendig. Sie sind «erstarrte» Form, die sich nicht mehr weiter entwickeln kann. Damit kontrastieren sie zum Leben, das durchaus den ersten beiden Prinzipien entspricht. Doch wegen der dritten Eigenschaft, der Veränderlichkeit, sind die beiden ersten Prinzipien bei den Lebewesen weniger auffällig. Bestimmend bleiben sie dennoch. Leben bedarf der Form und diese bleibt grundsätzlich den Symmetrien verhaftet. Symmetrieloses Leben wäre strukturlos und damit nicht (vorstellbar) lebensfähig. Leben äußert sich in Variationen. Abweichungen von der Idealnorm ermöglichen Entwicklung und halten den Weg für die Weiterentwicklung, die Evolution, offen. Die «reine Form» bleibt dem Prinzip vorbehalten. In der Wirklichkeit ist sie in vielfältigsten Abwandlungen davon enthalten.

Mithin finden wir über den Vergleich der Lebewesen mit den Kristallen erneut die entscheidenden Kriterien für das Leben. Es ist «organisiert» und lebt daher in Organismen. Diese nehmen bestimmte, gegen die Außenwelt abgegrenzte Formen an. Die Abgrenzung ermöglicht es, dass sich im Innern ein Funktionsgefüge aufbaut und erhält, das sich von der Umwelt unterscheidet, das fern von ihr steht. Dazu bedarf es eines mehr oder minder großen und hinreichend beständigen Zustroms von Energie. Der Kristall benötigt eine solche Energiezufuhr nicht, um seine Form zu erhalten oder wachsen zu lassen. Das Leben ist von Energiezufuhr und damit von «Umsatz» abhängig. Es trennt sich daher von Grund auf von der Umwelt. Es löste sich aus dem (Da-)Sein zum Werden. Wir pflegen dieses Werden Wachstum oder Entwicklung zu nennen. Wiederum versteht es sich so sehr von selbst, dass alles Wachstum, jede Entwicklung in den richtigen Bahnen verlaufen muss, damit die von den Symmetrien vorgegebenen Zwänge nicht mehr gesehen werden. Und da Wachstum und Entwicklung «dauern», also Zeit in Anspruch nehmen, muss auch die zeitliche Abfolge, das Timing, passend verlaufen. Organismen sind daher Zeitgestalten; Gestalten, die sich aus den Vorgaben ihrer Strukturierung gebildet und über die Zeit entwickelt haben. Beide Grundvorgänge führen nur dann zu einem passenden, das heißt funktionsfähigen Ergebnis, wenn sie in ihrer Strukturierung als Gestalt und ihrer Entwicklung als Zeitgebilde zusammenpassen. In jeder Phase der Entwicklung! Das ist die Grundforderung. Treten Unregelmäßigkeit der Form oder fehlerhafte Entwicklungsgeschwindigkeiten auf, verliert der Organismus seine Funktionsfähigkeit und damit seine Lebensfähigkeit. Hätten aber die Vorschriften von Symmetrie und Form absolute Wirkung, könnte keine weitere Entwicklung stattfinden. Ein Mindestmaß an Freiheit zur Variation muss daher im Rahmen der vorgegebenen Entwicklungsbedingungen erhalten bleiben. Diese Grundfreiheit hält die Organismen offen für Veränderung und Evolution.

Hieraus ergibt sich zwangsläufig, dass die beiden Grundformen der Symmetrie, die Zweiseiten-Symmetrie (Bilateralsymmetrie) und die Kreissymmetrie (Radiärsymmetrie), dominant bleiben, aber nicht alles bestimmen können. Letztere war wohl die erste, mit der sich die Urorganismen gegen ihre Umwelt abgrenzten: als Kügelchen. Die Kugelform verbindet kleinste Außenfläche mit dichtester Packung von Material im Innern; sie minimiert den direkten Kontakt mit der Umwelt. Gleichzeitig ist und bleibt sie aber die am wenigsten bewegliche Form, weil sie sich eigentlich nur um sich selbst drehen kann und für Ortsveränderungen passiver Verdriftung bedarf. Für das Aufsuchen, zumal das gezielte Aufsuchen von günstigen Orten, eignet sich die Kugel nicht. Richtung bedeutet Achse, vorn – zum Ziel gerichtet – und hinten. Die zweite Grundform des Organismus ist daher der Schlauch mit Vorder- und Hinterende unter Beibehaltung der radiären Symmetrie im Körper dazwischen. Das ist die Form des Wurms. Vielen Würmern ist zwar ein klares Vorderende («Kopf») und entsprechend ein Hinterende zuzuordnen, aber keine Körperseiten im Sinne von rechts und links, oben und unten. Erst mit Ausbildung einer in diesem Sinne richtigen Zweiseiten-Symmetrie kommen die Organismen auch richtig in Bewegung. Die dem Boden fest verhafteten Pflanzen entfalten sich noch weitgehend radiärsymmetrisch, so die Umgebung das zulässt, gliedern sich aber klar in oben (Spross) und unten (Wurzeln), auch wenn bei besonders leistungsfähigen Organen, wie den Blättern, die Bilateralsymmetrie dominiert. Sie ermöglicht immerhin eine begrenzte Beweglichkeit durch Drehungen der Blattoberseite hin zum Licht.

Die aus der Kugelgestalt abzuleitende Radiärsymmetrie findet sich dementsprechend auch bei sehr vielen festsitzenden Tieren, die gemäß ihrer Form «Blumentiere» genannt werden. Dazu gehören die Korallenpolypen, deren Wachstum Riffe bildet, die in ihrer Gesamtstruktur eher Wäldern als Gebilden von Tieren entsprechen. Die Radiärsymmetrie ist die beste Form der Nutzung des Raumes, weil sie im Rahmen des Möglichen am meisten davon erfasst. Aus dem gleichen Grund entfalten sich viele Blüten mit Fernwirkung in radiärer Symmetrie, während solche, die auf Besuch von Tieren als Überträger des Pollens und Garanten der Fremdbestäubung eingerichtet sind, davon abweichen und Bilateralsymmetrie entwickelt haben. Ihre Form muss zu den Formen der Besucher passen. Symmetrie baut auf Symmetrie und schafft Ordnung höherer Grade (Meta-Ordnungen). Kommt zur Radiärsymmetrie ein Mindestmaß an Beweglichkeit dazu, verringert sich die Zahl der Strahlen: Halbkugelige Seeigel mit flacher, zu langsamer Bewegung auf winzigen Füßen tauglicher Unterseite kontrastieren zu flachen, fünfarmigen Seesternen mit Tendenz zur Ausbildung eines «Führungsarms» für eine entsprechend vorwärts gerichtete Kriechweise. Korallenpolypen entwickeln einen in ausgebreitetem Zustand scheibenförmigen Kranz sehr beweglicher Arme, die feinste Nahrungsteilchen dem vorbeistreichenden Wasser entnehmen. Die damit gebildete Fläche weist ein Oben und Unten auf und sie ist wirkungsvoller als eine Halbkugel voller radiär ansetzender Arme, die nicht mehr in den Schutz der Kalkröhre zurückgezogen werden könnten. Die radiärsymmetrischen Tiere zeigen mit ihren unterschiedlichsten Tendenzen sowohl die Vorteile dieser Raumnutzung als auch ihre Begrenzung auf. Die Bilateralsymmetrie ist die bessere Form. Sie hat ungleich mehr Entwicklungsmöglichkeiten. Auf ihr baute die Evolution bis hin zum Menschen auf und auch der Mensch nutzt diese Grundform der Symmetrie umfänglich in seinen Bauwerken und Geräten.

### Die Bedeutung der Symmetrien

Um die umfassende Bedeutung der Symmetrien besser nachvollziehen zu können, mag ein kurzer Blick auf weitere Möglichkeiten symmetrischer Entwicklungen hilfreich sein. Eine der häufigsten und von uns Menschen in aller Regel auch besonders schön empfundenen, komplexeren Symmetrien ist die Spirale. Sie vereint die grundlegende Radiärsymmetrie mit gerichtetem, sich vergrößerndem Wachstum. Zweigen von ihr weitere kleine Spiralen ab, die sich sodann vergrößern, entstehen ausgesprochen ästhetisch wirkende Gebilde, sogenannte Fraktale. Wir haben keine Mühe, solche Gebilde optisch zu erfassen, obwohl sie komplex aufgebaut sind. So technisch und perfekt sie auch aussehen, so häufig lassen sie sich in der Natur finden. Spiralig ordnen sich die Blütenblätter vieler «gefüllter» Blüten, wie zum Beispiel von Rosen oder Dahlien. Spiralig wachsen Blätter und Seitentriebe nicht selten an den Sprossen von Bäumen oder größeren Stauden. Spiralig entfalten sich die Fangarme von Röhrenwürmern – und lassen sich aufgrund dieser Anordnung viel leichter einziehen als das bei einfach büschelförmigem Wuchs möglich wäre. Zu den schönsten und am häufigsten gezeigten Beispielen für spiralige Entfaltung von Wuchs gehören Farnwedel. Spiralförmig angeordnet sind sogar die Sternmilliarden in manchen Typen von Galaxien.

Aus all diesen Beispielen geht hervor, dass diese Form mit Wachstum und Bewegung zusammenhängt. Ohne besonderen Aufwand «sehen» wir das, weil sich die Spirale in einem festen Größenverhältnis entwickelt und öffnet. Sollte dieses gestört sein, gerät sie aus der Form. Manche Abweichungen kann es gar nicht geben, wie etwa dass auf einen größeren Teil der Spirale nach außen ein kleinerer folgt. Schneckenhäuser drücken sehr schön aus, wie spiraliges Wachstum verläuft und innerhalb welcher Grenzen es abzulaufen hat. Sie wachsen nicht nur in einer Spirale, sondern es sind zahlreiche, jedoch nicht unbegrenzt viele Versionen davon möglich. Verläuft die Spiralentwicklung sehr eng, bleibt der Körper im Innern des Schneckenhauses sehr dünn; zu dünn unter Umständen, um die Organe in funktionstüchtiger Weise mitwachsen lassen zu können. Das Ergebnis sind «Diskus-Schnecken». Wird die Spirale zu schnell zu weit, schrumpft der Anfangsteil im Vergleich zum äußeren Körper und dieser kann nicht mehr vollständig oder gar nicht mehr in das schützende Gehäuse zurückgezogen werden. Auftürmung ist ein Kompromiss, der mehr Variationen zulässt als die Spirale in einer Ebene. Auch das sehen wir bei Schnecken und zwar besonders häufig.

Die Spiralsymmetrie bietet bei dieser Betrachtung die Möglichkeit, in das Problem der Proportionen einzusteigen. Das Wachstum von Organismen muss «verhältnismäßig» ablaufen, damit die Verhältnisse, die Proportionen, auch mit zunehmender Körpergröße zusammenpassen. Stimmt die Proportionalität in der Spirale nicht, löst sie sich auf oder kommt nicht mehr weiter. Das lässt sich unmittelbar beobachten. Nicht so einfach verhält es sich aber mit den uns geläufigeren Verhältnissen bilateraler Organismen mit vorn und hinten, Kopf und Körper, Beinen und Schwanz. Nicht alles, was einen Körper ausmacht, kann und darf mit dem Wachsen in gleicher Weise zunehmen. Würde unser Kopf nach der Geburt in genau gleichem Maße wachsen wie der übrige Körper, ließe er sich bald gar nicht mehr tragen. Er würde zu groß werden. Unsere Beine müssen in ihrem Wachstum auf andere Weise vom Körperwachstum abweichen, nämlich schneller länger werden als sich der übrige Körper streckt, sonst kämen sie nicht ins richtige Verhältnis zur Körpergröße für das Gehen und Laufen. Dackelbeine sind eine Missbildung, deren Erhaltung der Mensch durch gezielte Zucht gefördert hat, ebenso wie die starke Schnauzenverkürzung mancher Hunde- und Katzenrassen. Am Körper eines Vogels dürfen die Federn nicht alle gleich stark wachsen, da sich daraus keine Flugfähigkeit ergeben könnte. Und so fort.

An so gut wie jedem Körper lässt sich das Prinzip des «verhältnismäßigen Wachstums» nachvollziehen. Allometrie wird es genannt und von der «Symmetrie» unterschieden, weil «Allo» fremd oder abweichend bezeichnet.

Zu welch unsinnigen Feststellung die Nichtbeachtung der Größenverhältnisse und ihrer allometrischen Proportionalität führt, zeigen solche Vergleiche wie «wenn der Mensch auf seine Körpergröße bezogen so hoch wie ein Floh hüpfen könnte, würde er Kirchtürme überspringen». Das geht deswegen nicht, weil sich Beine, Muskeln und Gelenke und ihre Leistungen nicht nur in Abhängigkeit von der Körpergröße, sondern viel mehr vom Körpergewicht entwickeln.

Das Wachstum, das zu Vergrößerungen der Körper führt, muss aus solchen und ähnlichen Gründen von der direkt symmetrischen Proportionalität abweichen und sich einer anderen, der Allometrie beugen. Es sagt viel über unsere Wahrnehmung aus, dass wir diese allometrischen Beziehungen intuitiv richtig erfassen und nicht als Abweichung von der reinen Symmetrie empfinden. Das als «richtig» empfundene Verhältnis ist das passende. Die Abweichung davon stufen wir umgangssprachlich mit «zu» ein; zu klein, zu groß, zu dick, zu lang, etc. Worauf wir uns bei solchen Abschätzungen stützen, die normalerweise gar nicht mit Messungen ermittelt werden müssen, bleibt unklar. Kaum jemand würde konkrete Messungen oder Gewichte benennen, um die Einschätzung «zu lang» oder «zu dick» zu untermauern. Wir verlassen uns auf das Gefühl – und liegen damit meistens ganz richtig. Solche Einschätzungen verwenden wir keineswegs nur in Bezug auf den Menschen. Wir werten damit umfassend, quer durch die ganze Tier- und Pflanzenwelt. Sogar leblose Gebilde, wie Berge und Küsten, stufen wir mit diesem umfassenden Bezugssystem der Proportionalität ein. Zwar gibt es individuelle und kulturelle Abweichungen in der Einschätzung, zumal wenn es darum geht, welche Proportionalität gefällt oder missfällt, aber diese fallen offenbar nicht größer aus als die für die Beurteilungen als zulässig angenommenen Variationen. So akzeptieren wir etwa bei den Körpergrößen und -formen der Menschen durchaus eine beträchtliche Bandbreite, stufen aber die von der üblichen Variation abweichenden genauso als zu groß oder zu klein ein, ganz gleich ob Pygmäen oder Bantus, Europäer oder Südostasiaten betrachtet werden. Ist die vorhandene Variationsbreite gering, wird eine Abweichung bereits als solche empfunden, die bei größerer Variabilität noch in den Bereich des Normalen fallen würde.

Der Schluss, der seitens der Evolutionsbiologie aus solchen Feststellungen gezogen wird, lautet sodann: Der Erfassung der Proportionalität muss eine wichtige, eine sogar überlebenswichtige Funktion zugrunde liegen. Sonst würde ein derartiger Automatismus nicht annähernd so präzise wirken und «Vorab-Urteile» erzeugen. Offenbar ist er der gesamten Menschheit eigentümlich und er wird auf die Tier- und Pflanzenwelt sowie sogar auf Gebilde der nicht-lebendigen Natur ausgedehnt. Die Begründung ergibt sich aus den Ausführungen zu Symmetrie und Proportionalität. Entstehung und Entwicklung der Lebewesen und selbstverständlich auch des Menschen setzen geregelte, ungestörte Abläufe voraus. Ist die Symmetrie während der Entwicklung nicht durchgängig gewährleistet und die Proportionalität irgendwo unterbrochen worden, kommt es zu Missbildungen. Sie äußern sich als Abweichungen von Norm und Erwartung, konkret von der Erwartung, wie der betreffende Mensch oder jenes Lebewesen in diesem oder jenem Entwicklungszustand aussehen sollte, wenn alles seinen richtigen Verlauf genommen hat. Ein nur um einen Zentimeter zu kurz geratenes Bein beeinträchtigt Gang und Laufweise des Menschen so erheblich, dass dieser Schwierigkeiten hat und auffällt. Würde gar eine ganze Körperhälfte um diesen einen Zentimeter verschoben sein, kämen schwerste Beeinträchtigungen zustande. Ein Kopf, der bezogen auf einen großen, massigen Menschen von nor-

maler Größe ist, wirkt völlig unproportioniert auf einem kleinen Leicht-
gewicht und wird als Missbildung vermutet. Größere Entwicklungsfeh-
ler kommen erst gar nicht zustande, weil sich die Föten oder die Eier nicht
weit genug entwickeln, sondern vorzeitig absterben. Auch im späteren
Leben verspüren wir das Bedürfnis, Abweichungen in unserer Körperstatur abzumildern oder auszugleichen. Die Methoden reichen von akti-
vem Training durch Bodybuilding bis zu chirurgischen Veränderungen
oder künstlichen Implantaten. In den allermeisten Fällen werden die Veränderungen am Körper gar nicht benötigt; wer seine Muskeln ohnehin
täglich stark und umfassend in Anspruch nimmt, bedarf keines Bodybuil-
dings. Ob der Busen zu groß oder zu klein geraten ist, bleibt so gut wie
ohne Folgen für das Stillen von Babys und damit ohne selektive Wirkung.
Es darf zudem, aus guten Gründen, sehr bezweifelt werden, dass die opti-
mal durchgestylten Körper auch den meisten Nachwuchs erzeugen und
so in den kommenden Generationen stärker vertreten sein werden als die
bloß durchschnittlichen oder sogar eher unterdurchschnittlichen. Mithin
ist stark zu vermuten, dass im Hintergrund eine unausgesprochene
Annahme wirksam ist, nämlich dass Proportionalität Gesundheit ausdrückt.

Diese plausible, durch viele Beobachtungen und Äußerungen von
Menschen gestützte Annahme bedeutet jedoch nicht, dass auf diese Weise die (abstrakte) Schönheit biologisch zur Wirkung kommt. Proportionalität ist nicht gleich Schönheit; jedoch setzt Schönheit voraus, dass die
Proportionen im Rahmen ihrer Freiheitsgrade des Variierens stimmen.
Die Beziehung ist, um es formal mathematisch auszudrücken, eindeutig,
aber nicht ein-eindeutig. Die Wahrung der Proportionalität allein genügt
nicht, damit wir ein Lebewesen als schön beurteilen, auch wenn es
dadurch allometrischen Verhältnissen entspricht. Eine vorschnelle, unkri-
tische Gleichsetzung von beidem kann zu ganz erheblichen Differenzen
führen. Ein allgemein bekanntes Beispiel für eine davon herrührende Diskrepanz ist die Spinne. So können bei einer handgroßen, haarigen Vogel-
spinne der Körper und die acht Beine in bester Proportionalität zueinander stehen, was sich unter anderem darin äußert, dass solche Spinnen
geradezu elegant laufen und erstaunlich gezielt springen können. Dennoch muss man erst Vogelspinnen-Liebhaber geworden sein, um sie als
schön zu empfinden und ihnen in die für uns so unpassenden Augen
schauen zu können, die wie Linsen von Miniatur-Überwachungskameras

aussehen. Der Zoologe wird ihnen Proportionalität nicht absprechen können, doch wer sie wie ein Streicheltier behandelt und auf den Armen herumlaufen lässt, muss damit rechnen, als zumindest verschroben angesehen zu werden.

Noch klarer wird, wie unser Vorurteil die Wahrnehmung beeinflusst, wenn wir einerseits die nicht selten perfekte, wahrlich bewundernswerte Radiärsymmetrie eines Kreuzspinnennetzes für «schön» halten, zumal wenn feinste Tautropfen wie Perlen daran hängen und sich das Licht darin bricht, andererseits aber seine Erbauerin, die «dicke» Spinne mit ihrem «viel zu groß geratenen» Hinterleib, mit einem «Pfui Spinne» belegen. Dabei könnte die genauere Betrachtung Feinheiten hochgradig symmetrischer Zeichnungen auf diesem «unförmigen Körper» offenbaren, die durchaus rechtfertigen, dass eine solche Spinne «Diadem-Kreuzspinne» genannt wird. Ähnliche Schwierigkeiten haben offenbar viele Menschen mit den spinnenähnlichen, gleichwohl gänzlich harmlosen Krabben. Wie sie im gleißenden Licht des Tropenstrandes über die so gut wie strukturlosen Flächen von Korallensand laufen, uneinholbar schnell für Menschen, und das eigene Schlupfloch, ohne es sehen zu können, auch nach mehreren Ablenkungen aus der Richtung mit geradezu geometrischer Präzision auf der kürzesten Geraden wiederfinden, reicht nicht aus, um sie in Bezug auf ihre Proportionen als «schön» zu empfinden. Zudem laufen sie auch noch «verkehrt», nämlich seitwärts, und geraten damit in Widerspruch zu unseren Erwartungen. Die Spinnenähnlichkeit nimmt ihnen die Stimmigkeit der Proportionen in der emotionalen Beurteilung.

Selbst die wissenschaftliche Betrachtungsweise tut sich schwer, sich des Vorurteils zu entledigen. Und das nicht etwa nur dann, wenn es darum geht, allgemein als nicht schön oder gar hässlich eingestufte Tiere oder Pflanzen, an denen bei näherer Beschäftigung subtile Schönheiten zu entdecken sind, als zumindest interessant herauszustellen, sondern ganz generell bei der Beurteilung von Anpassungen. So besteht offenbar unter Biologen die Neigung, alles irgendwie von der Norm oder Erwartung Abweichende als Anpassung zu interpretieren. Dass es sich oft lediglich um allometrische Veränderungen handeln könnte, wird zumeist gar nicht in Betracht gezogen. Dabei wissen wir doch aus der Tierzüchtung, dass eine bestimmte, gewollte züchterische Veränderung nicht selten Veränderungen an anderen, unerwarteten Stellen nach sich zieht. So sollte zum Beispiel zunächst in Erwägung gezogen werden, dass der im

Vergleich zu anderen Primaten stark verkürzte «Schnauzenteil» unseres Gesichts mit der Vergrößerung des Gehirnschädels zusammenhängt, und zwar durch Umverteilung der Proportionen am Kopf zugunsten des sich vergrößernden Gehirns. Die maximale Ausnutzung des Geburtskanals beim Durchtritt des Schädels verträgt sich nicht mit schnauzenartig vorspringenden Kiefern. Das große Gehirn zieht ein flaches Gesicht mit und nach sich; die kleine Nase der Eskimos muss keine Anpassung an die eisige Luft im Hohen Norden sein. So muss auch die vorspringende «Langnase» vieler Europäer nicht mit dem Umherwandern in staubigen Steppen begründet werden, wenn der Schädel länglicher gebaut ist.

Dieser Hinweis mag genügen. Nicht alles muss zwangsläufig Anpassung sein. Freiheiten für Entwicklungen gibt es genug und sicherlich viel mehr als bisher seitens der meisten Evolutionsbiologen in Betracht gezogen worden ist. Das innere Funktionsgefüge ist wichtiger als das Äußere; Proportionalität bestimmt weit mehr die Leistungsfähigkeit eines Organismus als die direkte Anpassung an «die Umwelt». Sie wird, so bezeichnet, eher zur Ausrede dafür, dass man nicht weiß, wie und warum die betreffende Struktur tatsächlich entstanden ist. So ist, um ein geläufiges Beispiel aus der Technik anzuschließen, der Verbrennungsmotor nicht entstanden, um Autos oder gar Flugzeuge anzutreiben. Aber er eignet sich neben zahlreichen anderen Anwendungsformen auch dafür. Die äußere Anpassung des Autos setzte nachträglich ein, als es um Steigerung der Fahrgeschwindigkeit und dann um Senkung des Kraftstoffverbrauchs ging. Die Karosserie wurde windschlüpfrig gestylt. Formel-1-Wagen sehen anders aus als Limousinen im normalen Straßenverkehr, weil es bei ihnen um Spitzengeschwindigkeiten und nicht um sparsamen Spritverbrauch geht. Beide Formen lassen sich aber nicht als entscheidende Begründung für das Auto als technisches Gerät und seine Funktionsart heranziehen. Was sie auf ihre jeweilige Weise an «Anpassung» zeigen, stellt kaum mehr als Äußerlichkeiten dar. Die entscheidenden Vorgaben und Zwänge sitzen im Innern. Wird die Kraftstoffzufuhr unzureichend oder unterbrochen, nützt das Außenstyling der Karosserien nichts mehr.

So weit hergeholt dieser Vergleich auch erscheinen mag, so zutreffend verdeutlicht er dennoch, worum es bei der Trennung von äußerlicher Schönheit und innerer Proportionalität geht. Das Äußere wirkt nur geringfügig, wenn überhaupt, auf das Innere zurück, während dieses den

Rahmen vorgibt, in dem sich das Äußere entwickeln und verändern kann. Deshalb sagen uns ungestörte Symmetrien und stimmige Proportionalitäten auf «Anhieb», das heißt ohne darüber nachdenken zu müssen, mehr als die äußerliche Schönheit. Aber wir verwenden diese durchaus recht häufig als Anzeiger für das weniger leicht zu sehende (und zu verstehende) Innere. Beim Autokauf wird daher aus guten Gründen die Kundschaft mit dem Äußeren angelockt und in Kaufstimmung versetzt. Fahrzeuge, die unproportioniert wirken, wie einige Kraftstoff sparende Kleinwagen «ohne Hinterteil», lassen sich weit schwerer absetzen als das allseitig wohlproportionierte «Traumauto». Durchgesetzt haben sich bei den Fahrrädern die symmetrisch gebauten mit zwei gleich großen Rädern und nicht frühere Entwürfe mit einem großen und einem kleinen Rad. Dreiräder blieben Spielzeug, obgleich sie sich, auf Erwachsenengröße gebracht, viel besser zur Mitnahme von Material, etwa beim Einkauf oder zum Transport von Schultaschen und Rucksäcken, eignen als Zweiräder. Und zudem wären sie viel sicherer. Im weiten Feld der Entwicklung von Werkzeugen, die durchaus große Ähnlichkeiten mit Evolutionsabläufen zeigt, kommt immer wieder die Wechselwirkung zwischen Form und Funktion zutage. Die Überarbeitung der äußeren Form folgt in aller Regel der Entwicklung der Grundfunktion nach. Kaum ein Werkzeug hat nur eine Funktion und es gibt von ihm viele Versionen.

Fassen wir zusammen: Symmetrien, Allometrien und Proportionen erfassen wir ohne nennenswerte Lern- oder Erkenntnisprozesse. Wir «können» sie von vornherein deuten. Die Beurteilung liegt meistens richtig, es sei denn besondere Umstände verbergen zu viel oder hindern uns am unbeeinflussten Vorurteil. So gut wie immer können wir davon ausgehen, dass die Organismen oder die Produkte «in Ordnung» sind, wenn sie die äußeren Kriterien von Symmetrie und Proportionalität erfüllen. Niemand würde ein noch so schönes Auto für in Ordnung halten, wenn ein Rad deutlich kleiner als die drei anderen wäre. Bei einem Pferd mit einem verkürzten Bein wäre das erst recht nicht der Fall, weil es anders als das Auto auch nicht mehr repariert werden könnte. Die Wiederherstellbarkeit der Symmetrie oder der Proportionalität benutzen wir auch als Beurteilungskriterium dafür, ob ein Mangel vorübergehend und behebbar ist oder nicht. Somit urteilen wir keineswegs nur statisch nach dem momentanen Befund, sondern wir beziehen die Entwicklung mit ein. Beides zusammen macht uns zumindest gefühlsmäßig sicherer als in vielen anderen Urteilen, die wir fällen müssen. Wir lassen uns auch nicht so leicht von diesem Ersturteil abbringen, selbst wenn wir rational einsehen, dass es sich möglicherweise um ein ungerechtfertigtes Vorurteil gehandelt hat. Die Ablehnung von Spinnen und Schlangen, die übrigens auch viele andere Primaten mit uns teilen, bestärkt die tief sitzende, stammesgeschichtlich alte Form der Beurteilung, und das gilt auch für so manch andere Phobie. Dass sie in die Bewertung des Schönen mit einfließt, ist also nur natürlich in dem Sinne, dass sie ohne spezielle Lernprozesse vorhanden ist.

Warum aber können wir Symmetrien und Proportionen so gut erkennen, dass wir ohne nähere Begutachtung zu einem Urteil darüber kommen, was wir sehen?

## Das Auge, das Sehen und die Symmetrien

Unser Auge ist ein Kameraauge. Die Linse wirft, den optischen Prinzipien gemäß, umgekehrte Bilder auf die Netzhaut. Die lichtempfindlichen Zäpfchen und Stäbchen wandeln die Lichtenergie in elektrische Signale um. Diese werden im Gehirn zusammengesetzt und ausgewertet. Was wir sehen, kommt daher eigentlich nicht im Auge, sondern im Gehirn zustande. Der ununterbrochene Zustrom von Information bei offenen Augen würde bald die Kapazitäten überschreiten und zu einem optischen Chaos führen. Zwar können wir die Augen schließen, aber das ist nicht die Lösung der Informationsfülle. Diese bedarf der geeigneten Filterung. Dabei wird Wesentliches von Unwesentlichem getrennt, kleine, von den Kopf- und Augenbewegungen verursachte Abweichungen des empfangenen Bildes ignoriert und eine Vielzahl weiterer Analysen und Bewertungen vorgenommen, an deren Ende eine buchstäblich überschaubare Menge von Informationen übrig bleibt, aus denen sich ein brauchbares Bild zusammensetzt.

Das ganze Ausmaß der bislang bekannten Komplexität der Vorgänge mag aus dieser knappen Fassung zu erahnen sein. Selbst wenn wir uns kaum vorstellen können, was mit dem optisch Aufgenommenen tatsächlich geschieht, bevor wir es «sehen», sagt uns die eigene Erfahrung, dass klare Linien und deutlich unterschiedene Größenverhältnisse einfacher zu erfassen sein sollten als strukturarme Bilder. Wir können uns das verdeutlichen, wenn wir einen dicht belaubten Busch oder die Krone eines Baumes voller Blätter betrachten. Dann merken wir, dass wir geradezu nach Hilfslinien wie Stämmen und Ästen suchen, um das Gebilde aufnehmen zu können. Ein frei stehendes Haus hingegen erfassen wir mühelos mit einem Blick als Gebäude.

Bilder entstehen aus Strukturen. Je klarer wir diese erfassen können, desto deutlicher werden die Bilder. Die kugelige Gestalt des Auges und die optischen Eigenschaften der Linse bringen es mit sich, dass sich die Objekte größenproportional mit der Entfernung abbilden. Nah ist groß und entfernt klein. Das lernen wir in aller Regel ganz von selbst, so dass wir uns nach wenigen Lebensjahren in der (ungefähren, verhältnismäßigen) Größe der Objekte nicht mehr täuschen. Wir «wissen» dann, dass ein Baum in der Ferne viel höher ist als ein in der Nähe stehender Mensch, auch wenn beide auf dem rein optischen Bild gleich groß erscheinen. Dass wir uns dabei vergleichsweise einfach tun, hängt damit zusammen, dass wir ein Augenpaar haben. Wer aus irgendwelchen Gründen ein Auge abgedeckt halten muss, spürt in aller Deutlichkeit, um wie viel schwerer dann Entfernungen und Geschwindigkeiten abzuschätzen sind, auch wenn umfangreiche Erfahrungen vorliegen. Das doppeläugige, binokulare Sehen liefert zwei gleiche, aber nicht identische Bilder. Dem Augenabstand gemäß ist jedes ein wenig vom anderen verschieden. Der kleine Unterschied verbessert das «tiefenscharfe» Sehen ganz beträchtlich. Am besten sehen in dieser Hinsicht Lebewesen, deren Augen ähnlich wie unsere recht nahe beieinander stehen, während solche, bei denen sie weit seitlich am Kopf sitzen, besser sind im Erfassen von Bewegungen und Geschwindigkeiten. Denn je weiter sie voneinander seitlich abrücken, desto kleiner werden die Teile des gesamten Sehfeldes, die sich überlappen. Das tiefenscharfe Sehen ergibt sich aus dem Ausmaß der Überlappung. Manche Vögel und Säugetiere, bei denen die Augen fast genau an den Kopfseiten sitzen, können mit ihnen nicht nur nach vorn, sondern auch nach hinten schauen. Sie gewinnen zwei, allerdings nur schmale Zonen mit Tiefenschärfe, nämlich genau nach vorn und entgegengesetzt nach hinten. Der größte Teil des Rundumblickes bleibt aber monokular und daher ohne Tiefenschärfe. Wir Menschen haben ein kleines Gesichtsfeld, aber darin einen sehr großen Bereich mit tiefenscharfer Überlappung. Daher sind wir sehr gut in der Abschätzung von Entfernungen. Die verbreitete Kurzsichtigkeit erhöht den Schärfebereich in der kopfnahen

Zone, lässt diesen aber schon bei mittleren Entfernungen schnell verschwimmen und schließlich schwinden.

Diese Gegebenheiten haben Folgen für die Art und Weise, wie wir unsere Umgebung räumlich sehen. Das Farbliche kommt hinzu. Ähnlich wie die Vögel sehen wir Menschen und andere Primaten die Welt «bunt». Sie setzt sich aus drei Grundfarben, Rot, Gelb und Blau, zusammen. Aus diesen mischt sich das für uns sichtbare Spektrum der Farben. Das «gesamte» Spektrum ist es nicht, denn manche Vögel und viele Insekten sehen auch das für uns unsichtbare, weil zu kurzwellige Ultraviolett jenseits der Farbe Violett. Andere hingegen sehen kein Rot in unserem Sinne. Die meisten Säugetiere sind, wie manche Menschen, rot-grün-blind. Das Erkennen reifer, sich rötender Früchte im Tropenwald war (und ist) offenbar für Affen so wichtig gewesen, dass es schon vor Entwicklung der Menschenaffen und der Menschenlinie zweimal zur Entwicklung des Rot-Grün-Sehens gekommen ist. Die mittel- und südamerikanischen (neotropischen) Breitnasenaffen sehen auf andere, eigenständige Weise Rot und Grün als die altweltlichen Schmalnasenaffen, zu denen wir Menschen entwicklungsgeschichtlich gehören. Das Ergebnis ist zwar im Grunde gleich: Rote Früchte werden auf Distanz im grünen Blätterdach erkannt. Aber die genetischen Grundlagen hierzu sind deutlich voneinander verschieden. Dass aber alle Affen, auch die sogenannten Halbaffen und viele Vögel, insbesondere solche, die aus dem Flug heraus auf Ästen und Zweigen landen oder bewegliche Beute jagen, ein entsprechend gutes binokulares, weil tiefenscharfes Sehvermögen brauchen, ist wiederum im Wortsinn offensichtlich.

In unserem Zusammenhang bedeutet dies, dass die biologische, das Leben und Überleben fördernde binokulare Tiefensehen («Entfernungssehen») ganz von selbst die Erfassung von Körpern und Formen erleichtert. Das Farbensehen verstärkt dies. Damit heben sich Körper und Strukturen nicht mehr nur allein durch Helligkeitsunterschiede vom Hintergrund ab, sondern häufig auch durch die Andersfarbigkeit. Folglich sehen wir «die Welt» gleichsam doppelt strukturiert nach Form und Farbe, natürlich auf unsere Weise, die sich vom Sehen anderer Tiere durchaus stark unterscheidet. Am nächsten kommen uns, von den Menschenaffen und anderen größeren Primaten abgesehen, die Vögel. Deshalb fällt es uns auch so leicht, ihre (Balz-)Formen und Farben zu erfassen und richtig zu interpretieren. Uns vertraute Tiere wie der Hund hingegen sind dazu schon nicht mehr in der Lage, weil Rot-Grün-Blindheit und die besondere Bedeutung des Geruchsinns seine Welt ganz erheblich von unserer unterscheiden.

Das Entfernungssehen hat zur Folge, dass wir auch dort Strukturen zu erkennen und zu erfassen suchen, wo diese in Wirklichkeit gar nicht vorhanden sind. Die Suche beginnt etwa bei der «Schaffung» von Sternbildern mit Linien und Wiederholungen. Fehlendes wird ergänzt, bis eine entsprechende Form zustande gekommen ist, die als Bild «etwas sagt». Durch die Verbindung von Lichtpünktchen am sternklaren Himmel «sehen» wir sodann Sternbilder, die zu Figuren werden. Es gibt sie nicht, sie entspringen unserer Einbildung. Wiederum liefert das deutsche Wort Einbildung mit feinem Sprachgefühl den Hinweis darauf, worum es sich handelt – nicht um ein äußeres, objektiv vorhandenes Bild, sondern um ein inneres, um etwas Ein-Gebildetes.

Weil wir überall Bilder sehen wollen, suchen wir sie in Wolkengebilden, in knorrigem Holz und verwittertem Gestein, also sogar in dafür gänzlich ungeeigneten Stoffen und Gegebenheiten. Berge, Meeresbuchten, selbst Wellen und Wirbel von Strömungen erhalten auf diese Weise eine Gestalt. Manche Richtungen moderner Kunst nutzen dieses Bedürfnis, nach Bildern zu suchen, indem sie das Werk so gestalten, dass man fast Beliebiges hineininterpretieren kann. Bilder oder Strukturen, die etwas bedeuten (könnten), werden im Gesehenen von vornherein vermutet. Die wichtigste Hilfestellung geben dabei die Symmetrien ab. Wo immer sich etwas vermeintlich oder tatsächlich wiederholt oder «zugeordnet» werden kann, entsteht das, was wir als ein Muster zu bezeichnen pflegen. Muster sind Wiederholungen. Häufig beruhen sie auf der symmetrischen Wiederholung einer Grundeinheit. Die Einheiten der Muster wirken am besten, wenn sie den einfachen Formen von Symmetrie entsprechen.

Eine besondere Bedeutung haben Spiegelsymmetrien. Mit der gespiegelten Rechts-Links-Gleichheit entsprechen sie dem bei weitem für uns wichtigsten lebendigen Muster, das wir zu erkennen und zu deuten haben – dem menschlichen Gesicht. Es ist rechts-links-spiegelsymmetrisch aufgebaut und lässt sich auf einige wenige Striche vereinfachen, die dennoch als «Gesicht» wirken: ein Mittelstrich für die Nase, je ein Punkt links und rechts davon im oberen Teil oder knapp darüber, der «Mundbogen» darunter in der «freundlichen» oder «enttäuschten» Smiley-Form und ein Kreis um alles rund herum. Da darf sogar der Nasenstrich fehlen, wenn die «Augen» und der «Mund» ordentlich symmetrisch dargestellt sind. So einfach sind wir abzufertigen mit dem Eindruck eines Gesichtes und der Deutung der Stimmung, die es ausdrückt. Deshalb wirken auch andere Piktogramme so unmittelbar und viel schneller als detaillierte Formen oder Figuren. Sie vereinfachen auf jene Teile, die für das Erkennen der Aussage, die mit dem Bild zu verbinden ist, notwendig sind. Manche Piktogramme werden auf Anhieb ohne jegliche Erklärung von Angehörigen unterschiedlichster Kulturen verstanden. Für die meisten ist keine nähere Erläuterung nötig. Es reichen Grundinformationen, wie zum Beispiel für Schilder, die den Straßenverkehr regeln sollen.

Die Art und Weise, wie wir Bilder erkennen, setzt also an sehr einfachen Strukturelementen an. Nur zu gerne lassen wir uns täuschen. So deuten wir vier gleich lange, rechtwinklig angeordnete Linien zum Quadrat um, auch wenn sie an den vier Ecken nicht zusammenstoßen. Auch «eckenlose» Würfel macht uns diese automatische Bilderkennung vor. Sie täuscht uns mit Verhältnissen von größer, gleich und kleiner aufgrund der Perspektive und entsprechend mit näher und ferner, wenn wir die (ungefähre) Größe der Objekte, beispielsweise Menschenfiguren, kennen. «Optische Täuschungen» werden diese Leistungen bzw. Fehlleistungen unseres Sehens genannt. Dabei drücken sie an den Beispielen, in denen sie nicht richtig funktionieren, in aller Deutlichkeit aus, wie wir etwas «sehen». Es geht bei diesem Vorgang nicht nur um das optische Bild, das von der Linse auf den Augenhintergrund projiziert wird, sondern um ein System der Erkennung und Deutung von Strukturen, Mustern und Symmetrien. Treten darin «Störungen» auf, weil sie tatsächlich am Objekt, das angeschaut wird, vorhanden sind, werden diese automatisch als Abweichungen, als Aberrationen, gedeutet. Im ursprünglich lateinischen Wort der Aberration steckt das Irren *(errare)*, und zwar das Ab-Irren vom richtigen Zustand. Für unsere Empfindungen ist das etwas ganz anderes als die Variation, die Verschiedenheit, die wir insbesondere auch an uns Menschen schätzen, weil sie uns Individualität verleiht.

Kurz zusammengefasst geht aus diesen Befunden hervor, dass sich unser Sehen sehr einfacher Vorgehensweisen bedient. Sie entsprechen den Naturgesetzlichkeiten. Denn die Symmetrien, die Formen und die Wiederholungen, aus denen Muster entstehen, sind vorhanden, gleichgültig ob ein menschliches Auge auf sie schaut oder nicht. Aber sie entsprechen nicht der ganzen Wirklichkeit. Diese ist unvergleichlich reichhaltiger als das, was wir sehen oder – ganz allgemein – mit unseren Sinnesorganen erfassen können. Es ist daher logisch und natürlich zugleich, dass auch andere Lebewesen die Umwelt ähnlich wie wir erfassen, wenn sie über ähnliche Sinnesorgane verfügen, aber anders, wenn diese anders arbeiten. Damit schließt sich der Bogen – zurück zu den Schilderungen von Farbenpracht und Formenvielfalt der Vögel mit ihrem Sehvermögen, das unserem recht ähnlich ist. Aber er trifft nicht so genau mit dem Sehen der Insekten zusammen, wie wir das gerne hätten, um die Signale etwa der Blüten richtig verstehen zu können. Deren optische Welt unterscheidet sich von unserer ganz erheblich im Bau der Komplexaugen und ihrer Farbtüchtigkeit. Kraken und andere Tintenfische lassen sich in ihrem Sehvermögen mit unserem besser vergleichen, obwohl sie Angehörige des großen Stamms der Weichtiere («Schnecken») sind. Tintenfische unterscheiden die Formen von Objekten gut genug, um sie etwa zum Sortieren von Gegenständen dressieren zu können. Kraken schrauben Deckel von Gläsern ab, in denen ihnen attraktives Futter geboten wird. Solche Leistungen sind nicht allein deswegen möglich, weil sie über ein recht gut entwickeltes Nervensystem verfügen, sondern eben auch, weil sie die Dinge genügend ähnlich wie wir sehen.

*Schlussfolgerungen*

Was wir sehen, ist demnach nicht das optische Bild, das unsere Augen liefern, sondern seine Interpretation im Gehirn. Sie folgt Regeln, die sich an einfachen Strukturen orientieren und Formen bilden. Das vielleicht wichtigste Kriterium dabei ist die Wiederholung. Wären alle Bilder verschieden, könnten wir keines erkennen. Die «Form» schält sich beim Wiedererkennen heraus. Was zu selten vorkommt, vergisst man leichter wieder als häufig Vorkommendes. Wir lernen über die Redundanz, die (oftmalige) Wiederholung. Wichtig ist hier der Hinweis auf das Lernen. Muster, deren Erkennen uns angeboren ist, wie ein einfaches Gesicht, würden zu einfach bleiben, weil die Wirklichkeit «voller» ist. Das Punkt-Strich-Gesicht muss zum echten Gesicht werden, um Bedeutung zu erlangen. Formenvielfalt und Formenveränderungen werden erlernt.

Das Schöne baut sich infolgedessen aus den einfachen Prinzipien von

Gestalt, Symmetrien und Proportionen zusammen mit den erlernten Formen ihrer Ausprägungen auf. Dass oder ob wir etwas als schön empfinden, kann mithin weder allein aus den Formprinzipien (objektiv) abgeleitet, noch ausschließlich durch soziale Konventionen (subjektiv) erklärt werden. Absolut Schönes kann es nicht geben, weil stets im Verhältnis zu Anderem geurteilt wird. Das gilt für die optisch-physikalischen Relationen wie auch im sozialen Kontext. Selbstverständlich verhält es sich im Bereich der anderen Sinne genau so. Die Schönheit eines Musikstücks, von Menschen- oder Vogelgesang beruht auf der akustischen Struktur unseres Ohrs, das in der Lage ist, reine Töne und das Verhältnis ihrer Schwingungslängen von überlagerten, zum Geräusch oder Lärm gewordenen Tönen zu unterscheiden. Dass wir so manches Vogellied als schön empfinden, hängt damit zusammen, dass der Bau des Inneren Ohrs der Vögel unserem ähnlich ist. Dem Schnarren von Heuschrecken oder dem Lärm von Zikaden können wir weniger Schönheit abgewinnen, weil deren Empfangsorgane weit mehr als unser Gehör zu Empfang und Analyse stark rhythmischer akustischer Signale taugen. Die Geruchswelt vieler Nasen, nicht nur jener unserer Haushunde, bleibt uns weitgehend verschlossen, während es im Erfassen der vier Geschmacksqualitäten süß, salzig, sauer und bitter recht weitgehende Übereinstimmungen gibt.

Es muss nicht betont werden, dass sich im Bereich dieser Sinne, den Tastsinn und den elektrischen Sinn mit eingeschlossen, Schönheit für uns Menschen in stark abgestufter Weise erschließt oder verborgen bleibt. Am meisten liefert uns der Gesichtssinn, gefolgt vom Gehör- und vom Geruchsinn. Bei allen übrigen Sinnen sind wir so schwach, dass Ausdrücke wie «ein schöner Geschmack» banal und unverbindlich bleiben. Wir können unterscheiden, aber nicht viel mehr. Kunst spielt sich in der Sinneswelt des Sehens und Hörens, ein wenig auch noch unter Einbeziehung des Tastsinnes ab. Lediglich ein wenig, weil die angenehme, den streichelnden Händen schmeichelnde Form ohne das Sehen eine zu einfache Sinnesqualität bleibt. Die wenigsten Plastiken sind so gemacht, dass sie betastet werden sollen. Dass sich bei Blinden und insbesondere bei Taubblinden die verbleibenden Sinne zu einer viel höheren Intensität der Empfindung aufbauen, stellt keinen Widerspruch dazu dar. Auch die größtmögliche Sensibilität der Finger vermag dem Betasteten keine Farbqualitäten zu verleihen oder Tauben die Welt der Musik und der Gesänge in der Natur zu erschließen.

Dennoch liegt Schönheit nicht nur im Auge des Betrachters. Sie ist wie alles Gesehene ein Produkt des Gehirns. Dass dieses bei den unterschiedlichsten Lebewesen auf recht einheitliche Weise Bilder erzeugt und auswertet, hat wiederum mit den objektiven physikalischen Gegebenheiten zu tun. Die Sinneswelt des Menschen kann daher nur eigen-artig, nicht aber einzig-artig sein. Vergleiche mit der Tierwelt und der übrigen lebendigen Natur sind demzufolge nicht nur zulässig, sondern für das bessere Verstehen unserer eigenen Weltsicht sogar angebracht.

# Teil III:
# Der Mensch und das Schöne

*Unter Mitwirkung von Miki Sakamoto*

## Schönheit in der Menschenwelt

*Vorbemerkung*

Schön zu sein, bedeutet uns Menschen sehr viel. Das Streben nach Schönheit ist in allen Gruppierungen der Gesellschaft und in allen Kulturen zu finden. Sich zu schmücken, gehört zu den Lebensäußerungen der Menschen. Eng verbunden damit ist die Kunst in ihren vielfältigsten Formen. Bei unserer Spurensuche nach den Ursprüngen der Schönheit lässt sich der Mensch nicht ausklammern. Seine Einbeziehung in die Erörterungen konfrontiert jedoch mit anderen Problemen, als sie bisher gestellt und behandelt wurden. Drei Fragen halten wir für besonders bedeutsam:

> *– Gibt es spezifisch menschliche Kriterien für Schönheit?*
> *– Warum gilt beim Menschen die Frau als «das schöne Geschlecht»?*
> *– Weshalb hat Schönheit beim Menschen eine so große Bedeutung?*

Mit diesen Fragen sind selbstverständlich bei weitem nicht alle Aspekte der Schönheit und des Schönen abgedeckt. Sie alle behandeln zu wollen, würde nicht nur den Rahmen dieses Buches sprengen, sondern auch uns als Autoren überfordern. Deshalb werden viele Facetten der Schönheit nur gestreift, andere gar nicht betrachtet und auf die Kunst, ihre Ursprünge und Bedeutung wird nur am Rande eingegangen. Die nachfolgenden Erörterungen und Überlegungen bewegen sich weitgehend im biologischen Bereich. Das mag all jene etwas beruhigen, die Grenzüberschreitungen befürchten und für unzulässig halten, weil sie das Kulturelle strikt vom Natürlichen getrennt wissen möchten. Doch da wir keine Grenze sehen und es unserer Überzeugung nach auch keine solche gibt und geben kann, bleiben Ein- und Ausblicke in den kulturellen Bereich unumgänglich. Dass es dabei zu Deutungs- und Meinungsverschiedenheiten kommen kann, beunruhigt uns nicht, im Gegenteil. Erweiterte Horizonte schaden nicht; sie schärfen eher den Blick für das Besondere im Allgemeinen und sie machen deutlich, dass es jenseits der in aller Regel künstlich gezogenen Fachgrenzen eine Fülle von Wissen und Vorstellungen gibt. Ohne seine Natur ist kein Mensch lebensfähig. Es sind lebendige Menschen, die Kultur geschaffen, gepflegt und weiterentwickelt haben. In jeder kulturellen Äußerung steckt in mehr oder minder großem Ausmaß die Natur des Menschen. Niemand kann sich ihrer entäußern und ohne ihre Basis Kulturelles schaffen.

Es kann mithin nicht darum gehen, ob wir Menschen uns bei unseren Empfindungen des Schönen und den Urteilen über die Schönheit ausschließlich im kulturellen Bereich bewegen, sondern in welchem Umfang kulturelle Einflüsse natürliche Wertungen beeinflussen. Und warum das so ist – warum es keine absolute Freiheit in der Wahrnehmung des Schönen geben kann. Spontane Reaktionen einerseits, wie sie auftreten, wenn jemand unerwarteter Weise und unvorbereitet auf einen entstellten Menschen trifft, und Überwindung von Abneigungen andererseits durch Gewöhnung oder intensive Beschäftigung mit dem Abstoßenden drücken unmissverständlich aus, dass es beides gibt: die unmittelbare Empfindung des Schönen und die kulturelle Einstellung auf bestimmte Normen oder Formen, die davon mehr oder minder stark abweichen. Anders ausgedrückt: Das sicherlich weitgehend unbewusste, automatische Vorurteil wird kulturell angepasst an sekundäre Urteile der Gesellschaft. Danach gelten die das Gesicht entstellenden, entschnabelartigen Holzteller in den Lippen bei manchen Gruppen amazonischer Indios als «schön», wie auch unsymmetrische Nasen- oder symmetrische Ohrringe, oder dass die Reinheit (junger) Haut durch Tätowierungen massiv verändert wird. Zusätzlich gibt es alle möglichen und «unmöglichen» Farben und Formen von Kleidung. Was schön ist und schön zu sein hat, bildet die beiden Enden eines breiten Spektrums. Dass beides nicht nur möglich, sondern biologisch zulässig, das heißt dem Menschen über die Generationen hinweg nicht abträglich wird, liegt an der verbindenden Mitte. Diese Schlussfolgerung sei hier vorangestellt, um das häufig geäußerte Missverständnis auszuräumen, dass sich beim Menschen «alles um die Fortpflanzung dreht»! Die «Mitte», der große Zwischenbereich der Durchschnittlichkeit, vermehrt sich stärker als das eine, von der Natur besonders begünstigte schöne Ende des Spektrums und auch mehr als das exaltierte, in der Selbstdarstellung besonders übertriebene andere Ende. Dass das so ist, erklärt, weshalb nicht längst alle Menschen einheitlich schön geworden sind. Darwin hebt das nicht aus den Angeln und der Mensch bekommt deswegen auch keine Sonderstellung. Aber wir können damit zu einem neuen Verständnis von Schönheit gelangen. Sehen wir uns dazu als Erste unsere nächsten Verwandten, die Menschenaffen, an.

*Das Paradox des Affen*

Schimpanse, Bonobo, Gorilla und Orang-Utan, die großen Menschenaffen, sind recht nahe mit uns verwandt. Genetisch unterscheiden wir uns von ihnen nur wenig, im Aussehen aber sehr stark. Menschenaffen entsprechen unseren Vorstellungen von menschlicher oder menschenähnlicher Schönheit ganz und gar nicht. So sehr sie uns in vielen Eigenschaften gleichen, so wenig dienen sie als Vorbild dafür, wie Menschen aussehen sollten. Sie gelten eher als lebendige Karikaturen des Menschen, die unsere Mängel und Schwächen ausdrücken. Ihre Gesichter wirken auf viele Menschen wie Fratzen, ihr Verhalten wie gestört. So lange sie noch klein sind, geht es noch. Das in uns tief verwurzelte Kindchenschema macht sie zuerst niedlich, dann ulkig, wenn sie etwas größer geworden sind. Je mehr sie aber heranwachsen und je älter sie werden, desto weiter entfernen sie sich von unserem eigenen Aussehen und damit vom Menschsein. Am ehesten kommt noch beim tiefen Blick in ihre Augen das Gefühl der Nähe zustande. Ihre Gestalten machen sie zum «Tier». Sie sehen zu fremdartig aus; fremdartig, also nicht zu unserer eigenen Art gehörend. Diese Andersartigkeit bewirkt, dass sie in vorbewusster Reaktion gefühlsmäßig abgelehnt werden.

Die verwandtschaftlich uns ungleich ferner stehenden Bären sprechen uns emotional weitaus leichter an. Auch manche Kleinaffen gefallen uns besser als die großen Menschenaffen. Gesichter von Löwen und ihre Statur sind ungezählte Male als Symbole von Macht und Stärke verwendet worden, solche von Schimpansen offenbar nie. Gorillas gaben das Vorbild zur Darstellung von Monstern. Orangs erhielten zwar von den Malaien die Bezeichnung Waldmensch, nicht aber den Status Mensch. Die großen Menschenaffen sind stärker als wir, beträchtlich stärker.

Gegen die Muskelkraft von Gorillas hätten wir im Kampf keine Chance. Dolchartige Eckzähne in mächtigen Gebissen machen Schimpansen wie Gorillas auch zu gefährlichen Gegnern, mit denen sich Leoparden zumeist lieber nicht einlassen. Zweifellos passen die Menschenaffen in ihre Lebenswelt. Sie sind keine Missgestalten. Trotzdem möchte niemand so aussehen wie sie, auch die Menschen nicht, die sich als Waldbewohner mit ihnen den Lebensraum teilten und den dichten Wald fürchteten. In ihren Körperproportionen entsprechen zentralafrikanische Pygmäen den anderen Menschen weitestgehend. Sie sind nicht artverschieden von uns. Dass sie viel kleiner sind als die schwarzafrikanischen Bantus oder die weißen Europäer nähert sie jedoch ganz und gar nicht den Affen an. Sie sind Menschen, die graduell von anderen Menschengruppen abweichen, sich aber nicht, wie die Menschenaffen, grundsätzlich davon unterscheiden.

Weshalb wird dieser Unterschied gemacht? Was erzeugt die tiefe Kluft zwischen uns und den anderen Menschenaffen, wenn diese verwandtschaftlich-genetisch gar nicht existiert? Stellen wir diese Frage zurück und befassen wir uns zunächst kurz mit einem anderen Phänomen, das eng mit dem Aussehen verbunden ist und zu den schlimmsten Wesenszügen des Menschen gehört, dem Rassismus. Warum hat dieser die schwarzen Menschen ungleich stärker getroffen als andere Menschenrassen? In den Zeiten des Kolonialismus hatte man sie in die Nähe der großen Menschenaffen geschoben oder noch für weitgehend unverändert erhalten gebliebene Urmenschen gehalten. Wie konnte dieser Rassismus entstehen? Warum nennen sich viele ursprüngliche Ethnien, oft als Menschengruppen mit Steinzeitkultur bezeichnet, selbst einfach ‹Menschen› und grenzen sich damit von «den Anderen», die keine richtigen Menschen sind, sogar sprachlich ab? Rassismus ist gegenwärtig keineswegs aus der Welt geschafft, sondern lediglich eingeschränkt und mehr oder weniger pseudozivilisiert worden. Genetisch gibt es jedoch überhaupt keinen Grund dafür, Schwarzafrikaner, australische Aborigines, Papuas von Neuguinea und andere Ethnien mit sehr dunkler Körperfarbe als nicht artgemäß von anderen Menschen auszugrenzen. Die Molekulargenetik hat die genetische Einheit aller existierenden Menschen eindrucksvoll bestätigt. Es gibt nur eine Art Mensch, den *Homo sapiens,* und keine Unterarten («Rassen») innerhalb dieser unserer Art. Eine genetische Begründung für Ausgrenzung oder für Überlegenheit bestimmter Gruppen von Menschen lässt sich nicht geben. Dennoch existiert das Phänomen. Es wirkt, und es bewirkt, dass sichtbare Unterschiede sogar über das wirklich gegebene Ausmaß hinaus verstärkt werden. Ein nur geringfügiges Anderssein in Hautfarbe, Haar- und Gesichtsform wird zur Andersartigkeit aufgebauscht. Es erfordert Willenskraft und Wachsamkeit, die allzu bereitwilligen (inneren) Vorurteile in dieser Richtung abzubauen oder zumindest in Schranken zu halten. Zum Verschwinden gebracht werden könnten sie allenfalls, wenn eine wirklich umfassende Mischung aller Rassen zustande käme, die keine Gruppenbildung mehr zuließe.

Diese rätselhafte, so unmenschliche Eigenschaft des Menschen hat sich bisher offenbar weitgehend unserem Verständnis entzogen. Was ist die Ursache des Rassismus? Hatte diese Einstellung einstens Überlebensvorteile; eine Annahme, die recht plausibel ist? Und wenn ja, warum? Die Betrachtung der verbreitet ablehnenden Haltung den Menschenaffen gegenüber kann dazu vielleicht Hinweise geben oder Ansatzstellen für eine vertiefte Behandlung dieser Problematik bieten. Denn noch mehr als Rassismus andere Menschengruppen ausgrenzt, halten wir Menschen uns von den «ganz Anderen», von Schimpanse und Bonobo, Gorilla und Orang-Utan, getrennt. Sie werden definitiv nicht (mehr) für Menschen gehalten, sondern ganz allgemein «den Tieren» zugeteilt. Mögen sie für ihre Verhältnisse auch noch so intelligent sein und an mentaler Leistungsfähigkeit und sozialer Kompetenz durchaus Menschen übertreffen, die unter genetischen Schäden leiden oder die schwer erkrankt sind, Menschenaffen bleiben «Tiere» für uns.

Merkwürdigerweise stimmen in dieser Haltung offenbar so gut wie alle Kulturen überein. Sogar in unserer angeblich so humanen Gesellschaft dürfen ganz normale gesunde Menschenaffen Experimenten unterzogen werden, die an geistig völlig umnachteten Menschen verboten sind. Menschenaffen werden lebenslang hinter Gittern gehalten, um sie neugierigen Menschen zur Schau zu stellen. Sie dürfen dressiert und ausgelacht werden, ohne dass nach ihrer psychischen Befindlichkeit gefragt wird. Als Clowns vermenschlicht, treten sie im Zirkus und in Fernsehserien auf. Um die Erhaltung ihrer letzten Restvorkommen in freier Natur kümmern sich Kleingruppen von Naturschützern, die kaum etwas dagegen ausrichten können, dass Schimpansen und Gorillas in großer Zahl «gewildert» (allein dieser Ausdruck stuft sie bereits als Wild ein!) werden und als «Buschfleisch» auf afrikanischen Märkten verkauft werden. Warum wird so etwas nicht als Menschenfresserei angeprangert und entsprechend verfolgt? Oder als Mord, wenn Großwildjäger aus Europa und Nordamerika Gorillas, «diese Monster des afrikanischen Urwaldes», erlegten und sich für derartige Heldentaten auch noch feiern ließen? Jagd auf «Indianer» hatte es noch im 19. Jahrhundert gegeben. Bis vor kurzem ging der Graben zwischen Mensch und Tier noch durch die Menschenwelt. «Die Anderen», das konnten durchaus auch Menschen sein, wenn sie nur unbekannt genug und damit als «andersartig» einzustufen waren. Erst seit grundsätzlich alle Menschen als Menschen (offiziell) anerkannt sind, bewegt sich die Mitmenschlichkeit allmählich auf die Menschenaffen zu. Ein Mindestmaß an Menschenrechten ist ihnen in jüngster Vergangenheit von einigen wenigen Staaten formal zugebilligt worden. Allerdings kommen die solcherart aufgewerteten nächsten Verwandten des Menschen in keinem dieser Staaten, Neuseeland gehört dazu, von Natur aus vor. Aus weiter Ferne betrachtet liegt eben auch der Kern der Probleme fern. Im Tierschutz für Hunde und Katzen sind um Größenordnungen mehr Menschen engagiert als im Schutz der letzten natürlichen Vorkommen von Menschenaffen.

Der Rassismus ist kein Produkt extremer Ideologien; es spricht viel für eine tiefe Verwurzelung in der fernen Vergangenheit des Menschen. Ideologien können ihn leicht verstärken und ins Extrem treiben, aber die Bereitschaft dazu sitzt tiefer. Sie geht aus von der grundsätzlichen Sonderung des «Wir» von «den Anderen», die am Anfang der Artbildung steht, der Aufspaltung einer Art in zwei oder mehrere andere, die sich in der Folge eigenständig entwickeln. Es sind die Nächststehenden, von denen die stärkste Konkurrenz ausgeht, weil sie in Lebensweise und Lebens(raum)ansprüchen am ähnlichsten sind.

Absonderung ist einer der beiden Grundmechanismen, die Vielfalt erzeugen. Der andere ist die Variation. Je mehr Variation entstehen kann, weil die Umweltbedingungen dies zulassen, desto eher können sich Teile davon – Gruppen – absondern und einen eigenen Weg gehen. Aus der bloßen Gruppierung entsteht ein «Stamm», aus diesem kann ein »Volk» oder eine «Rasse» hervorgehen und sich zur eigenständigen «Art» weiterentwickeln. Dieser Mechanismus ist uralt; so alt wie komplexes Leben, das sich in Arten gliedern konnte. Eine kontinentweite Menschheit bot bereits die Vorbedingungen für eine beginnende Aufspaltung in eng zusammenhängende Populationen und solche, die sich davon absetzten.

Die globale Ausbreitung der Menschen verstärkte diesen Prozess einer beginnenden Aufteilung in verschiedene Arten. Das Zerfallen der einen Menschheit in mehrere Arten war in Gang gekommen. Es ist vielleicht gerade noch rechtzeitig verhindert worden. Dieses Fünkchen Hoffnung hinterließen die riesigen Flächenbrände von Rassismus, ideologischer Ausgrenzung und Vernichtung anderer Menschen. Dass Menschen die schlimmsten Feinde des Menschen sind, gehört zu den finstersten Seiten des Menschseins.

Die beiden Hauptkomponenten, die diesem Geschehen Vorschub leisten, sind «Aussehen» und «Verstehen». Das Aussehen trennt gleichsam auf den ersten Blick die Anderen vom Wir. Einfache Signale reichen dazu aus, wie die Hautfarbe und Abweichungen in der Gesichtsform. Ob uns ein «fremd» aussehendes Gesicht dennoch anspricht, ergibt sich nach Überprüfung der Mimik aus dem Sprechen. Spricht der andere dieselbe Sprache, wird das Aussehen sogleich relativiert; scheinbare Ferne dem Äußeren nach rückt dann in die Nähe. Die Sprache ist das Bindemittel und sie dient der Ausgrenzung gleichermaßen. Mitunter bedarf es dennoch eines großen sprachlichen Aufwandes, vieler Überredungskunst, um den unangenehmen, abstoßend wirkenden ersten Eindruck abzumildern oder abzubauen.

## Die Unterschiede

Woran mag es liegen, dass sich die Menschen so verhalten? Zwar nicht alle Menschen gleichermaßen, aber viele so sehr, dass es allen Anstrengungen der Gegenkräfte zum Trotz immer wieder und überall zu Ausgrenzungen kommt. Das Ersturteil betrifft das Äußere. So, wie der Mensch oder die Menschen aussehen, so werden sie einer entsprechenden oder passenden Gruppierung zugeordnet. Näher und Ferner bleiben kein Kontinuum, wie es sich in Wirklichkeit verhält. Sie werden in abgegrenzte Teile zerlegt. Genau dies geschieht in der Natur bei der Trennung der Arten. Sie können als eigenständige Einheiten nur bestehen und sich weiterentwickeln, wenn ihre Angehörigen genügend stark von den Nächstverwandten getrennt bleiben. Eine im Sprachgebrauch der Wissenschaft «Merkmalsverschiebung», englisch *character displacement,* genannte Entwicklung kommt dabei in Gang. Sie verstärkt die Unterschiede insbesondere an den Rändern, an denen sich die beiden nahe verwandten Arten treffen (könnten).

Bezeichnenderweise setzt die Verstärkung der Unterschiede am Äußerlichen, am Oberflächlichen ein. Das innere Funktionsgefüge kann weitestgehend gleichbleiben. Zu einer genetischen Sonderung kommt es dennoch, wenn am Äußerlichen ansetzende Vorzugspaarungen die entstehenden oder bereits zustande gekommenen Arten zunehmend weiter trennen. Vorzugspaarungen, englisch *assortative mating,* gründen auf einer Partnerwahl nach dem Grundsatz «Gleich und gleich gesellt sich gern». Erzeugen hell und hell oder dunkel und dunkel bevorzugt untereinander Nachwuchs, sortieren sich die Nachkommen über die Generationen hinweg an den hellen und dunklen Enden des an sich möglichen Spektrums. Was für die Hautfarbe möglich ist, kann auch bei anderen äußeren Eigenschaften wie Haarfarbe und -form, Körpergröße und andere Merkmale geschehen. Bevorzugungen bei der Partnerwahl verstärken infolgedessen die Tendenz zur Abgrenzung.

Ob das vor- oder nachteilhaft ist, ergibt sich unter Umständen erst in anderem Zusammenhang. Zunächst und für lange Zeit kann die Wirkung der selektiven Partnerwahl anpassungsneutral sein. Erinnern wir uns an das Prachtgefieder vieler Vogelmännchen. Es ist auffällig; verursacht hat es die Partnerwahl der Weibchen. Das Überleben der Art wurde davon offensichtlich nicht beeinträchtigt, sonst gäbe es die Paradiesvögel und Pfauen, die prächtigen Erpel und Birkhähne nicht. Wir sollten allein schon deswegen beim Menschen noch zurückhaltender sein, wenn es um Anpassungen und Überleben der Tauglichsten geht. Manches, viel mehr als gemeinhin angenommen wird, benötigt der Mensch nicht zum Überleben, gerade wenn es im Zusammenhang mit der Partnerwahl entstand. Anderes wiederum kann durchaus zu den überlebenswichtigen Anpassungen gehören oder in früheren Zeiten gehört haben. Wenn etwas hier und jetzt so ist, muss es deswegen nicht so sein oder die beste «Lösung» darstellen. Alle Eigenschaften haben Geschichte, Naturgeschichte. Auf die Unterschiede zwischen Menschenaffen und Menschen bezogen, bedeutet dies, dass wir deren Anderssein nicht von vornherein damit begründen sollten, dass sie so sein müssen. Die Menschheit zeigt, welche Vielfalt innerhalb der Art möglich ist. Eine Norm für alle Menschen lässt sich nicht einmal für die gegenwärtig existierenden festlegen. Von früheren Menschenarten wissen wir nur, dass sie noch verschiedener waren.

Diese Feststellungen bedeuten jedoch nicht, dass es nichts Einheitliches, allen Angehörigen der Art Mensch Gemeinsames gibt. Verbindendes ist ebenso vorhanden wie Trennendes von den Menschenaffen. Deswegen ist der Vergleich mit ihnen aufschlussreicher als jede Erörterung, die sich ausschließlich auf Menschen bezieht. Denn worin wir uns von ihnen unterscheiden, sehen wir sofort. Ihre Gesichter sind anders. Kein Menschenaffe hat ein menschliches Antlitz. Ihre Nasen liegen zu tief, so dass die Gesichter der Menschenaffen eingefallen wirken. Schon bei Kindern von Schimpansen oder Gorillas wirken die Wangen faltig-alt, das Kinn zu groß und die Stirn zu flach. Dabei ähneln sich die Kindergesichter von Menschenaffen und Menschen noch am stärksten. Mit fortschreitendem Alter verringern sich die Ähnlichkeiten. Die Unterschiede werden deutlicher. Das gilt auch für den übrigen Körper. Krabbeln menschliche Kleinkinder noch auf allen Vieren, so endet dieses Entwicklungsstadium eigentlich schon, wenn das Baby nach gut einem Jahr körperlich etwa den Zustand eines nur wenige Wochen alten, neugeborenen Schimpansen erreicht hat. Nun richtet es sich auf und beginnt das zweibeinige Laufen. Diese typisch menschliche Form der Fortbewegung bereitet den Menschenaffen Probleme, weil bei aufgerichteter Haltung ihr Schwerpunkt im Körper vor den Füßen liegt. Sie müssen beständig dagegen kämpfen, nach vorne zu kippen. Der Knöchelgang auf den Händen ist für sie günstiger. Die langen, zum Hangeln und Klettern sehr geeigneten Arme passen dazu. Kindern, die sich so fortbewegen möchten, werden schnell die Beine zu lang. Diese sind bei den Menschenaffen noch recht handartig ausgebildet. Zum Gehen eignen sie sich nicht so recht. Bären fällt die Aufrichtung auf die Hinterbeine erheblich leichter; sie sind von Natur aus Sohlengänger. Damit wirken sie sogleich menschenartiger als aufgerichtete Gorillas und Schimpansen. Das zottige, kuschelige Bärenfell stört interessanterweise den Eindruck weniger als Abweichungen von der menschenähnlichen Körperhaltung. Bären empfinden wir im hoch aufgerichteten Zustand proportionierter als die ihnen in der Körpermasse durchaus gleichkommenden Gorillas.

Der erste Eindruck zur Unterscheidung von Mensch und Menschenaffe bedarf keiner Details. Es reicht, wenn das Gesicht flach, im Umfang rundlich bis oval ausgebildet ist, die Augen groß sind und nicht zu tief liegen, die Nase wenigstens etwas vorspringt, Wangen vorhanden sind und der Mund in etwa so breit ist wie die Augen auseinanderliegen. Eine hohe Stirn und glatte Gesichtshaut verstärken den Eindruck des Menschlichen. Der Körperbau weist ein bestimmtes, wiederum menschentypisches Verhältnis von Arm- zu Beinlänge auf. Die Arme reichen bis zu den Oberschenkeln, nicht bis zu den Knien. Die Beine stehen eng beisammen; sie sind parallel zueinander ausgerichtet. Aufgerichtet ist die Körperhaltung gerade; der Kopf balanciert genau auf der zentralen Körperachse, der deutlich s-förmig geschwungenen Wirbelsäule. Die Füße sind Füße, keine halb handartigen Gebilde. Alles was davon abweicht, wird als unförmig, fehler- bis krüppelhaft und unproportioniert empfunden.

Wesentlich ist, wie schon ausgeführt, der Kontrast. Dieser fällt bei den Menschenaffen stärker aus als bei mancher anderen Affenart, die uns nicht so nahe steht. Einige südamerikanische Affen sehen im Gesicht menschenähnlicher aus als jeder Menschenaffe. Es sind also einfache Merkmale, deren wir uns zur Unterscheidung bedienen. Deshalb lassen sich auch «Männchen» so einfach zeichnen und erkennen. Sogar Hunde machen uns Menschen (bettelnd) nach, wenn sie «Männchen machen»; so prägnant ist diese Körperhaltung. Jede Abweichung davon wird sofort erkannt und im Ausmaß taxiert.

Mithin ist es nur folgerichtig, wenn die Menschen die nächstverwandten Menschenaffen als zu abweichend ablehnen. Mängel und Fehler in diesen Grundzügen der menschlichen Gestalt und ihrer Bewegung fallen auch unter Menschen unweigerlich auf. Fehlende Finger oder das Fehlen eines ganzen Arms lassen sich leichter kaschieren als Schäden an einem Bein. Die Schwere des Mangels entspricht der evolutionären Differenzierung von den Menschenaffen zum Menschen. Eine fehlende Nase ist für die betroffene Person etwas ganz furchtbares, auch wenn die Atmung und sonstige Leistungsfähigkeiten dadurch nicht beeinträchtigt sind. Nasenabschneiden gehörte in barbarischen Zeiten zu den schlimmsten nichttödlichen Bestrafungen. Der Verlust eines Fußes oder gar eines ganzen Beines war in den langen Zeiten, in denen die Menschen als Jäger und Sammler lebten, in aller Regel tödlich. Die extreme Schlangenfurcht vieler Menschen dürfte darin ihren tieferen Grund haben. Das Aussehen macht den Menschen zum Menschen. Das deutsche Wort beinhaltet das Sehen und verweist damit deutlich auf diesen Zusammenhang, denn es drückt aus, wie jemand auf andere Menschen wirkt. «Gehen» wird in den vielfältigsten Zusammenhängen metaphorisch verwendet. Der Mensch ist, anders als seine Primatenverwandtschaft, ein Geher (bzw. Läufer).

«Wie geht's», wird häufig gefragt. Die spezifisch menschliche Art der Fortbewegung klingt darin an. Ähnliches steckt in dem Ausdruck: «Das ist ein aufrechter Mensch!»

Das Gesicht und die auf die Fortbewegungsweise bezogenen Körperproportionen bilden demgemäß und folgerichtig die zentralen Kriterien für die Beurteilung des Schönen am Menschen. Tief verankert in der Natur des Menschen existieren sie unabhängig vom soziokulturellen Überbau. Bereits in den ältesten figürlichen Felsmalereien kennzeichnen Bewegungsweise und Körperproportionen eindeutig Menschen. «Strichmännchen», wie sie Kinder zeichnen, werden von ihnen gleichfalls als Bild für den Menschen erkannt.

*Abstrakte und lebensvolle Schönheit*

Wenn nicht ohnehin schon am Beginn der zeichnerischen Darstellung von Menschen, so doch sehr früh taucht das Abstrakte auf. Jagende oder einander bekriegende Menschen wurden erst gar nicht naturgetreu abgebildet, sondern abstrakt in der Kombination von bezeichnenden Proportionen von Beinen und Armen zum dünn gehaltenen Körper und den entsprechenden Positionen in der Bewegung. In vielen prähistorischen Felszeichnungen sind sie zu finden. Die Deutung solcher Bilder bereitet auch viele Jahrtausende nach ihrer Entstehung keine Schwierigkeiten. Geradezu wunderbar auf ihre kennzeichnenden Eigenschaften vereinfacht sind auch wichtige Beutetiere oder gefährliche Raubtiere dargestellt worden. In den vorgeschichtlichen Felsbildern Europas wie auch denen von Nord- und Südafrika spiegelt sich, was den Menschen offenbar wichtig war, um sich selbst, andere Menschen und Tiere abzubilden: Proportionen und markante, die Tierarten kennzeichnende Abweichungen davon, wie Hörner oder Mähnen, Kehlwammen oder besonders lange oder kurze Hälse und dergleichen. Die Abstraktion ging am weitesten, wenn Menschen dargestellt werden sollten. Von anderen Primaten zogen den afrikanischen Felsbildern zufolge mehr die Paviane Interesse auf sich als Menschenaffen. In Australien benutzten die Aborigines fast immer den sogenannten Röntgenstil, wenn sie Menschen abbildeten. Selbst darin lässt sich, so ist zu vermuten, die Bedeutung der Proportionen feststellen, auch wenn die Umrisse bereits eine deutliche Körperform zum Ausdruck bringen.

Es ist hier nicht der Ort, die Frage zu erörtern, ob am Anfang von bildlichen Darstellungen tatsächlich die Abstraktion stand und diese geistig erst möglich geworden sein musste, bevor Bilder gezeichnet und gemalt werden konnten. Figürliches, zumal solche Darstellungen, die gut genug mit dem natürlichen Vorbild übereinstimmen, konnten vielleicht erst gelingen, nachdem die Proportionalität erkannt und über die Abstraktion auch wiederzugeben war. Nunmehr ließen sich Zeichnungen fertigen, selbst wenn der Natur, etwa dem Fels als Fläche, keine konkreten Vorgaben für das Bild zu entnehmen waren. Bei den Plastiken als von vornherein figürlichen Gebilden ist hingegen anzunehmen, dass die vorgefundene Form die Vorstellung anregte, sie zu bearbeiten und damit zu verbessern. Auch wir «sehen» ja alles Mögliche in Steinen und anderen Naturgebilden, weil wir, wie bereits ausgeführt, Bilder im Geschauten suchen. Dralle, unproportionierte Figurinen, wie die sogenannte Venus von Willendorf, können durchaus durch Nachbearbeitung einer vorgefundenen Form hervorgegangen sein, in die weibliche Brüste und Pobacken hineininterpretiert wurden. Ähnliches wird auch in unserer Zeit vielfach praktiziert, wenn nach Flusskieseln gesucht wird, die in ihrer Form zu irgendetwas passen könnten.

Mit Abstraktion und anschließender Erarbeitung von bildhafter Form interpretiert unser Gehirn das Gesehene – auch das ist bereits dargelegt worden. Menschen kommt in diesem biologischen Vorgang des Erkennens und Bewertens von Formen eine ganz bestimmte Proportionalität zu, die uns tatsächlich sehr stark von den nächstverwandten Primaten, den Menschenaffen, unterscheidet. Der Abstraktion und den alten Felsbildern entsprechend wird der Mensch durch einen schlanken, aufrechten Körper mit langen Beinen und deutlich kürzeren Armen sowie einem verhältnismäßig kleinen, rundlichen Kopf auf deutlich vom Rumpf abgesetzten Hals gekennzeichnet. Weit ausschreitende Bein- und ausgreifende Armbewegungen drücken die einzigartige Fähigkeit aus, zweibeinig zu laufen. Ein im Bauchbereich gorillahaft und damit viel zu dick geratener Körper würde nicht zu langen Laufbeinen passen. Diese Proportionalität fasst am klarsten das Bild des Menschen mit waagerecht ausgestreckten Armen und senkrecht («gerade») gehaltenem Körper. Die verschiedenen Proportionen entsprechen sehr genau den Verhältnissen im sogenannten Goldenen Schnitt. Auch wer nicht um die funktionelle Passung von Arm- und Beinlänge zu Körpergröße und -form weiß, empfindet die Verhältnisse als stimmig und mithin «richtig». Zu lange Arme wären ebenso falsch wie zu kurze Beine, ein zu massiger Körper, ein zu kleiner oder zu großer Kopf. Wir folgen dem Prinzip des Goldenen Schnitts genauso selbstverständlich wie der Parallelität von Linien, der Geometrie von Quadraten, Rauten oder Pyramiden. Die Mathematik, die das erklärt, benötigen wir für die Empfindungen nicht. Wir «sehen» auch so, ob die Gebilde richtig (geraten) sind.

Die Stimmigkeit der Verhältnisse setzt sich fort in die Teile bis hin zum Detail. An jedem Arm oder Bein würden wir sofort erkennen, dass etwas nicht in Ordnung sein kann, wenn Ober- und Unterarm nicht im passenden Verhältnis zueinander stehen. Die bei weitem größte Bedeutung hat für uns, wie übrigens auch für die meisten anderen Primaten, viele weitere Säugetiere und auch manche Vögel, das Gesicht. Entweder werden die genauen Proportionen bereits im Kleinkindstadium geprägt, wenn der Säugling das Gesicht der Mutter betrachtet und von den anderen Gesichtern im sozialen Umfeld zu unterscheiden lernt, oder wir verfügen über ein angeborenes Schema für ein menschliches Gesicht, das sich vom Schimpansen- Orang-Utan- oder Gorilla-Gesicht unterscheidet. Im Gesicht bestimmen die Symmetrien noch mehr als die Proportionen. Ist es länglich-oval oder rundlich geraten, verändern sich die Proportionen, nicht aber die Symmetrien. Die Proportionen geben mehr Freiheit für Veränderungen als die Symmetrien. Geringfügige Abweichungen davon auf einer Seite machen das Gesicht «schief», während ein mehr längliches Gesicht lediglich etwas anders aussieht als ein sehr rundliches. Profildarstellungen vermeiden das Problem geringfügiger Abweichungen von der Symmetrie und werden daher nicht selten bevorzugt.

Mehr Anstrengung als jede andere Ansicht erfordert die Betrachtung eines Gesichts direkt von vorn und auf gleicher Augenhöhe. Wir haben damit das zweite Grundkriterium für die spezifische Sichtweise auf den Menschen. Es kann dem Nahbereich zugeordnet werden. Die Figur wirkt in ihrer spezifisch menschlichen Proportionalität bereits auf Distanz, sogar aus recht großer. Kaum wird in der Ferne die Figur überhaupt erkennbar, diagnostizieren wir sie schon als Menschen oder nicht. Das «Strichmännchen» enthält die Kennzeichen unserer Art, das Gesicht qualifiziert den Menschen als Person. Das Wort Person bedeutete eigentlich Maske, durch die hindurch der Mensch sprach (lateinisch *personare* = durchtönen). Diese Doppelfunktion behält das Gesicht bei. Es drückt das

Individuelle sichtbar nach außen aus, lässt sich aber auch zur Maske umgestalten, die verbirgt, was andere nicht sehen sollen. In den verschiedenen Kulturen und zu allen Zeiten wurde und wird diese Möglichkeit der Veränderung in allen nur denkbaren Variationen genutzt. Das Gesicht kann ohne Worte die Wahrheit sagen oder sie so verbergen, dass die Maske zur Lüge gerät. Das am häufigsten verwendete Mittel ist die Schminke, die, allzu dick und viel zu rot aufgetragen, tatsächlich lügt. Am schwersten fällt die Kontrolle der eigenen Emotionen zu zweckdienlicher Veränderung. Wer das kann, lässt, wie «im Land des Lächelns», nicht nach innen blicken, denn: «Wie's drinnen aussieht, geht niemanden was an!» Was die anderen sehen sollen, wird künstlich gemacht.

Möglich wurde beides – sowohl die Schminke bis hin zur aufgesetzten Maske als auch die Kontrolle der Mimik –, weil wir Menschen ein anderes, ganz neuartiges Kommunikationssystem entwickelt haben, das es uns im Grunde unbeschränkt erlaubt, alles zu sagen und hemmungslos zu lügen – die Sprache. Und dabei handelt es sich nicht um eine allgemeine Sprache, sondern stets um viele verschiedene Sprachen und Dialekte, deren Aufgabe auch darin besteht, andere auszugrenzen und vom Informationsaustausch auszuschließen. Darauf haben wir oben bereits kurz hingewiesen. Hier ist nun zu betonen, dass mit der neuen Freiheit der Sprache das Gesicht zumindest teilweise von seiner Funktion befreit worden ist, Stimmungen auszudrücken, die andere sehen und deuten können. In Gruppen und sozialen Organisationen, die sich mit Hilfe von Sprache verständigen, konnte sich der «Ausdruck» vom Gesichtsausdruck zum sprachlichen Ausdruck verlagern. Diese Verschiebung befreite das Gesicht davon, naturgegebene Vorgänge wie momentane Stimmungen und Veränderungen auszudrücken, die über die Zeit laufen und die Gesichter prägen. Die Signalfarbe Rot kann nun den Lippen ohne Rücksicht auf das tatsächliche Alter und die davon beeinflusste Durchblutungsstärke aufgemalt werden. Schminke täuscht Jugendlichkeit vor, Rouge beständige, natürlicherweise aber nur bei ganz bestimmten emotionalen Zuständen auftretende Erötung. Falten lassen sich gleichsam wegretuschieren. Was vordem ehrlich und zuverlässig war, muss nun mit Skepsis betrachtet werden, weil die Signale allzu sehr gefälscht sein könnten. Gefärbtes Haar kann ein Jahrzehnt und mehr über das tatsächliche Alter hinwegtäuschen. Die Möglichkeit zur gezielten Veränderung, die in unserer Zeit mit schönheitschirurgischen Maßnahmen eine neue Dimension erreicht hat, macht es nun auch sinnvoll, sich an Idealen zu orientieren.

Zu den beiden Grundkomponenten spezifisch menschlicher Schönheit, den Körperproportionen und dem Gesicht mit seiner persönlichen Ausdrucksstärke, ist damit etwas Weiteres hinzugekommen, die gezielte Veränderung. Dieser Möglichkeit ist es zuzuschreiben, dass Mode entsteht, die über die Bekleidungsmode den ganzen Körper erfasst, und dass gesellschaftliche Normen aufkommen, die grundsätzlich beliebig sind. Weder Kleidung, noch Haarfärbung, Make-up und Gesichtsschmuck unterliegen biologischen Notwendigkeiten oder gar einer darwinschen Selektion. Alles ist möglich, fast alles, sofern es nicht mit grundlegenden Bedürfnissen in Konflikt gerät, wie eine zu enge Schnürung der Taille, durch die die Atmung behindert wird. Diese geradezu exzessive, suchtartige Selbstdarstellung des Menschen war und ist es, die Kulturanthropologen und Psychologen immer wieder zu der Annahme veranlasst hat, das Biologische würde in der Kultur im Grunde keine Rolle spielen. Doch was unter der künstlichen Fassade verborgen wird, ist damit nicht verschwunden. Entkleidet und abgeschminkt kommt buchstäblich die nackte Wahrheit zutage. Sie enthält zwei, wie wir meinen, ganz grundlegende Befunde. Der erste ist unsere Nacktheit; eine biologische Eigenart, die vor Jahrzehnten unter dem Titel *Der nackte Affe* einen Weltbestseller zur Folge hatte, nachdem sich Teile der Menschheit wieder einmal ein wenig getrauten, Nacktheit als etwas Natürliches anzuerkennen. Verbunden mit ihr ist das merkwürdige Phänomen der Scham. Der Mensch schämt sich seiner selbst! Kein anderes Lebewesen tut das und kein anderes würde wohl auch auf die Idee kommen, dass Scham angebracht sei. Schlechtes Gewissen ja, danach sieht es aus, wenn ein Hund etwas Verbotenes gemacht hat. Wir aber sollen uns schämen, meinten einflussreiche Kreise der Gesellschaft und sie erreichten, dass die naturgegebene Nacktheit des Menschen, von geduldeten Oasen abgesehen, als Erregung öffentlichen Ärgernisses eingestuft und gegebenenfalls auch bestraft wird.

Der zweite grundlegende Befund, der mit unserer Nacktheit verbunden ist, betrifft die Sexualität. So auszusehen, wie wir von Natur aus sind, gilt als sexuell erregend. Die Unterdrückung der Nacktheit ist gleichbedeutend mit der gesellschaftlichen Einschränkung der Sexualität. Biologisch gesehen ist dieser Befund noch merkwürdiger, ja nachgerade kaum zu fassen. Das für das Überleben Wichtigste überhaupt, die Paarung, ist beim Menschen umso stärker tabuisiert und aus dem öffentlichen Leben ausgeschlossen worden, für je zivilisierter sich die betreffenden Gesellschaften halten. Das Foltern und Töten von Menschen, das Leiden und Sterben, darf öffentlich dargeboten werden und wird schon Kindern zugemutet, während der Akt der Schaffung neuen menschlichen Lebens die angeblich guten Sitten verletzt und die Organe dazu als «schmutzig» abstempelt. Wenn gar Sexualität sichtlich Lust bereitet, gilt sie als Pornographie. Ein wesentlicher Teil der Attraktivität von Affen und Menschenaffen in Zoos beruht sicherlich darauf, dass sie frei von Scham das öffentlich tun, was zu Partnerbindung und Fortpflanzung gehört. Es wirft ein bezeichnendes Licht auf den Menschen, dass er lieber seinesgleichen umbringt und dies auch höchst ausführlich öffentlich darstellt als Konflikte mit Liebe zu lösen, wie dies die andere Schimpansenart, die Bonobos, tun.

«Make war, not love», mach Krieg, nicht Liebe, charakterisiert die Menschen vieler Kulturen mehr als jede andere Verhaltensweise. Den Blumenkindern der 1960er und 1970er Jahre, den Hippies, ist es nicht gelungen, mit ihrer Umkehrung «Make love, not war» eine nennenswerte Veränderung in den westlichen Gesellschaften zu erreichen. Von anderen ganz abgesehen, in denen schon ein entblößtes Gesicht einen massiven Verstoß gegen die Konventionen darstellt und lebensgefährlich sein kann.

Was offenbaren uns diese Seitenblicke auf derartige kulturelle Bevormundungen bzw. Entmündigungen der Natur des Menschen? Die vielleicht wichtigste Erkenntnis ist die Feststellung, dass sich in komplexen Kulturen die Menschen sehr schwer tun, mit ihrer Natur zurechtzukommen. Die Aggressivität, die in der öffentlichen Zurschaustellung von Gewalt zum Ausdruck kommt, wird kulturell vermutlich deswegen höher eingeschätzt, weil sie die Abgrenzung der betreffenden Gruppen gegen die anderen fördert. Nachwuchs soll dem «Bedarf» entsprechend produziert werden. Das gelingt umso sicherer, je stärker die Lust eingeschränkt wird, die mit der Sexualität verbunden ist. So wird sie zur bloßen Nachwuchsproduktion degradiert. Es fügt sich zusammen, dass in darauf ausgerichteten Kulturen die Rechte der Frauen besonders stark eingeschränkt und die politische und gesellschaftliche Macht so gut wie ausschließlich in den Händen von Männern liegt. Ihre Schönheit dürfen Frauen unter derartigen Bedingungen nicht (öffentlich) zeigen.

Bei der enormen Unterschiedlichkeit der Kulturen, die es insgesamt gibt, ist keine Übereinstimmung in der Beurteilung menschlicher Schönheit zu erwarten, zumindest nicht vordergründig-oberflächlich. Denn was hinter der Fassade empfunden wird, entzieht sich der Beurteilung, wenn die Empfindung nicht geäußert werden darf. Es hat daher zwar durchaus seine Berechtigung, «das Schöne» aus der Sicht der griechisch-abendländischen Kultur zu betrachten. Für alle anderen Kulturen dürfen die Befunde jedoch nicht so ohne weiteres verallgemeinert werden. Die kulturelle Überformung bewirkt vielfach eine mehr oder minder starke Einschränkung. Konkret drücken sich in den einzelnen Kulturen kaum mehr als Facetten des Möglichen aus, nicht aber das Grundlegende der Schönheit. Ihre Wurzeln bleiben verborgen. Ihre Äußerungen werden in den jeweiligen kulturellen Kontext eingefügt. Wo insbesondere weibliche Schönheit verdeckt zu sein hat, weil die Konventionen dies so vorschreiben, findet das Bedürfnis Ersatz in Äußerlichem, wie der Ausstattung der Wohnräume, Gärten oder in der Pflege von Blumen. Auch diese Vorgehensweise trennt die Schönheit von der Sexualität ab, so weit das nur möglich ist. Schönheit wird gleichsam veräußert, wo sie sich selbst nicht darstellen darf.

Alle diese Hinweise verdichten sich zu dem Befund, dass Schönheit auch beim Menschen ganz unmittelbar mit Sexualität zu tun hat. Sie preist sich nicht nur in der Balz der Vogelmännchen mit prächtigstem Gefieder oder wunderbaren Gesängen an, sondern sie wirkt und wirbt ganz entsprechend beim Menschen mit Erotik, sie dient der Steigerung der Attraktivität, aber auch der Verschleierung der wirklichen Zustände. Manches ist davon selbstverständlich spezifisch menschlich, aber nicht das biologische «Grundanliegen». Dass Schönheit jedoch einerseits häufig so übersteigert zur Schau gestellt, andererseits aber ihre sexuelle Komponente beim Menschen so sehr unterdrückt wird, lenkt die Blickrichtung auf die zweite Grundfrage, nämlich warum beim Menschen die Frau das «Schöne Geschlecht» ist. Wie bei Säugetieren üblich und auch in der Vogelwelt die Regel, wenn Männchen und Weibchen nicht gleich aussehen, sollte in der Menschenwelt der Mann «den Pfau machen» und nicht die Frau sich mit fremden Federn schmücken.

*Das Schöne Geschlecht*

Beim Menschen repräsentiert die Frau das Schöne Geschlecht, so die gegenwärtige Einstellung in den westlichen Gesellschaften. In diesen schmücken sich die Frauen ausgiebig, meistens viel stärker als die Männer. Sie werden umworben, genießen beträchtliche gesellschaftliche Vorrechte und können ziemlich frei wählen, welchen Mann sie als Partner haben wollen. Das ist im weit größeren Teil der Menschheit nicht so. Mädchen werden für minderwertig angesehen, immer noch in zahlreichen Staaten wie Sklaven behandelt, durch Beschneidung verstümmelt und in ihren Empfindungen eingeschränkt sowie vom äußeren Leben weitgehend ferngehalten. Frauen haben sich um Haus und Kinder zu kümmern oder «niedere Arbeiten» zu verrichten. Auch im freien Westen liegt ihr durchschnittliches Einkommen, auf gleichartige Tätigkeiten bezogen, zumeist deutlich unter dem der Männer. Auf die gesamte Menschheit bezogen, kann von einer Bevorzugung des weiblichen Geschlechts, abgesehen von der sexuellen Ausrichtung der Männer, keine Rede sein. Die Lage entspricht weitgehend auch in nicht-christlichen Gesellschaften dem Verdikt der Bibel: «Das Weib sei dem Manne untertan!». Tötung von weiblichen Neugeborenen war bis in die jüngste Vergangenheit weithin und quer durch alle Kulturkreise eine viel geübte und kaum bestrafte Praxis. In ländlichen Gegenden Mitteleuropas müssen junge Väter damit rechnen, verhöhnt zu werden, wenn das erste Kind kein «Stammhalter», sondern ein Mädchen ist. Es gehört gleichsam zur (biologischen) Pflicht der jungen Frau, Söhne zu gebären. Viele Erstgebärende leben in der Angst, sie könnten versagen und keinen «Erben» zur Welt bringen. In Kreisen des Hochadels kommt diese Verpflichtung besonders zum Ausdruck. Das Wohl und Wehe des Adelshauses hängt an Knaben, an Thronfolgern, und nicht an den Prinzessinnen, mögen diese auch noch so wohlgeraten sein.

Lassen wir vorerst andere Kulturkreise und Zeiten außer Acht und betrachten wir die gegenwärtigen Verhältnisse im sogenannten Abendland. Hier werden mit nur geringfügigen, letztlich bedeutungslosen Abweichungen ziemlich genau gleich viel Knaben wie Mädchen geboren. Das entspricht den natürlichen Gesetzmäßigkeiten unserer Vererbung. Mittelfristig werden weder mehr Knaben, wie insbesondere in und nach schweren Krisenzeiten, geboren, noch mehr Mädchen, wenn die Schwangerschaften in spätere Jahre der Mütter fallen. Ein statistisch unwesentlich leichtes Überwiegen von Knabengeburten wird durch deren etwas höhere, frühe Sterblichkeit ausgeglichen. Mithin sollte es beim Menschen auch ein recht ausgeglichenes Geschlechterverhältnis geben.

Dieser Befund ist wichtig, weil wir gesehen haben, dass starke Unterschiede zwischen den Geschlechtern, vor allem im Hinblick auf die Entwicklung von Körpergröße und -schmuck, mit dem entsprechend starken Überwiegen von Männchen und höherer Belastung der Weibchen verbunden ist. Wo ein Überschuss unterbeschäftigter Männchen zustande kommt, können die Weibchen wählen und im Sinne Darwins die Sexuelle Selektion in Gang setzen. Nun werden auch beim Menschen in säugetiertypischer Weise die Frauen schwanger. Sie und nicht die Männer erzeugen Milch, mit der nachgeburtlich mehr oder minder lange der Nachwuchs ernährt wird, bis die Kinder in der Lage sind, die regionaltypische Nahrung mit zu essen. Die Mütter sind also dem Risiko der zudem beim Menschen besonders schweren Geburt ausgesetzt und sie haben ganz unmittelbar körperlich die «Kosten» der Schwangerschaft zu tragen. Infolgedessen sollten auch, den säugetier- und vogeltypischen Verhältnissen gemäß, die Männer das Schöne Geschlecht sein und um die Frauen konkurrieren, die sich aussuchen, welchen Mann sie zum Vater ihrer Kinder haben möchten.

Hinzu kommt, dass sich so gut wie in allen Kulturen und wahrscheinlich auch zu allen Zeiten der Existenz unserer Art die Mütter sehr viel mehr um Familie und «Herd» gekümmert haben als die Männer und Väter. Was in dieser Formulierung soziologisch klingt und als biologistische Voreingenommenheit gedeutet werden könnte, lässt sich auch so ausdrücken: Nicht nur während der neunmonatigen Schwangerschaft und bei der schweren, durchaus nicht ungefährlichen Geburt leisten die Frauen weitaus mehr als die Männer, sondern auch während der jahrelangen nachgeburtlichen Entwicklung des Nachwuchses. Jedes Kind bedarf einer günstigstenfalls zehnjährigen, häufig aber noch deutlich längeren Fürsorge der Mutter, was bei mehreren aufeinanderfolgenden Geburten an direkter Investition in den Nachwuchs das halbe Leben der Frauen ausmachen kann. Anschließend sind sie als fürsorgliche Omas insbesondere von den Söhnen, aber auch von den eigenen Töchtern gefragt. Ein ganz eigenständiges Leben können sie vielfach nicht einmal in ihrer Kindheit und frühen Jugend führen, weil sie als ältere Schwestern bei der Betreuung und Erziehung der jüngeren Geschwister ungleich stärker in Anspruch genommen werden als Söhne. Trotz zahlreicher Variationen trifft diese Rolle im Grundsatz für alle Kulturen zu. Die gegenwärtige Emanzipation der jungen Frauen von derartigen «Mutterpflichten» kann, biologisch gesehen, nichts weiter als eine vorübergehende und regionale Phase sein, weil andere Kulturen mit traditionellen Mutterrollen und -pflichten mit ihren höheren Geburtenraten ganz einfach mit mehr Nachwuchs die Oberhand gewinnen werden.

Der Preis für die Überproduktion an Kindern ist jedoch sehr oft soziales Elend und wirtschaftliche Rückständigkeit. Unsere westlich-abendländischen Völker schrumpfen seit Jahrzehnten in ihren Bevölkerungen, weil es bei weitem zu wenig Nachwuchs gibt, um den Bestand wenigstens aufrechtzuerhalten. Beispiele hierfür gibt es genügend in der Geschichte. Der Niedergang der antiken Weltmacht Rom war eine zwingende Folge der viel zu geringen Nachwuchsrate der Römer. Dieses gerade derzeit in Europa so brennende sozialpolitische Thema kann hier nicht weiter ausgebreitet und durchleuchtet werden. Wichtig ist der allgemeine, auch für Säugetiere und andere Tiere gültige Befund, dass das Bevölkerungswachstum von der Geburtenzahl der Frauen (Weibchen) weit mehr abhängt als von der Zahl oder vom Erfolg der Männer (Männchen). Das weibliche Geschlecht bestimmt generell die «Fruchtbarkeit» – jedoch nur, wenn es die Schwangerschaften tatsächlich auch selbst bestimmen kann.

Diese Einschränkung ist zentral für das Verständnis der Verhältnisse beim Menschen. Sie ergibt sich aus zwei Besonderheiten. Die eine ist die Tatsache, dass die Menschenfrau eine klar begrenzte Zeit der Fruchtbarkeit während ihres Lebens hat. Die andere ergibt sich aus ihrer weitgehenden wirtschaftlichen Abhängigkeit vom Mann bzw. von ihrer Großfamilie. Die hohe körperliche Inanspruchnahme durch Schwangerschaften, Geburt und Nachversorgung der Kleinkinder mit Muttermilch führt dazu, dass unter Naturbedingungen, sprich Steinzeitverhältnissen, wie sie über 90 Prozent der Existenzzeit der Art Mensch geherrscht hatten, die Mutter ganz allein auf sich gestellt kaum ein einziges Kind hätte großziehen können. Sie benötigte dazu die Familie, zumeist die Großfamilie. Nur im sozialen Verbund war es möglich, ein Kind oder mehrere bis zum Erreichen des fortpflanzungsfähigen Alters durchzubringen. Einsiedlerisches Leben verursacht tote Enden in den familiären Linien.

Kein einzelner Mensch könnte außerhalb von Sozietäten ein Baby groß-ziehen. Diese biologische Gegebenheit hat sich erst in Kulturen ge-ändert, in denen die Gesellschaft, «Vater Staat», für Waisen oder für alleinstehende Mütter mit kleinen Kindern sorgt. Unabhängig von der strittigen Frage, ob das gut ist für die Kinder, ermöglicht die staatliche Fürsorge bzw. Hilfestellung etwas, was es wahrscheinlich in der gesam-ten Entstehungsgeschichte des Menschen nie zuvor gegeben hat, näm-lich die Existenz der Kleinstfamilie, die nur aus Mutter und Kind besteht. Bei aller Bereitschaft würden noch die besten Väter an der Säugetier-natur des Menschen scheitern, wollten sie ein Neugeborenes, ihr Kind, allein großziehen, etwa weil die Mutter bei der Geburt gestorben ist. Möglich ist das erst, seit Milch von Haustieren und künstliche Milch als Ersatz für die Muttermilch zur Verfügung stehen. Das setzt das Vorhan-densein einer entsprechend differenzierten Gesellschaft voraus.

Der Sinn dieser Darlegung von Selbstverständlichkeiten, denn als sol-che werden das viele empfinden, liegt in der Betonung des höchst unter-schiedlichen, sich letztlich jedoch weitgehend ergänzenden Beitrags der Väter und Mütter zur Fortpflanzung. Von Natur aus sind beide aufeinan-der angewiesen. Aber ihre jeweiligen Beiträge fallen sehr verschieden aus. Diese Gegebenheit wird uns gleich weiter beschäftigen. Hier ist vielleicht eine Zwischenbilanz angebracht. Sie besagt, dass, obwohl etwa gleich vie-le Knaben und Mädchen geboren und erwachsen werden, in Bezug auf die Fortpflanzung die Frau dennoch das erheblich «seltenere Geschlecht» ist. Denn sie hat eine stark eingeschränkte Fruchtbarkeitszeit von nur etwa der Hälfte ihrer durchschnittlichen Lebenserwartung oder noch weniger, wenn, wie gegenwärtig, die Frauen über 70 Jahre alt werden kön-nen. Die Fruchtbarkeit der Männer währt viel länger. Sie können weit jen-seits der Wechseljahre der Frauen noch Kinder zeugen. In Bezug auf die Fortpflanzung ist mithin die Frau das beträchtlich seltenere Geschlecht. Es lassen sich Verhältnisse von 1,3 bis 2 Männern pro (fruchtbare) Frau feststellen, was recht gut mit den eingangs ausführlich behandelten Geschlechterverhältnissen bei Enten oder Pfauen übereinstimmt. Somit sollten die Frauen die Wahl haben und die Männer sich entsprechend schmücken müssen, um sich der Damenwahl zu stellen. Längst hätten die Männer sogar körpereigene Besonderheiten entwickeln können, die sie als entsprechend begehrenswert qualifizieren. Vielleicht ist der Bart-wuchs so ein Schmuck, denn auffällige Bärte finden wir bei zahlreichen

Affenmännchen. Bei der Deutung der Körpergröße empfiehlt sich hingegen kritische Zurückhaltung. Wie bei den Hirschen und Hirschkühen oder den Pfauen und Pfauenhennen dargelegt, können Unterschiede in der Körpergröße einfach mit der Inanspruchnahme der weiblichen Körper durch Geburten bzw. die Produktion großer Gelege verursacht sein. Ein mehrjähriges Stillen zehrt an den Körpern der Mütter; frühe Schwangerschaften können die Größenentwicklung der jungen Frau bremsen. Dass sich Mädchen körperlich schneller als Knaben entwickeln, steht damit in Einklang. Sogenannte sekundäre Geschlechtsmerkmale tragen die Menschenmänner zumindest nicht in auffälliger Weise. Denn auch der Bartwuchs ist für den Vatererfolg offensichtlich kein wirklich wichtiges Kriterium. Das zeigen zahlreiche Menschengruppen, bei denen die Männer kaum oder nur ganz spärlich Kinn- und Backenbärte entwickeln. Die Körperproportionen mit relativ breiten Schultern und schmalen Hüften sowie die etwas längeren Beine reichen als Signal für körperliche Männlichkeit – und spielen höchstens eine Rolle, wenn es um Schönheit geht, nicht aber bei der Fruchtbarkeit der Männer. Die verbürgt Erfolgreichsten mit Hunderten von Kindern, die sie zeugten, waren Haremshalter, keine Schwarzenegger-Figuren.

Die sekundären Geschlechtsmerkmale sind wiederum im Gegensatz zu den Erwartungen aus der Biologie der Säugetiere bei den Frauen weit stärker als bei den Menschenmännern ausgebildet. Ihre Bedeutung und Wirkung wird nachfolgend näher betrachtet. Zunächst ist die allgemeine Feststellung wichtig, dass sich darin die Frauen untereinander recht stark unterscheiden und im Laufe ihres Lebens auch ungleich stärker verändern als die Männer, die keinesfalls weniger veränderungsfähig gewesen sein können. Äußerlich erkennbare Veränderungen in Größe und Aussehen der Penisse fallen nachpubertär geradezu unbedeutend aus, verglichen mit den Brüsten der Frauen. Diese erhalten oft schon diverse Stützen, bevor sie fertig entwickelt sind, und täuschen damit in fortgeschrittenem Alter, verdeckt durch Kleidung, einen früheren, das heißt jugendlicheren Zustand vor. Heutzutage werden sie in den Gesellschaften mit wirtschaftlichem Überfluss zunehmend künstlich gestaltet und in Form gehalten. Je älter die Frau, desto «prominenter» trägt der Büstenhalter auf, wie häufig zu beobachten ist. Vielfach ist die Kleidung in den Funktionsbereich der sekundären Geschlechtsmerkmale einbezogen worden. Fast ausnahmslos soll sie die Trägerinnen jünger erscheinen lassen,

als sie sind. Die Kleidung verrät, dass die sekundären Geschlechtsmerkmale für die Frauen tatsächlich von größter Bedeutung für ihre individuelle Kennzeichnung sind. Denn mit Hilfe der Kleidung wird dieses Bedürfnis massiv verstärkt zum Ausdruck gebracht. Männer lassen sich viel
leichter in Uniformen stecken als Frauen, und das Angebot an unterschiedlicher Frauenkleidung fällt in Kaufhäusern wie in Katalogen
ungleich größer aus als für Männer.

Auch diese bekannte Tatsache widerspricht der Erwartung, dass sich
die Männer stärker herausputzen sollten als die Frauen, weil diese als das
beträchtlich seltenere Geschlecht die Männer auswählen. Mit den Brüsten, deren Größe und Form in keinem näheren Zusammenhang mit der
Milchproduktion steht, und einigen anderen, noch zu behandelnden
sekundären Geschlechtsmerkmalen sowie der vom Körper unabhängi-
gen Kleidung weisen somit zwei ganz verschiedene Zeichensysteme darauf hin, dass sich die Frauen attraktiver als die Männer machen müssen.
Hinzu kommt, dass sie sich weit mehr zieren, sich auf einen Sexualkon-
takt einzulassen und sich damit der Erwartung gemäß noch rarer machen.
Der Partner wird genauer geprüft, bevor sich die Frau dem Risiko einer
Schwangerschaft aussetzt, vor allem, wenn sie noch keine hinreichend
sichere Partnerbeziehung («Ehe») hat. Wie passen diese beiden so unterschiedlichen Verhaltensweisen zusammen: ausgeprägte Anlockung von
Männern und (gespielte) Zurückhaltung? Und warum ist den Frauen ihr
eigenes Aussehen so wichtig? Die Antwort «Frauen wollen eben attraktiv
sein!» ist zu vordergründig. Sie besagt als Feststellung lediglich, dass das
so ist, aber erklärt nicht, warum es so ist und so gekommen ist.

Wenden wir uns daher kurz unseren nächsten Verwandten wieder
zu, den Schimpansen und den Bonobos. Die Frauen («Weibchen») dieser,
wie auch der anderen Menschenaffen entwickeln keine auffallenden Brüste. Sie äußern keinen Hang zu Schmuck und Selbstdarstellung. Sie haben
die Last der Schwangerschaften zu tragen, allerdings mit erheblich kür-
zerer nachgeburtlicher Versorgung der Kinder mit eigener Muttermilch.
Die Männer («Männchen») sind größer, beim Schimpansen sogar erheblich größer und stärker als die Frauen. Beim Bonobo ist der Unterschied
nicht so ausgeprägt. Beide Arten leben in sozial reich strukturierten Gruppen, aber bei den Schimpansen gibt es eine klare Männerdominanz mit
zum Teil sehr heftigen, mitunter sogar tödlich endenden Auseinandersetzungen um Positionen in der Rangordnung. Die Bonobo-Gesellschaft ist

viel friedlicher, flexibler und weitaus stärker von den Frauen beeinflusst. Der markanteste Unterschied äußert sich im Geschlechtsleben. Die aggressive Männergesellschaft der Schimpansen versucht die fortpflanzungsbereiten Weibchen zu kontrollieren und zu monopolisieren. Im Wesentlichen kommen nur hochrangige Männer zum Zuge. Aber so manches Schimpansenweibchen zieht sich klammheimlich in den Wald zurück, um sich mit einem jüngeren Mann ihrer Wahl zu paaren, der von den dominanten Männern nicht zugelassen würde. Kurz, die Sexualität wird kontrolliert und zumindest zum Teil bei den niederrangigen Männern unterdrückt. Der Zusammenhalt von Frauen ist wichtig, um sich gegen allzu despotische Übergriffe zu schützen.

Ganz anders bei den Bonobos. Sexualität wird hier umfassend, schon unter Jugendlichen und das ungestraft, praktiziert. Sie dient ganz offensichtlich dem Zusammenhalt der Gruppe und dem inneren Frieden. Die Männer sind weit weniger dominant; die Frauen können viel selbst bestimmen. Wie schon an anderer Stelle betont, werden mit Sex Konflikte gemildert oder gelöst. Dabei ist zu berücksichtigen, dass eigentlich getrennt werden müsste zwischen der einen Funktion der Sexualität, nämlich Nachwuchs zu erzeugen, und der anderen, im sozialen Zusammenhang weit wichtigeren, sexuelle Lust zu genießen. Die Bonobos sind hierzu wie die Menschen grundsätzlich jederzeit bereit, während die Fortpflanzung gleichfalls wie beim Menschen nur zu gewissen, recht eingeschränkten Zeiten, in den fruchtbaren Tagen, erfolgen kann. Bonobos wie Schimpansen, diese aber ganz besonders, zeigen die Zeit ihrer «Hitze» äußerlich durch massive Schwellungen an Schamlippen und Gesäß an. Dieses Aussehen macht sie für die meisten Menschen geradezu unerträglich, aber das Abschwellen schützt die Schimpansinnen in den Zeiten dazwischen vor allzu heftigen Annäherungsversuchen bzw. Vergewaltigungen durch die größeren, viel stärkeren Schimpansenmänner. Bei den in Zoologischen Gärten gehaltenen Schimpansen treten die Schwellungen noch stärker in Erscheinung, weil die Haltungsbedingungen beste Ernährung, Muße und Ruhe mit sich bringen. Es gibt auch keine Bedrohung durch Feinde oder fremde Schimpansenhorden, die kriegerische Überfälle machen und Artgenossen hemmungslos töten. In dieser Hinsicht ähneln die Menschen weit mehr den Schimpansen als den viel friedlicheren Bonobos. Das dürfte auch damit zusammenhängen, dass die Schimpansen zwar weniger ausgeprägt als die Vormenschen, aber tendenziell deutlich genug Waldränder und Savannen als Nahrungs- und Lebensraum nutzen, während die Bonobos «Waldschimpansen» geblieben sind. Ihr Lebensraum ist weniger ausgeprägten jahreszeitlichen Schwankungen, als sie in der Savanne herrschen, unterworfen, aber auch weniger ergiebig im Bezug auf tierisches Protein. Den Nachwuchs, der unter schwierigeren Bedingungen im Regenwald von den Bonobo-Müttern großgezogen werden muss, vor der Aggressivität der Bonobo-Männer zu schützen, das wird offenbar mit befriedigendem Sex erreicht. Die Mütter versorgen ihre Kinder alleine bzw. mit Hilfe von ihren Schwestern, Tanten oder anderen Müttern. Der Beitrag der Väter bleibt gering. Wenn von diesen aber ohnehin nicht viel kommt, braucht auch um sie nicht geworben zu werden. Die Bereitschaft zu erotischen Vergnügungen reicht, um das Überleben in der Gruppe zu gewährleisten.

Nach diesen kurzen Einblicken in die so unterschiedlich strukturierte Welt der beiden Schimpansenarten können wir Rückschlüsse auf den Menschen ziehen. Dazu ist ein weiterer Aspekt aufschlussreich. Die Kinder der beiden Schimpansenarten werden, für Primaten ganz normal, in einem Zustand geboren, den das Menschenkind erst mehr als ein Jahr nach der Geburt erreicht. Wir sind, auf die Leistungsfähigkeit unseres Körpers bezogen, krasse Frühgeburten. Die Notwendigkeit dazu ergab sich aus dem größer und größer gewordenen Gehirn. Bei der Geburt übertrifft es an Aufnahme- und Leistungsfähigkeit die Gehirne der übrigen Primaten bei weitem. Seiner Größe setzt die Enge des Geburtskanals der Mutter eine unverrückbare Grenze. Der Rest des Körpers muss in mehr als einem Jahr Wachstum nachholen, was zum Zeitpunkt der Geburt nach den neun Monaten Fötalentwicklung buchstäblich zu kurz gekommen ist. Rund doppelt so lange sollten wir im Mutterleib bleiben, um den Schimpansenzustand bei der Geburt erreicht zu haben. Das geht nicht, weil unser Kopf zu groß ist. Die Folge davon ist, dass das Menschenbaby viel abhängiger von der Mutter ist als das Schimpansenbaby, um das sich sehr bald auch andere Schimpansinnen bemühen (können). Die Hilflosigkeit dauert noch Jahre. Erst wenn das Kind so gut zu Fuß ist, dass es, ohne getragen werden zu müssen, mit der Gruppe mitwandern kann, ist es auch in der Lage, selbst etwas Essbares oder bei Gefahr Schutz zu suchen. Von der Geburt bis zum Erreichen der vollen Selbständigkeit und Fortpflanzungsfähigkeit dauert es beim Menschen je nach Lebensbedingungen 14 bis 17 oder 18 Jahre (eine Zeit, zu der in guter Übereinstimmung mit den biologischen Gegebenheiten in unserer Gesellschaft die offizielle Volljährigkeit erreicht wird!). Das ist das Doppelte bis Zweieinhalbfache an Zeitaufwand, verglichen mit den Schimpansen und bezogen auf die Stillzeit und die durchschnittliche, halbwegs natürliche, nicht künstlich erzwungene Kinderzahl die rund fünffache Leistung der Menschenfrau. Für Primaten, die sich ohnehin schon recht langsam entwickeln, sind wir extreme Spätentwickler. Wir müssen uns in dieser Hinsicht nur mit uns vertrauten Tieren wie Hunden und Pferden vergleichen, um den enormen Unterschied zu sehen. Nach wenigen Jahren sind diese bereits voll fortpflanzungsfähig. Dafür leben wir aber auch viel länger; rund doppelt so lange wie Schimpansen und fast dreimal so lange wie Pferde. Sogar die größten Landtiere, die mehrere Tonnen schweren Elefanten, übertreffen wir in der mittleren Lebenserwartung. Ein Hundeleben läuft dagegen fast siebenmal schneller ab als ein Menschenleben.

Dieser Baustein fügt nun die anderen, zunächst einander offensichtlich widersprechenden Stücke zusammen. Die Menschenfrau muss ein besonders großes Interesse haben, nicht nur einen physisch qualifizierten Vater für ihre Kinder zu bekommen, sondern einen, der sich auch verlässlich genug um den Nachwuchs kümmert und in die Großfamilie einfügt, aus der sie kommt. Die bloße Tatsache, dass darin Kinder auch «ohne Vater» aufwachsen können, reicht als Begründung nicht aus, um das Gegenteil zu bekräftigen. Denn über die langen Zeiträume der Evolution zählen die quantitativen Unterschiede, die sich aus einer Vielzahl von Einzelfällen ergeben. Wenn im Durchschnitt Männer bzw. Väter, die sich stärker als andere um die Kinder kümmern, mehr überlebenden Nachwuchs hinterlassen, verfestigt sich so ein Verhalten von Generation zu Generation, während die vererbten Eigenschaften der Unzuverlässigen zunehmend seltener werden, auch wenn sie momentan attraktiver sein mögen. Wie wir wissen, schließen Frauen, wo immer sie das können, gleichsam Kompromisse zwischen der Verlässlichkeit eines (Ehe-)Mannes und der Attraktivität eines anderen, mit dem sie sich zur passenden Zeit in ihrem Zyklus auf einen erfolgreichen Seitensprung einlassen. In dieser Hinsicht stimmen die Menschen wieder mit vielen Säugetieren und sogar mit den Vögeln überein. Der Zyklus ist dabei aus naheliegenden Gründen sehr wichtig. Denn anders als Schimpansinnen und andere Primaten zeigt die Menschenfrau ihren Eisprung äußerlich nicht an. Dieses

Phänomen der «verborgenen Ovulation» hat viele Interpretationsversuche und Kontroversen ausgelöst. Dabei ging es wiederum zumeist zu vordergründig darum, ob die Frau ihren Eisprung selbst bemerkt oder nicht und ob vielleicht Duftstoffe, Pheromone, doch viel mehr davon andeuten als uns gegenwärtig geläufig ist. Die Diskussionen erinnern an die alte Frage, ob Frauen überhaupt einen Orgasmus haben können (und sollen!) und wie viel sie hierzu den Männern vorspielen. Ganz unabhängig von den mitunter lächerlichen Meinungen, die vornehmlich von Männern verbreitet wurden, sind jedoch drei Tatsachen vorhanden. Die erste besagt, dass Frauen nicht so schnell zum Orgasmus kommen wie die meisten Männer. Dieser physische Befund verweist zumindest in die Richtung, dass sexuelles Vergnügen nicht zwingend in eine möglichst erfolgreiche Schwangerschaft zu münden hatte, was der Fall wäre, wenn jede Ejakulation der Männer ihren Weg zu einem befruchtungsfähigen Ei finden würde. Zweitens hat sexuelles Vergnügen sehr viel mit Freiheit und Unterdrückung zu tun. In dieser Hinsicht waren und sind zumeist immer noch die Frauen ungleich stärkerem Druck ausgesetzt als die Männer. Gerade weil sie auch außerhalb ihrer fruchtbaren Tage Lust empfinden und danach streben können, macht sie das für die Männer verdächtig, und nicht selten durchaus zu Recht. Denn die Männer können sich ihrer Vaterschaft nicht sicher sein. Drittens sind Frauen zweifellos auch dann sexuell attraktiv, wenn die Möglichkeit, dass ein Kind gezeugt wird, für den Mann weder ersichtlich (verborgene Ovulation) noch unmittelbar erwünscht ist.

In dafür hinreichend freizügigen, die Frauen nicht massiv unterdrückenden Gesellschaften zeigt sich, wofür die Signale der sekundären Geschlechtsmerkmale wirklich gut sind. Sie locken zum Vergnügen und begünstigen die Partnerbindung, dienen aber weit weniger, wenn überhaupt, der Fortpflanzung. Die sexuelle Lust bietet ein äußerst attraktives System der Belohnung für Männer und fördert ihre Bereitschaft das Leben zumindest für die volle Entwicklungsdauer eines Kindes mit der Mutter dieses (seines) Kindes zu teilen. Stabile Paarbindungen finden wir recht häufig bei Tieren, die sich lange um ihren Nachwuchs kümmern müssen oder die es nicht leicht haben, geeignete Bedingungen für die Reproduktion zu finden und aufrechtzuerhalten. Auch beim Menschen hält die Partnerbindung unterschiedlich lang. Je größer die Schwierigkeiten sind, Kinder großzuziehen, desto dauerhafter sind die Beziehungen in der

Regel, und umgekehrt. Singlemütter können nur in Gesellschaften existieren, die eine entsprechende Grundversorgung garantieren. Rasch wechselnde Partnerschaften nehmen zu, wenn Kinder oder andere Ziele keine gemeinsame Lebensplanung nahelegen. Polygamie und Haremsbildung finden sich dort, wo wenige Männer über große Ressourcen verfügen, die meisten anderen aber nichts haben. Haremsfrauen geht es besser als anderen, die keinen eigenen Mann bekommen können und in ihrer Herkunftsfamilie bleiben müssen. Ihre Kinder haben mehr Zukunft als solche, die aus unehelichen Schwangerschaften hervorgehen. Kindstötung war (und ist) überall dort häufig, wo die wirtschaftlichen Verhältnisse keine hinreichende Sicherheit für das Überleben geboten hatten.

Mit der bloßen Erzeugung von Nachwuchs erschöpfen sich die Funktionen der Sexualität also nicht; weder beim Menschen, noch bei zahlreichen Tieren. Die mit dem Überleben der Kinder bis zur Selbständigkeit und mit dem Sozialstatus, den sie erreichen, zusammenhängenden Verhaltensweisen können eine weit größere Bedeutung als die Nachwuchsproduktion erlangen. Kinder, die nicht überleben, nützen nicht, beeinträchtigen aber Zustand und Leistungsfähigkeit der Mutter. Die Natürliche Selektion begünstigt daher nicht die maximale, sondern die optimale Erzeugung von Nachwuchs. Die vielfältigen, in Teil I ausführlich betrachteten Sozialsysteme, in denen Werbung und Darstellung von Schönheit eine so große Rolle spielen, drücken diese Grundgegebenheit aus. Längst nicht alles muss darin den Tauglichkeitstest für die Erzeugung von mehr Nachwuchs bestanden haben oder ein «vorzeigbares Handicap» sein. Im Gegenteil, oft, wenn nicht meistens, geht es zuvörderst um die Erhaltung des individuellen Lebens. Das setzt Kooperation voraus. Sie funktioniert am besten, wenn sich die Kooperierenden persönlich, sprich individuell kennen und wenn verlässliche Bindungen aufgebaut werden können. Bindungen, die belohnt werden und nicht nur Kosten verursachen, halten länger und besser. Das ist der ebenso schlichte wie wirksame Hintergrund des Altruismus. Seine vielfältigen Ausdrucksformen sollen hier nicht erörtert werden. Wichtig ist, dass die grundlegende altruistische Beziehung zwischen Menschen, die Partnerbindung, lustbetont ist und mit Lust(empfinden) belohnt wird.

Die stärkste Quelle von Lust ist die Sexualität. Wenn diese nur der Erzeugung von Nachwuchs «diente», müsste sie sich mit einem Akt oder einigen wenigen alle zweieinhalb bis drei Jahre zufriedengeben. Das würde ausreichen, bei der fruchtbaren Menschenfrau die maximal mögliche Kinderzahl zu erzeugen. Und wenn dies bei allen Frauen im Prinzip so wäre, bräuchten auch die Männer kein wesentlich darüber hinaus gesteigertes Verlangen zu entwickeln – mangels Möglichkeiten der Erfüllung. Dennoch würden die Nachkommenzahlen maximiert. Selbst unter Berücksichtigung einer beträchtlichen Zahl von Fehl- und Totgeburten sowie nachgeburtlich hoher Kindersterblichkeit würde zu erfolgreicher Fortpflanzung unvergleichlich weniger sexuelle Aktivität erforderlich sein als sie menschentypisch auftritt. Die Feststellung, dass Sex «Spaß macht», trifft zwar zu, erklärt aber nicht, warum das so ist und weshalb die Menschen offenbar weit mehr Sex haben wollen bzw. müssen als für die Erzeugung von Nachwuchs notwendig ist. Auch dieses Thema kann hier nicht vertieft werden. Der zentrale Befund ist ohnehin klar: Die Sexualität erschöpft sich nicht in der Zeugung, sondern sie (ver)bindet die Menschen. Sie schafft enge Partnerschaften, intime Vertrautheit und Wohlbefinden. Die Sexualität nur auf die Fortpflanzung beziehen zu wollen, entzieht ihr die Hauptfunktion im partnerschaftlichen Leben der Menschen. Und dieses währt lange; sehr lange im Vergleich zu anderen Säugetieren.

Wie schon ausgeführt, übertrifft der Mensch mit seiner durchschnittlichen Lebenserwartung unter gesicherten sozialen und wirtschaftlichen Verhältnissen sogar das größte Landtier, die Elefanten, mit seinen 70+ Jahren. Unser Leben ist somit auf Langfristigkeit angelegt. Wir versuchen es mental «über den Tod hinaus» mit dem Glauben an ein Weiterleben danach zu verlängern und ganz konkret wollen wir das zu Lebzeiten Erworbene an die Erben weitergeben. Die mögliche Willkür in der Weitergabe wurde von der Gesellschaft durch Erbgesetze beträchtlich eingeschränkt. «Rechtmäßige» Erben sind festgelegt und zwar zumeist in direkter Abhängigkeit von der biologischen Vererbung, also vom Grad der Verwandtschaft. Die mehr oder minder große Anhäufung materieller Güter oder von Besitztümern trug wohl maßgeblich dazu bei, dass die «rechtmäßigen Erben» von «illegitimen» gesondert und somit zwangsläufig auch die sexuelle Freizügigkeit eingeschränkt wurden. Wer nichts weiterzugeben hat außer gezeugte Kinder und wer dafür auch nichts weiter beibringen kann außer den befruchtenden Samen, entzieht sich gesellschaftlichen Verpflichtungen und ihrer Sanktionen – wie zum Beispiel die Vergewaltiger im Krieg. Im Normalfall haben sich die «Verursacher von

Nachwuchs» um diesen zu kümmern, da ansonsten die Gesellschaft die damit verbundenen Lasten zu tragen hätte.

Einer hinreichend engen und lange genug (bis zum Selbständigwerden der Kinder) anhaltenden Bindung musste daher zwangsläufig eine besondere Bedeutung zukommen, wenn die Betreuungszeit und der damit verbundene Aufwand entscheidend für den Überlebenserfolg sind. Jungvögel, die als weitgehend selbständige Nestflüchter aus den Eiern schlüpfen und keine Betreuung durch den Vater brauchen, machen eine längere Paarbindung zwischen den Eltern unnötig. Müssen die Jungen aber nach dem Schlüpfen intensiv (mit Kleininsekten) gefüttert werden, verstärkt sich die Paarbindung der Eltern zur Saisonehe und gegebenenfalls darüber hinaus. Das ist nicht nur bei Singvögeln so, sondern bei Säugetieren grundsätzlich ähnlich. Noch ausgeprägter und wichtiger werden die persönlichen Bindungen, wenn die Individuen in dauerhaften sozialen Gruppen leben. Gegenseitige (Fell-)Pflege und, wie für die Bonobo-Schimpansen ausgeführt, lustbetonte Sexualkontakte verstärken diese Bindungen. Wenn nun aber, wie beim Menschen, die Kinder ein Jahrzehnt und länger der Betreuung durch die Eltern nötig haben und dabei sehr viel lernen müssen, ist es geradezu unumgänglich, dass die Partnerbindungen mit dem Mittel ganz besonders verstärkt werden, das am meisten Lust bringt. Das ist die Sexualität. Partnerwerbung und Erotik sind lustbetont. Die nahezu uneingeschränkte Bereitschaft zur Erotik, die bei beiden Geschlechtern beim Menschen gegeben ist, drückt aus, wie wichtig sie für das Zusammenleben, für die Erzeugung und Bewahrung von Bindungen ist. Infolgedessen bleiben die Signale der Partnerwerbung auch nach dem Zustandekommen einer festen Beziehung ebenso erhalten wie die wiederholte Belohnung durch die sexuelle Lustbefriedigung. Und ebenso verständlich ist es, dass Erotik und sexuelle Befriedigung nicht nur auf das Paar von Frau und Mann beschränkt sein müssen, sondern als Beziehung sehr wohl auch homoerotisch werden können und darüber hinaus die Selbstbefriedigung mit einschließen. Gerade die Homosexualität ist bei einer künstlichen Einengung der Sexualität auf die Fortpflanzung missverstanden und zur Abnormität abgestempelt worden; als zwangsläufige Folge einer derart beschränkten Betrachtungsweise, dass ihr Beitrag zur Fortpflanzung, die angeblich «allein zählt», gleich Null ist. Entsprechend wurde Selbstbefriedigung als «sündhaft» eingestuft.

Männerbünde aber, die für längere Zeit zusammenhalten (sollen), wie etwa in Form von «Kriegerkasten», werden durch homoerotische Bindungen begünstigt und gefestigt. Der Ausdruck «Kamerad» leitet sich davon ab, dass man(n), nicht Frau, Zimmergenosse ist. Außerordentliche Kulturleistungen sind aus homosexuellen Beziehungen hervorgegangen. Sie allein im Zusammenhang mit der Fortpflanzung werten zu wollen, würde die Interessen der Gesellschaft nicht berücksichtigen, auch wenn diese zumeist nicht bereit ist zuzugeben, dass sie mehr braucht als reine Paarbeziehungen und Familien, die ihre Eigeninteressen verfolgen und folgerichtig über das Gemeinwohl stellen.

Wie schwer sich ganz allgemein die verschiedenen Gesellschaftsformen mit der Sexualität, ja sogar mit der natürlichen Nacktheit des Menschen tun, ist hinlänglich bekannt. Die Alten Griechen des klassischen Altertums waren in dieser Hinsicht offener als unsere heutigen Gesellschaften. Wir haben schon darauf hingewiesen, dass gerade bei uns die grausamsten, unmenschlichsten Formen des Quälens und Tötens von Menschen in der öffentlichen oder allgemein zugänglichen Darstellung unvergleichlich weniger eingeschränkt werden als die Sexualität. Brutalität gilt offenbar als «normal». Der Vorgang der Zeugung neuen Lebens ist das anscheinend nicht, denn er wird in unserer angeblich «aufgeklärten» und «mündigen» Gesellschaft bereits als «Softporno» eingestuft; Darstellungen von Homosexualität fallen unter die Pornografie. Umso auffälliger werden dagegen die Lockmittel zur Sexualität zur Schau gestellt, öffentlich toleriert und von der Mode gefördert.

Vor diesem Hintergrund betrachtet, ergeben Eifersucht und die sekundären Geschlechtsmerkmale sowie die großen Unterschiede im Verhalten zwischen Männern und Frauen ihren Sinn. Männer haben sich mit ihren Leistungen, ihrem Vermögen, für Vaterschaften oder dauerhaftere Partnerschaften zu qualifizieren. Biologisch gesehen ergab sich daraus zu keiner Zeit ein größerer Selektionsdruck auf ein bestimmtes Äußeres. Als Imponiergehabe reichten (Kriegs-)Tänze, gelegentlicher (Feder-)Schmuck und große Töne. Was zählte, war die Leistung als Jäger oder Beschützer der Gruppe. Rangordnungen spiegelten diese Leistungen, zumal seit das bloße Recht des Stärkeren durch das Vorrecht des Ersten relativiert wurde. Die Beute gehörte dann dem, der sie gemacht hatte, und nicht einfach dem Chef der Truppe; auch die Verteilung oblag ihm. Kenntnisse in der Behandlung von Verletzungen oder des Verhaltens von Tieren wogen schwerer als Muskelpakete ohne entsprechend einträgliche Anwendung. Kurz, die Bevorzugung richtete sich auf Fertigkeiten und Geist, nicht auf Schmuck mit fremden Federn, die keine ehrlichen, verlässlichen Signale darstellten. Anführer von Gruppen und Medizinmänner dürften sehr früh zu jener großen Bedeutung gekommen sein, die sie bis in die jüngste Vergangenheit hatten und gebietsweise auch heute noch haben. In unserer Gesellschaft sind sie durch geistige Führer und Mediziner ganz entsprechend repräsentiert, während die «Starken Männer» wie immer schnell abwirtschaften und in die Bedeutungslosigkeit verschwinden.

Die sekundären Signale der Frauen sind hingegen stark entwickelt und auffallend. Was sie am deutlichsten zeigen, ist das Alter. Demgemäß werden sie auch so «gepflegt» und nach Möglichkeit verändert, dass ihnen das wahre Alter nicht abzulesen ist. Am bedeutendsten und ausdrucksstärksten sind die Brüste, die Taille und die Beine. Sie wirken bereits auf einige Entfernung. Das haben wir bei der Behandlung der Proportionen schon ausführlicher dargelegt. Im Nahbereich wirkt, wie ebenfalls schon festgestellt, das Gesicht. Hier geht es um relative Augengröße, Lippen und Haut. Sie sind im Gesamteindruck stark verjugendlicht. Die Tendenz zum Babygesicht ist so ausgeprägt, dass sie kaum noch auffällt. Bei Kindern sind die Augen relativ größer als bei Erwachsenen, insbesondere bei Frauen. Die Lippen, erst wenige Jahre des Saugens an der Brust entwöhnt, sind viel voller und kräftiger rot als im Erwachsenenzustand. Und die Haut ist seidig glatt und das fast am ganzen Körper. Die jungen Brüste stehen fest; ihre Saugwarzen richten sich bei Erregung auf, weil das Saugen des Kindes Lusthormone (Oxytocin) freisetzt. Später, vor allem nach mehreren Schwangerschaften, erschlaffen sie zunehmend und wenn sie groß genug geraten sind, drückt ihre Festigkeit und Stellung recht zutreffend das Alter und die vielleicht noch möglichen Schwangerschaften aus. Die künstlichen Stützen verbergen dies, ebenso wie die Cremes und Farben den Erschlaffungsprozess der Haut verdecken sollen. Der Lippenstift täuscht blutvolles Rot vor. Die Kleidung schließlich entblößt so weit wie möglich das attraktive Vorzeigbare oder verstärkt durch geschickte Formgebung das so nicht Vorhandene.

Die Entwicklung von Tracht kann man als Gegenmaßnahme verstehen. Durch die gleiche Kleidung werden die körperlichen Unterschiede einerseits erheblich normiert, andererseits macht die Vergleichbarkeit diese umso ausgeprägter individuell erkennbar. Die Tracht schafft also keine Chancengleichheit, aber sie mildert die Unterschiede und damit auch die Konkurrenz der Frauen untereinander. Die Unterschiede in den verschiedenen Formen der Tracht fallen bei Männern erheblich geringer aus als bei Frauen. In der Frauentracht gibt es in aller Regel mehr Farbigkeit und Glanz oder Rüschen als in der männlichen. Sie bedarf offenbar einer stärkeren «sozialen Zähmung» als die Männertracht – und ähnlich verhält es sich bereits mit der Schulkleidung der Mädchen. Nicht einmal die besondere Kleidung zu religiösen Anlässen ist davon ausgenommen. Bei der katholischen Kommunionsfeier werden die Mädchen wie Prinzessinnen ausstaffiert, während die Knaben recht einheitlich in ihren dunklen Anzügen stecken und sich darin sichtlich fehl am Platz fühlen. Mädchen täuschen schon vorpubertär mit Büstenhaltern und Bikini-Oberteilen eine Entwicklung der Brüste vor, noch ehe diese so weit gediehen sind. In der Pubertät verhalten sie sich weit schamhafter als die jungen Männer und trachten danach, den in der sexuellen Entwicklung erreichten Zustand zu verbergen. Die praktisch total verhüllende Nonnentracht bildet das andere Ende des Spektrums als Ausdruck der Entsagung von den Verlockungen der weiblichen Attraktivität. So betrachtet, ist es nur folgerichtig, dass sich Frauen mit Kleidung stärker verbergen als Männer und weniger leicht den Mut fassen, sich vollständig zu entkleiden. Vielleicht ist der Eindruck nicht falsch, dass weitestgehende oder vollständige Nacktheit, wie sie unter feuchttropischen Bedingungen nicht nur möglich, sondern im Hinblick auf die Gefahr von Hautpilzen oder eitrigen Hautverletzungen sogar günstig ist, dann vorherrschte, wenn die (unter solchen Verhältnissen meist in Kleingruppen lebende) Bevölkerung recht einheitliches Aussehen hatte. Wo alle jungen Frauen nahezu gleicher Körperstatur sind und sich in ihren Brüsten kaum unterscheiden (wohl aber im ohnehin immer offenen Gesicht), brauchen sie den Vergleich nicht zu scheuen. Den Vergleich! Mit wem konkurrieren sie eigentlich? Natürlich untereinander! Bei nackter Wahrheit lässt sich nichts verbergen, wohl aber angezogen mit höchst unterschiedlicher Kleidung.

Attraktiv zu sein, bedeutet für viele Frauen, es nicht nur bis zum Erreichen eines passenden Mannes, sondern es auch darüber hinaus zu bleiben. Denn der Mann kann sterben, verschwinden oder eine andere Frau attraktiver finden. Es geht nicht um eine Partnerschaft, sondern um die Möglichkeit zu weiteren. Solche werden eher Aussicht auf Erfolg haben, wenn die Frau jünger wirkt, als sie ist, sich auch so verhalten kann und für den Mann sexuell anziehend ist. Je größer die Möglichkeit, dass Partner gewechselt werden, desto größer werden auch die Anstrengungen bei den Frauen, sich attraktiv zu halten und darzustellen. Und umso mehr sind die anderen Frauen die Konkurrenz, mit der die Frau sich auseinanderzusetzen hat. Die Folgen sind bekannt. Die Frauen versuchen, sich so individuell wie nur möglich darzustellen. Mit keiner anderen möchten sie verwechselt werden. Eifersüchteleien unter Frauen beginnen schon im Mädchenalter, mitunter bereits im Kindergarten. Sie sind viel häufiger, subtiler und nicht selten auch infamer als unter Männern. Offene Duelle wie unter Männern werden in aller Regel gemieden. Der weitaus größte Teil weiblicher Aggression äußert sich im Konkurrenzverhalten. Die Darstellung von Schönheit nimmt darin eine ganz herausragende Stellung ein.

Es gibt also gute Gründe dafür, dass beim Menschen die Frau das Schöne Geschlecht geworden ist. Starker Selektionsdruck bewirkte, dass die Frauen attraktive Brüste und ein kindliches Gesicht bekamen, sich schamhaft zurückhaltend oder verhüllt geben und doch auch ganz offen mit den Signalen der Lust locken. Männer schmücken sich gern mit der Attraktivität der Frauen. Sie profitieren von der weiblichen Schönheit, obgleich sich diese nicht in größerer Kinderzahl ausdrückt. Warum spielt dann die Schönheit im Leben der Menschen eine so große Rolle? Die Deutung gewinnt allmählich Gestalt.

## Das Paradox der Schönheit

Dass Frauen auf Männer attraktiv wirken (wollen), ist ein unabweisbarer Befund. Wie sie sich dabei verhalten (dürfen), wird jedoch sehr stark soziokulturell geregelt. Die sexuelle Lockwirkung von Brüsten und Gesäß kann durch Bekleidung fast vollständig unterbunden und auf Vorzeigbares wie die Füße, die Frisur, die Hände mit Nagellack an den Fingern, den mit Kette(n) geschmückten Hals und das Gesicht umgelenkt werden. Ob in Dessous oder im Dirndlkleid, ob in Bademoden oder täglicher Normalbekleidung, es geht, von wenigen, sich selbst erklärenden Ausnahmefällen wie einheitlicher und stark verhüllender Nonnentracht abgesehen, so gut wie immer um eine Verstärkung der Signalwirkung auf das Auge. Die Kleidung wird nicht zuletzt deswegen so bevorzugt, selbst wenn sie nach äußeren Bedingungen eigentlich lästig ist, weil sie Unzulänglichkeiten überdeckt und das Alter schwerer erkennbar macht. Die Wirkung reicht jedoch weiter als wir «sehen». Kleidung hemmt die Ausbreitung der Düfte, die sexuelle Lockwirkung haben. Mit Parfümierung wird dieses Verbergen der körperlichen Signale verstärkt. Die wohlriechende, aber fremde Duftwolke verhüllt die eigenen, möglicherweise verräterischen Körperdüfte, durchaus vergleichbar der Schminke im Gesicht, die zuerst die Pickel und dann die Flecken und Falten verdeckt. Die Frisur wirbt mit schöner Gestaltung und verbirgt zugleich den wahren Zustand der Haare, die Ausdruck für den Eiweißstoffwechsel im Körper sind. Ein Mädchen oder eine junge Frau drückt mit langen, vollen Haaren aus, dass sie keinen Mangel an Eiweiß hat, sondern genug davon, um Kinder bekommen zu können. Ähnlich verhält es sich mit Fett am weiblichen Körper, das als Reserve für den erhöhten Energiebedarf bei einer Schwangerschaft dient. Mit instinktiver Sicherheit werden diese Signale als zuverlässige Botschaften zur Kondition des (jungen) weiblichen Körpers erfasst;

gerade so, wie die Entwicklung der Schamhaare das Erreichen der Geschlechtsreife ausdrückt. Die Fülle der Brüste hat weit mehr mit der Füllung mit Fett als mit der zu erwartenden Milchleistung zu tun. Sie wirkt auch dann, wenn Kleidung sie geschickt verhüllt oder durchaus auch größer macht.

All das und weitere, hier nicht behandelte Details, die in die Bewertung von weiblicher Schönheit mit eingehen, fügen sich zu einem Gesamteindruck zusammen, der bei beiden Geschlechtern offenbar im Wesentlichen das gleiche Qualitätsurteil ergibt. Die Vorstellungen von Schönheit liefern das Vergleichsmaß dazu. Das persönliche Aussehen wird über das Ausmaß der Abweichung davon gewertet. Handelte es sich dabei ausschließlich um das ungeschminkte und unbekleidete körperliche Aussehen, ließe sich ganz unmittelbar urteilen. Genau das soll aber vermieden werden. Diesen Schluss muss man aus den so umfangreichen Bemühungen, das Äußere durch Gestaltung und Verhüllung zu verändern, ziehen. Unbeteiligte Beobachter würden daraus folgern, dass sich die Frauen ihrer selbst nicht sicher sind, während Männer besser mit ihrem Aussehen zurechtkommen. Bei vielen sogenannten Naturvölkern reichte ein Lendenschutz oder etwas Entsprechendes, um verräterische Erektionen zu verdecken.

Werfen wir einen letzten Blick auf unsere Primatenverwandtschaft. Bonobos wie Schimpansen verbergen nichts von ihrem Äußeren und ihrem Zustand. Bei den Bonobos ist Sex etwas «Öffentliches» wie andere Lebensäußerungen auch und zudem ein wirksames Mittel, Spannungen zwischen den Mitgliedern der Gruppe abzubauen. Schimpansinnen nutzen dagegen, wie schon erwähnt, durchaus die Möglichkeit zu heimlichem Sex im Busch. Wir Menschen stehen ihnen in dieser Hinsicht näher als den Bonobos, so hat es jedenfalls den Anschein, wenn wir von der gegenwärtigen, weit verbreitet restriktiven Haltung zur Sexualität ausgehen. Ob das früher schon so war oder «immer», darf stark bezweifelt werden. Verlässliche Zeugnisse aus der europäischen Antike wie aus der Geschichte Indiens und anderer Kulturen sprechen dagegen. Die mehr oder weniger starke Unterdrückung der weiblichen Sexualität und die Hinabstufung der «Qualität» der Frauen zu Gebärmaschinen, die im Gegenwert von Kamelen oder Ziegen gehandelt werden konnten, hängt mit den drei eng miteinander verbundenen vorderasiatischen Religionen zusammen, die sich auf Moses berufen und unter halbwüstenartigen

Lebensbedingungen entstanden sind. Sie haben das «Bild der Frau» im Kulturgroßkreis des ‹Abendlandes› geprägt.

Wie stark die Gegenkräfte auch innerhalb dieser so mächtig gewordenen Religionen dennoch sind, kommt im Christentum beispielhaft in der Marienverehrung zum Ausdruck. Sie wird von den Gläubigen gleichsam zur Über-Frau und -Mutter hochstilisiert. Im Hinduismus kommen die weiblichen Attribute noch stärker und direkter zum Ausdruck: Kali gibt und vernichtet. Die Göttin vereinigt in sich das positiv Weibliche wie auch das sexuell Grausame und Zerstörerische. Wir aber sprechen unerschüttert von ‹Mutter Natur›, auch wenn diese, wie so oft, heftig bebte und Tausende oder Millionen Menschen vernichtete. Das Weibliche enthält von Anfang an, auch in den Ursprungsmythen der jüdisch-christlichen Religion, die dunkle Seite. Neben Eva, der Ur-Mutter, gab es Lilith, das Urbild des dämonischen Weibes. «Im Weib steckt der Teufel», so hieß es im europäischen Spätmittelalter, als die Hexenverfolgung begann; eine nach wie vor unfassbare Grausamkeit der Katholischen, gebietsweise aber auch der Evangelisch-Lutherischen Kirche. Wie brennende Liebe und glühender Hass grenzt beides eng aneinander, wenn es um die Beurteilung von Weiblichkeit geht – keineswegs nur von Seiten der Männer. Frauen trugen mit ihren Denunziationen zur Hexenverfolgung und zur qualvollen Vernichtung ihrer Geschlechtsgenossinnen vermutlich sogar stärker bei als Priester und andere Männer, weil sie wussten, worum es dabei ging. Neid und Konkurrenzempfinden trieben sie an, die weisen Frauen, von denen viele selbst bei der Abtreibung ihrer unerwünschten Kinder profitiert hatten, der Inquisition auszuliefern. Die Haltung «Die soll es nicht so gut haben! Schon gar nicht besser als ich!», ist auch in unserer Zeit unter Frauen weit verbreitet. Am meisten trifft der Sozialneid die schönen Frauen, zumal wenn sie keine Kinder haben und ihr Leben genießen können. Je größer die innerfamiliäre Macht der älteren und alten Frauen in Gesellschaften mit Großfamilien ist, desto stärker wird die Schönheit der jungen Frauen unterdrückt. Die Beschneidung der Klitoris war und ist das gesellschaftliche Mittel, die möglichen Begierden zu verhindern und die jungen Frauen «gefügig» zu halten.

In dieser verworrenen, nachgerade paradoxen Situation fällt es schwer, die Bedeutung der Schönheit in der Menschenwelt verallgemeinernd zu behandeln. Ist sie bei uns von Vorteil, vor allem für die jungen Frauen, die mit schönem Aussehen leichter in bessere Positionen gelangen können als ihre von der Natur weniger begünstigten Konkurrentinnen, so wäre Unauffälligkeit in manch anderen Kulturen günstiger. Die jungen Mädchen gerieten dann nicht so leicht in die Gefahr verkauft oder zur Prostitution gezwungen zu werden. Generell sind mehr Mädchen bei und unmittelbar nach der Geburt getötet worden als Knaben. Mädchen und Frauen müssen nach wie vor in zahlreichen Gesellschaften weit mehr arbeiten als Knaben und Männer. Für den Einzelfall lassen sich plausible Begründungen angeben. So steigt der «Wert» eines Mädchens, je weniger es davon gibt. Die künstliche Verknappung durch selektive Tötung der Neugeborenen kommt der Familie zugute, weil sie bei der Verheiratung mehr von der Seite des Mannes einfordern kann, wenn die Auswahl gering ist. Umgekehrt drückt die bis ins Visuell-Aggressive gesteigerte Freizügigkeit der jungen Mädchen in unserer europäischen Gegenwart das enorme Selbstbewusstsein aus, das mit der Gleichstellung der Geschlechter erreicht worden ist. Junge Männer müssen zumindest ebenbürtig werden, um für die engere Wahl in Frage zu kommen. Derzeit bahnt sich daher die Wiederholung früher üblicher Verhältnisse an, als die jungen Männer, vorzüglich in Soldatenuniform, in Schönheit und Eleganz den jungen Damen zu imponieren hatten, weil es ihrer zu viele gab – bis die Kriege hohe Verluste brachten. Dann putzte sich die Damenwelt, alt wie jung, in der Nachkriegszeit ganz besonders heraus. Im Mittelalter, zumal in der guten Zeit des europäischen Hochmittelalters, umwarben mit Federn geschmückte Ritter auf glänzenden Rossen die Damen, die ‹holden frouwe›, die umso rarer wurden, je mehr junge Mädchen in die Klöster gesteckt wurden. Damals funktionierte das Regulationswerk der ‹weisen Frauen›, die den sexuell reifen Geschlechtsgenossinnen die Mittel zur Verhütung von Schwangerschaften und notfalls die Abtreibungen besorgten.

Was sich abzeichnet, ist ein wechselvolles Verhältnis zwischen Männern und Frauen über die Jahrhunderte und Jahrtausende hinweg sowie höchst unterschiedliche soziale Rahmenbedingungen. Das Beständige in diesen oftmals komplexen Wechselwirkungen war und blieb die Reaktion auf das Zahlenverhältnis zwischen fortpflanzungsfähigen Frauen und Männern. Wer auch immer in der Überzahl war, musste sich ausstaffieren und bemühen, vom selteneren Geschlecht gewählt zu werden. Diese Deutung entspricht dem biologischen Konzept der Sexuellen Selektion. Aber so wechselhaft, wie die Verhältnisse waren, können sie nicht erklären, warum der weibliche Körper beim Menschen so geworden ist, wie er ist. Ganz zu Recht haben Winfried Menninghaus und andere Autoren, die nicht von der Biologie her das Phänomen der Schönheit, insbesondere die Schönheit des Menschen behandelten, darauf hingewiesen, dass die schönsten Frauen keineswegs die meisten Kinder bekommen (haben). Somit, so die Schlussfolgerung, kann darwinsche Selektion die Schönheit auch nicht erklären.

Ein offensichtlicher Befund liefert den Ansatz zur Klärung dieser Diskrepanz. Verglichen mit anderen Tiergestalten, die leicht und fast überall zu beobachten sind, und bekannten Säugetieren wie die Hirsche, ist der Mensch als Art weit vielfältiger im Aussehen. Die prächtigen Erpel der Stockenten sehen wie die Pfauenhähne nicht nur für unsere Augen nahezu gleich aus. Das geringe Ausmaß der Variation lässt sich messen und somit objektiv darstellen. Menschengesichter sind hingegen voneinander so verschieden, dass es uns leicht fällt, Individuen zu erkennen. Selbst wenn wir den Enten bessere Augen zubilligen würden als uns selbst, wofür es allerdings keine Anhaltspunkte gibt, blieben die Variationen ihrer Gesichter in weit engerem Rahmen als beim Menschen. Entsprechendes gilt für Pfauen und Paradiesvögel, für Hirschgeweihe und Wolfsgesichter. Dass aus diesem aber die immense Vielfalt der Hundegesichter herausgezüchtet werden konnte, bedeutet, dass eine entsprechend große innere Variabilität im Wolf vorhanden gewesen sein muss; denn während der Domestikation ist kein anderes Erbgut von außen hinzugekommen. Welche der unterschiedlichen Hunderassen wir oder die Züchter nun für besonders schön halten oder eher als entstellt ansehen (was tatsächlich bei einigen Züchtungen der Fall ist), unterliegt unserer (!) Beurteilung. Für die betreffenden Hunde sind aber wir die Partner ihrer sozialen Umgebung und nicht andere Wölfe des Rudels, die so manche Hundezüchtung, wäre sie in den Würfen einer Wölfin aufgetreten, nicht angenommen, sondern tot gebissen und verzehrt hätten. Dieser Hinweis ist sehr wichtig, um zu verstehen, warum wir Menschen in unserem Äußeren so vielfältig sind und nicht viel einheitlicher schön. Das soziale Umfeld begünstigt Verschiedenheit – hinreichend eindeutige Verschiedenheit. Wir nennen sie Individualität. Das Individuum ist dem Wortsinn gemäß ‹nicht-teilbar› eigenständig. Die Schwierigkeiten, die eineiige Zwillinge mit anderen Menschen ihrer Umgebung haben, drücken aus, welche große Bedeutung für uns die Individualität hat. Zu große Ähnlichkeit beeinträchtigt sie; zu große Abweichung vom Durchschnitt kann anderseits Ausgrenzung zur Folge haben. Die Individualität entfaltet sich, bildlich ausgedrückt, in einem Kegel, dessen Spitze den Beginn der individuellen Entwicklung der Neugeborenen markiert, weil diese nur wenige Unterschiede aufweisen, und erweitert sich mit zunehmendem Alter bis an die Grenzen des (sozial und biologisch) Zulässigen. Was den Kegelmantel verlässt, gerät, wie schon ausgeführt, zur Aberration, zur Ab-Irrung. Krüppel und Zwerge, Wasserköpfe und andere Monstrositäten sind von jeher von den Sozietäten, in denen sie zustande gekommen waren, wenn nicht aktiv ausgesondert, so doch an die äußersten Ränder gedrängt worden. Die Variation bleibt durch diese soziale Ausgrenzung im Rahmen. Nur mit großen Anstrengungen und dennoch unbefriedigenden Ergebnissen ist es in unserer Zeit gelungen, Behinderte in die Gesellschaft zu integrieren. Letztlich ist es die anonyme Gesamtheit der emotionalen Reaktionen einer Menschengruppe, die den Rahmen setzt – mal enger, mal weiter.

Es liegt demnach am hohen Stellenwert der Individualität, dass die darwinsche Selektion keine Einheitsmenschen von hoher Schönheit hervorgebracht hat, sondern die schier unerschöpfliche Vielfalt von Menschen, die Personen und Individuen sind. Das Ideal der Schönheit ist davon jedoch keineswegs außer Kraft gesetzt worden. Es bildet die Mitte, die Achse, um die sich die Individuen gruppieren. Die Abweichung von dieser Achse dient uns, so die Vermutung, unbewusst als Maß für die Beurteilung der Menschen. Infolgedessen definiert sich die Achse in jeder Gesellschaft etwas anders, auch wenn sie im Bereich der menschentypischen Proportionen bleibt.

An dieser Stelle ist eine Klarstellung notwendig, um dem Missverständnis der «Mitte» vorzubeugen. In einer Reihe eindrucksvoller Versuche ist gezeigt worden, dass die computertechnische Überlagerung zahlreicher Gesichter wirklicher Menschen ein Bild ergibt, das offenbar allgemein für schön gehalten wird. Meist erreicht kein einzelnes Gesicht den Bewertungsrang des künstlichen Bildes. Diese Untersuchungen sind für verschiedene Ethnien gemacht worden. Die Ergebnisse fielen so gleichartig aus, dass ein allgemeines Prinzip dahinter zu vermuten ist. Es besagt, dass wir uns bei der Beurteilung der Schönheit eines menschlichen Gesichts oder auch eines ganzen Menschen am Durchschnitt orientieren und diesen zum Ideal machen. Absolute Schönheit gäbe es demnach gar nicht. Aus biologischer Sicht war das zu erwarten – denn woran sonst sollte sich der Betrachter orientieren wenn nicht am Durchschnitt? Schließlich repräsentiert kein Individuum die Art in idealer Weise! Da die Menschheit regional deutlich unterschiedliche Formen entwickelt hat, die sich in den Zentren ihrer Vorkommen stark genug von anderen unterscheiden, ist es ebenso wenig verwunderlich, dass die Mittelwerte entsprechend voneinander abweichen und eigene Bewertungszentren bilden. An den Kernkriterien ändern diese Abweichungen nichts. Der zum Läufer gewordene Mensch zieht überall die entsprechend langen Beine den zu kurz geratenen vor, auch bei Frauen. An den Kopf-Körper-Verhältnissen ändert sich auch nichts wesentlich, wenn kleinwüchsige Buschleute, Massai, Westeuropäer, Ostasiaten oder Aborigines getrennt betrachtet werden. Die Variation, aus der bei Menschen Individualität hervorgeht, bleibt im Rahmen der arttypischen Verhältnisse. Hieraus jedoch zu schließen, die «Mitte» müsse bei den Gesichtern wie auch bei den Körpergrößen am häufigsten vertreten sein, ist nicht gerechtfertigt. Denn bei der Ausformung des Gesichts geben die Proportionen nur einen vergleichsweise groben Rahmen vor. Sie bestimmen die Details nicht. Diese entwickeln sich auf komplexe Weise aufgrund von genetischen Anlagen und den individuellen Bedingungen der Entwicklung. Kleinste Abweichungen von der perfekten Symmetrie verursachen in einer Entwicklung, die über eine längere Zeitspanne läuft, mehr oder minder große Abweichungen vom möglichen Ideal der «Mitte». Es verhält sich wie bei Schüssen, die aus einem langen Gewehrlauf auf ein entferntes Ziel abgegeben werden. Sie streuen um das Zentrum, das nur (höchst) selten erreicht wird. Je länger der Entwicklungsprozess andauert, desto größer werden die Abweichungen, die Varianzen. Nur ein absolut ungestörter, in jeder Hinsicht idealer Ablauf kann das ideale Gesicht erzeugen. Die «perfekte Schönheit» ist daher selten, auch wenn sie die «Mitte» repräsentiert, um die sich all die anderen gruppieren.

Weil beim Menschen das Leben so lange dauert und das Heranwachsen viel mehr Zeit in Anspruch nimmt als bei anderen Lebewesen, kommt eine so große Vielfalt an Individuen zustande. Unsere Erfahrung bestätigt dies umfassend: Die Persönlichkeit reift mit dem Altern heran; die Individualität vergrößert sich, bis kurz vor dem unvermeidbaren Lebensende ein starker, regressiver Verfall beginnt. Banal ausgedrückt, lassen sich junge, noch nicht ganz ausgewachsene Männer leichter in Uniformen stecken und gleichschalten, im Wortsinne uni-formieren als ältere oder alte. Derselbe Hintergrund ermöglicht Menschenaffen und anderen Primaten ein deutlich höheres Ausmaß an Individualität als körperlich vergleichbar großen Säugetieren, die viel kürzer leben. Zebras wirken auf der ostafrikanischen Savanne wie schablonenhafte Wiederholungen des Typs ihrer Art, verglichen mit den Schimpansen. Letzteren können wir ohne weiteres persönliche Namen geben; bei den Zebras würden wir uns damit zunächst sehr schwer tun.

Menschen sind Personen: «Die Würde des Menschen ist unantastbar!» Den Inhalt dieses großartigen Gebotes können wir jetzt vielleicht noch genauer verstehen. Es heißt nicht die Würde des Menschseins, sondern des Menschen, also des Individuums. Menschenwürde ist mit der Eigenheit jedes einzelnen Menschen verbunden, nicht mit dessen Zugehörigkeit zur (abstrakten) Art Mensch. Die Würde meint das allgemein Menschliche im Individuum wie auch das Besondere. Nicht die Gruppe entscheidet darüber, was Würde bedeuten soll und wie sie einzuordnen ist, sondern die Würde ist gegeben, unantastbar vorhanden. Das Individuum erhält damit die höchstmögliche Position in der menschlichen Gesellschaft. Könige mögen ihre herausragende Position ihrer familiären Herkunft verdanken – Bestand hatte sie nur in geringem Maße. Königtum und familiäre Herkunft wurden immer wieder in Zweifel gezogen. Zu häufig übten sie Missbrauch mit ihrer Macht über andere Menschen. Präsidenten werden, wie Kanzlerinnen, gewählt und auch wieder abgewählt. Ihr Stern mag glänzend aufsteigen – wie bei einem Feuerwerk verschwindet ihr Licht im Nichts. Einzig das Individuum hat die Würde der Unantastbarkeit. Wenngleich längst nicht überall verwirklicht, drückt diese Festlegung doch in der freien Welt die außerordentliche Wertschätzung der Individualität aus. Menschen sind keine Produkte. Ihre Würde verlieren sie nicht, auch wenn sie sich verändern. Weil sie niemals einen festen Status haben, lässt sich auch keiner bestimmen, in dem die Menschenwürde voll erreicht ist. Sie ist mit dem Eintritt in die Welt gegeben; spätestens mit der Zuteilung eines Namens. Auch dieser drückt die Individualität aus und unterstreicht sie. Eineiige Zwillinge bekommen unterschiedliche Namen, wie andere Mehrlinge auch.

Der «genormte Mensch» würde der größtmögliche Gegensatz zu dieser Individualität sein. Ansätze, Menschen von klein an zur kollektiven Uniformierung aufzuziehen, scheiterten. Wenn auch viel Gleichschaltung möglich ist, so bleibt letztendlich doch jener grundsätzliche innere Widerstand bestehen, der mit der Individualität verbunden ist. Wir wissen, dass jeder Mensch irgendwie anders ist. Das musste die moderne Molekulargenetik nicht groß verkünden. Jede genetische Kombination ist so besonders, dass sie sich in der Entstehung eines unwiederholbaren Individuums äußert. Weshalb ist dann aber die Variabilität nicht noch (viel) größer ausgefallen? Wenn wir doch das Individuelle so außerordentlich hoch einschätzen, warum gibt es dann die Orientierung an der «Mitte», die sich in den Schönheitsidealen äußert? Zum Verständnis des Paradoxons der Schönheit fehlt noch ein letztes, grundlegendes Element. Was alles machbar ist, hat die Züchtung der Hunderassen und anderer Tiere gezeigt. Dass sie von Natur aus nicht entstanden sind, obwohl sie möglich waren, schreiben wir wahrscheinlich richtigerweise der natürlichen, der darwinschen Selektion zu. Zu viel Freiheit lässt die Natur anscheinend doch nicht zu. Wir müssen im Rahmen bleiben. Aber warum?

Die Antwort steckt in unserem Innern. Der Variation sind Grenzen gesetzt – keine scharfen, sondern Ränder, in deren Bereich aufeinander Abgestimmtes in Unordnung gerät. Wiederum geht es um Symmetrien und Proportionen, wie wir an den gezüchteten Haustieren sehen können. Viele stellen eigentlich, auf ihre Ausgangsform bezogen, Monstrositäten dar. Sie wären ohne Hilfe des Menschen nicht lebensfähig. Das gilt für die Höchstleistungs-Milchkuh mit ihrem übergroßen Euter genauso wie für die (zu) kurzbeinigen Dackel, die für erfolgreiches Jagen überschweren Bernhardiner oder die Schweine, die schon bei einem kurzen Gang nach draußen in Atemnot geraten. So mancher Mensch könnte ebenfalls unter Naturbedingungen nicht überleben. Eine starke Gesellschaft trägt auch die noch, die stark von der Norm abweichen. Dass sie überhaupt zustande kommen, hängt mit der notwendigen Variabilität des Immunsystems zusammen. Jeder größere, länger lebende Organismus ist dem ständigen Angriff von gefährlichen Mikroben ausgesetzt. Mitunter werden die Schwächen zu großer Einheitlichkeit in fataler Weise sichtbar, wenn ein Erreger auftritt, mit dem sich bislang die Immunsysteme der betroffenen Menschengruppe noch nicht auseinanderzusetzen hatte. Dann kommt es zu einer katastrophalen Sterblichkeit. Im europäischen Spätmittelalter und der frühen Neuzeit waren das die Seuchenzüge der Pest, die in West- und Teilen Mitteleuropas zwischen einem Fünftel und fast der Hälfte der Bevölkerung das Leben gekostet haben. Besonders

schlimm wirkten sich Krankheitserreger wie Masern, Grippe, Tuberku-
lose und andere aus, als diese von den europäischen Eroberern in die
amerikanisch-indianische Bevölkerung hineingetragen wurden. Die in
kleinen Gruppen, in Stämmen, lebenden Indios wurden von diesen
Krankheiten regelrecht dezimiert und nahezu ausgerottet. Die äußere
Einheitlichkeit mit aus europäischer Sicht sehr schönen Körpern wurde
ihnen zum Verhängnis, weil die genetische Vielfalt zu gering war. Hinlänglich bekannt ist auch, dass das «blaue Blut» des hohen Adels nicht
gerade das robusteste ist. Immer wieder mussten, in Analogie zur Zucht
reiner Linien bei Tieren, «Blutauffrischungen» hinzukommen. Es ist nicht
nur so, dass die von außen kommenden Herausforderungen der krank-
machenden Mikroben genetische Vielfalt erzwingt, sondern es kann auch
das im Erbgut bereits Vorhandene problematisch werden. Das sind all die
Erbschäden, Fehler und Veränderungen, die als «genetische Last» wirken.
Werden Teile davon «reinerbig», weil sie im väterlichen und mütterlichen
Erbgut gleichermaßen vorhanden sind, kommen sie zur Wirkung. Solange die Schäden nur auf einem Teil des stets doppelt angelegten, hälftig
vom väterlichen und mütterlichen Genom stammenden Erbgutes lokali-
siert sind, «ruhen» sie, weil ihr Gegenstück richtig funktioniert. Bei der
gezielten Züchtung reiner Linien hingegen tritt diese genetische Belastung zutage. Sie verursacht hohe Ausfälle unter den Nachkommen. Sind
schließlich alle wesentlichen Schäden in den Zuchten getilgt, ist die Linie
reinerbig und stabil geworden. Sie hält dann die Merkmale dieser «Rasse». Den Preis der Reinheit bezahlt die Linie mit erhöhter Anfälligkeit für
Krankheiten. Stabil bleibt sie nur unter der züchterischen, viele Nachkommen verwerfenden Hand des Menschen. Unter normalen Lebensbedingungen in der freien Natur wäre sie nicht überlebensfähig.

Erbänderungen entstehen zufällig, das heißt, es ist nicht vorherseh-
bar, an welcher Stelle im Erbgut und wann sie auftreten. Solange sie sich
nicht schädlich auswirken, sammeln sie sich an. So entsteht über mehr
oder minder lange Zeiträume immer wieder genetische Vielfalt. Bei Organismen mit schneller Vermehrung und kurzen individuellen Lebenszei-
ten geht das rascher als bei «langsamen» wie beim Menschen oder bei
Elefanten. Die Entstehung von Variation weicht nach allen Seiten von der
«Mitte» ab. Diese dünnt gleichsam mit der Zeit aus, weil sich die ihr
zugehörigen Organismen um sie herum gruppieren. Im Gegenzug wirkt
von außen die «Stabilisierende Selektion». Sie entfernt zu starke Abwei-

chungen und hält die Gesamtheit des eine Art ausmachenden Erbgutes, den Genpool, weitgehend stabil.

Das Leben bewegt sich ganz allgemein zwischen diesen beiden Vorgängen der immerwährenden Entstehung von Variation und ihrer Eindämmung durch Selektion. Mit unserer Orientierung zur schönen Mitte folgen wir, zumeist ohne es zu bemerken, diesem Stabilisierungsprinzip. Gleichzeitig bewirkt aber die geschlechtliche Fortpflanzung durch die Aufteilung des doppelt angelegten Erbgutes in zwei gleichförmige Hälften, die aber durchaus viele unterschiedliche Gene tragen können, dass sich die Mitte nicht halten lässt. Sogar die günstigsten Kombinationen für das Äußere werden durch die geschlechtliche Fortpflanzung aufgelöst. Man könnte daher argwöhnen, Narziss erahnte das und entzog sich der Fortpflanzung, denn sie hätte keine Ebenbilder von ihm ergeben. Ebenso wäre es Aphrodite, der schönen Helena oder welcher antiken und rezenten Schönheit auch immer ergangen. Ihr Äußeres bliebe nicht bestehen. Der einzige Weg dazu ist das Klonen; die Vervielfältigung des Selbst ohne Beteiligung eines Partners. Im selbstverliebten Blick in den Spiegel äußert sich die psychische Vorstufe dazu. So bleibt die ideale Schönheit steril. Sie wirkt bei aller Bewunderung, die ihr gezollt wird, «kalt», unnahbar und unpersönlich. Ein bisschen Abweichung sollte vorhanden sein, um das Ideal mit Leben zu erfüllen. Der unsymmetrisch platzierte Schönheitsfleck gibt dem ebenmäßigen Gesicht Persönlichkeit, wo diese mangels Variation zu verschwinden droht. Entsprechend wird zu einem sehr ebenmäßigen Gesicht kaum eine ganz symmetrische Frisur getragen. Die deutliche, gleichwohl nur leichte Abweichung vom Ideal des Ebenmaßes gilt als besonders attraktiv.

Die ideale Schönheit, die auffallend schönen Frauen und die Männer, die sich ihr nähern, reproduzieren sich nicht stark genug, um das Ideal zu stabilisieren. Die Mittelmäßigkeit im Aussehen zwischen den beiden Polen der reinen Schönheit und der allzu ausgeprägten Hässlichkeit liefert den größten reproduktiven Beitrag zur genetischen Vielfalt der Menschen. Und gerade aus ihr gehen immer wieder die Schönen hervor. Dass es den schönen Menschen leichter als dem Durchschnitt gemacht wird, sich in der Gesellschaft zu bewegen und dass sie bessere Positionen erreichen als eher unansehnliche Personen, hängt vermutlich damit zusammen, dass sich ihre nächste Umgebung gern mit ihnen schmückt. Die Nähe schöner Menschen wertet die anderen auf, jedoch empfinden sie das in der Regel nur dann so, wenn sie selbst einen deutlichen, nicht zu überbrückenden Abstand im Aussehen aufweisen. Der gealterte Reiche, dessen Vermögen glänzt, leistet sich die junge Schöne, um seinen materiellen Glanz zu mehren und öffentlich zur Schau stellen zu können. Doch je näher die anderen gleichen Geschlechts in ihrem Aussehen den Schönen kommen, desto rascher gewinnt die Konkurrenz die Oberhand. Schönheitswettbewerbe sind keine emotionalen Kaffeekränzchen für die beteiligten jungen Frauen.

Und es sind wiederum die Frauen, die im Blickpunkt stehen, wenn es um das Schöne am Menschen geht. Sie zieren die lockenden Titelblätter der Boulevardjournale, sie geben am meisten für die Pflege ihrer Schönheit an Geld und Zeit aus, sie konkurrieren untereinander ungleich stärker als die Männer im Aussehen und sie taxieren «die Andere» mit einem Blick, dessen Analyseschärfe für Männer kaum nachzuvollziehen ist. Das bloße Aussehen der Anderen kann heftige Reaktionen von Eifersucht hervorrufen, nur weil es diese Person gibt, während die Unerreichbaren aus der ‹High Society› des Adels und des Medien-Glamours kopiert werden, so gut das eben dem Aussehen nach möglich ist. Die emotional stets latente, oftmals geradezu zwanghafte Neigung zur Nachahmung ermöglicht die Mode, saugt die Nachahmerinnen in Trends, in denen sie sich einander angleichen und doch auch gleich wieder mit der «persönlichen Note» zu unterscheiden haben.

Dieses so ausgeprägt frauenspezifische Verhalten muss tiefere Wurzeln haben. Es kann nicht bloß momentanen gesellschaftlichen Gegebenheiten entsprungen sein. Zu verbreitet und zu offensichtlich tritt es in Erscheinung, wo das Leben mehr bietet als das bloße Überleben. Die tieferen Wurzeln reichen aller Wahrscheinlichkeit nach zurück in die ferne Vergangenheit, als unsere Gattung, *Homo,* entstand und sich die Art Mensch, *Homo sapiens,* entwickelte. Wie weit, lässt sich auf der Basis der Funde zur Vorgeschichte der Menschen nicht sagen. Doch die Vermutung erscheint uns gut begründet, dass sich die frauenspezifischen Verhaltensweisen zusammen mit ihren äußeren geschlechtsspezifischen Merkmalen entwickelt haben. Diese sind nun aber mit Sicherheit kein Produkt der jüngsten Vergangenheit. Die ältesten Darstellungen zeigen nicht nur Brüste, Gesäßform und Genital von Frauen, sondern sie betonen diese, wie schon kurz erläutert worden ist. Die Überfülle der ‹Venus von Willendorf› stellte sicher nicht das (damalige jungsteinzeitliche)

Ideal des Frauenkörpers dar. Sie wäre weder als Einzelperson noch in der Gruppe, wenn die anderen Frauen auch so geformt gewesen wären, überlebensfähig gewesen. Aber genauso unzweifelhaft drückt diese Figurine aus, dass diese weiblichen Formen in jenen Zeiten wirkten. Sie taten dies gewiss schon längst, denn sie waren im Zusammenhang mit der Aufrichtung des Körpers zur zweibeinigen Fortbewegung entstanden und daher wohl gattungsspezifisch und nicht allein typisch für unsere Art Mensch. Dabei verlagerte sich das weibliche Genital nach vorn. Die schimpansentypische Genitalschwellung während der fruchtbaren Zeit im Zyklus durfte nicht mehr zustande kommen. Sie hätte das zweibeinige Gehen schwer beeinträchtigt oder unmöglich gemacht.

Ob sich deswegen als Ersatz für die frühere erotische Gesäßwirkung die Brüste zum vorquellenden Busen entwickelten, wie der Verhaltensforscher Irenäus Eibl-Eibesfeldt meinte, oder ob mehr psychologisch ausgerichtete Deutungen wie die Sigmund Freuds recht haben, die von der bleibenden Sehnsucht der Söhne nach der Mutterbrust ausgehen, ist nach wie vor ungeklärt. Beide Meinungen müssen einander auch nicht ausschließen. Vielleicht steht am Anfang der Brustvergrößerungen etwas anderes, das in der Vorstellung nachwirkt, dass «große Brüste gute Brüste» seien, nämlich die Speicherung von Fett an einer Stelle des Körpers, die den beim Wandern unter tropischen Temperaturbedingungen notwendigen Abfluss von überschüssiger Wärme aus dem Körper nicht behindert. Der Fettsteiß setzt über der großen Beinmuskulatur an und ist im Hinblick auf den Wärmehaushalt nicht so günstig, aber in Regionen trockener Hitze erträglich. Die starke Verminderung des primatentypischen Haarkleides bis zur weitgehenden Nacktheit begünstigte zwar das kühlende Schwitzen außerordentlich, verminderte aber die Möglichkeiten des Säuglings, sich an der Mutter festzuhalten. Der Klammerreflex der Händchen ist bei Neugeborenen noch vorhanden. Das Fell dazu hingegen gibt es nicht mehr, in das sie greifen könnten. Die vorquellenden Brüste bieten Stützen für das Köpfchen. Sie enthalten Fettvorräte, die in Milchfett und in Milchzucker umgewandelt werden können, dessen Gehalt in der menschlichen Muttermilch besonders hoch ist. Insofern drücken sie durchaus das Vermögen aus, Nachwuchs zu ernähren und tragen zu können. Sie sind kein falsches Signal zum Stand der Reproduktionsfähigkeit, sondern ein hinreichend zuverlässiges.

Die mit der Aufrichtung des Körpers verbundene Sichtbarmachung aller wesentlichen Kennzeichen des reproduktiven Zustandes macht den Körper der Menschenfrau permanent sexuell wirksam. Am Bauch sind die Anfänge einer Schwangerschaft gut zu erkennen. Dass Frauen anders als viele Männer, die ihren mächtigen Bauch sogar als Statussymbol betrachten, «keinen Bauch haben wollen», wirkt offenbar als Erbe aus ferner Vergangenheit ebenso bis in unsere Gegenwart wie das Verbergen der Menstruation. Andere Männer können dadurch nicht sehen, in welchem Zustand des Zyklus sich die Frauen befinden. Leben sie eng in einer Gruppe zusammen, synchronisieren die fruchtbaren Frauen hormonell ihre Zyklen. Sie vermindern dadurch ihre individuelle Anlockwirkung und mithin die Gefahr, vergewaltigt zu werden, wenn ihre Männer für einen ganzen Tag oder länger auf der Jagd unterwegs sind. Die Ausrichtung auf den Mondzyklus dürfte hierin den tieferen, nach wie vor aber nicht so recht verstandenen Grund haben.

Vieles Frauentypische weist zurück in die ferne Vergangenheit der Entstehung unserer Gattung. Ohne Berücksichtigung der Vergangenheit können wir die Verhältnisse nicht verstehen, die wir in der Gegenwart vorfinden. Manche Zwänge hat die moderne Lebensweise gelockert. Ganz aufgelöst haben sich die biologischen Rahmenbedingungen aber nicht. Sie wirken im Guten wie im Schlechten, in unserer Bewunderung für die Schönheit wie in der Ablehnung des Monströsen. Insgesamt fällt das Urteil der meisten Menschen letztendlich doch ziemlich ausgewogen aus. Schön zu sein gilt als erstrebenswert. Gleichwohl wird Schönheit als Mitgift der Natur verstanden. Der persönliche Zustand lässt sich im Rahmen der Möglichkeiten verbessern, aber nicht grundsätzlich verändern. Wir können nicht in eine andere Form hineinschlüpfen. Dass das durchaus erstrebenswert erscheint, zumindest zeitweise, äußert sich in Karnevalsverkleidungen, Rollenspielen und Theatern. Zufrieden mit dem Äußeren sind wenige; verbesserungsbedürftig finden sich viele. Mit dem Altern hadern die meisten. Die Zunahme an Erfahrung, die zur Weisheit werden kann, akzeptieren nur wenige als Ausgleich für den Verlust an Jugend; am ehesten Männer, die auf wirtschaftliche oder geistige Erfolge zurückblicken können. Der Vergänglichkeit der Schönheit ist man sich bewusst. Gegen die eigene Vergänglichkeit stemmt man sich jedoch mit aller Macht.

Die reinste, die absolute Schönheit wird im christlichen Kulturkreis als Dauerzustand in den Himmel verlagert, wo sich alle edlen Sehnsüchte und Wünsche erfüllen. Im Buddhismus steht am Ende nicht der Himmel, sondern das Nirwana mit dem Schwinden aller Begierden. Jede Religion setzt sich mit dem Schönen im Leben in irgendeiner Weise auseinander. Götter sind strahlend schön. Die altgriechischen Göttinnen wetteiferten noch recht irdisch und höchst eifersüchtig um die Schönheit. Im Hinduismus gibt es alle Stufen, die zu durchwandern sind, um die Reinheit zu erreichen. Das Ebenbild des Christengottes ist der Mensch. Vom Gott des Islam darf sich der gläubige Mensch kein Bild machen. Menschenschönheit wurde ungezählte Male bildlich und figürlich dargestellt. Michelangelo idealisierte den jungen Mann in seinem «David», Botticelli die der Muschel entsteigende Venus. Die Scham verhüllt sie in zarter Geste mit ihrem langen Haar in der linken, eine Brust mit der rechten Hand. Brigitte Bardot, Gina Lollobrigida und andere großbusige Filmstars mit prallen Lippen repräsentierten in den 1970er und 1980er Jahren den Typ der erotischen Frau. Männer warteten mit Muskelprotzen auf, die sich Schönheitswettbewerben stellten. Magersüchtige Models wie Twiggy blieben vorübergehende Erscheinungen. Die Schlankheitstrends endeten ziemlich klar in jenem Grenzbereich, in dem die Proportionen nicht mehr stimmen und der Körper zu «dürr» wirkt – ein sprachlich bezeichnendes Wort für die Empfindung von körperlicher Trockenheit, die damit verbunden wird. Das Gegenteil, das euphemistisch «Übergewicht» genannt wird, nimmt in unserer Zeit in massiv die Gesundheit gefährdender Weise zu. Die Idolkörper der zweiten Hälfte des 20. Jahrhunderts hätten in jede Zeit, bis in die tiefste Steinzeit, gepasst. In der griechischen Antike gab es nicht nur die schönen Knaben, wie Adonis, sondern auch den Herkules, und Odysseus musste mit seinen Kameraden den Verlockungen der Sirenen widerstehen. Die Wandlungen der Schönheit drehen sich um ihren Kern. So unwahrscheinlich, wie es ist, dass dieser Kern der Schönheit lebendig wird, so beständig dreht sich das Leben der Menschen um ihn. Und so wird es bleiben.

## Der Ursprung der Schönheit

Wir haben uns dem Phänomen der Schönheit von ganz verschiedenen Seiten genähert. Ob mit Erfolg, mit Einschränkungen oder vielleicht gar nicht zufriedenstellend, hängt nicht allein von der Qualität unserer Argumentationsweise ab, sondern auch davon, von welchen eigenen Positionen zur Schönheit die Leser ausgegangen sind. Dies bedeutet, dass immer auch sehr viel Persönliches mitwirkt, das sich im Hintergrund verbirgt. Voreingenommenheit erschwert es, Neues aufzunehmen, ohne gleich in gereizte Kritik zu verfallen. Ziel von naturwissenschaftlichen Erklärungen ist es, die Thesen so zu formulieren, dass sie mit besseren Argumenten oder neuen Befunden zu widerlegen sind. Die Schlussfolgerungen sollen nicht geglaubt werden, sondern zum eigenen Nachdenken anregen. Insofern sind unsere Deutungen Versuche der Annäherung an ein komplexes Phänomen, von dem wir alle selbst betroffen sind. Das macht uns befangen. Die vielen Ausblicke auf Tiere sollten vermeiden, dass wir das Menschliche zu sehr vermenschlichen; ein Problem, mit dem sich die Humanwissenschaften in besonderer Weise auseinandersetzen müssen. Deshalb ging es uns auch nie um die scheinbar einfache, jedoch grundsätzlich nicht zu beantwortende Frage, was Schönheit «ist». Dazu kann man jede Menge Meinungen entwickeln und trefflich diskutieren, aber zu zwingenden Schlussfolgerungen wird man, abgesehen vom Glauben an die eigene Sicht, nicht kommen können. Unsere Schlüsse lassen sich prüfen, relativieren oder widerlegen. Niemand sollte sie «glauben» müssen. Die Naturwissenschaft ist eine fortschreitende Annäherung an die Wirklichkeit und keine Suche nach Wahrheit. Sollte sich erweisen, dass unsere Sicht in allen wesentlichen Punkten nicht zutrifft, hat sich ihre Darlegung dennoch gelohnt, weil das einen Fortschritt der Kenntnisse bedeutet. Kritik ist die Gute Fee der Naturwissenschaft. Man braucht sie nicht zu scheuen, zumal wenn sie fair vorgetragen wird und berechtigt ist. Die Selbstkritik sollte ohnehin am Anfang stehen.

Schönheit ist für uns weder eine Einbildung noch beliebig. Es gibt sie wie mathematische Gesetze, die vorhanden waren, bevor sie Menschen erkannten und niederschreiben konnten. Die Grundprinzipien der Symmetrien sind in den Bausteinen der Materie ebenso gefunden worden, wie sie in den Strukturen von Kristallen sichtbar sind oder chemische Reaktionen von Molekülen bestimmen. Symmetrien und Proportionen erfassen unsere Augen, weil das den optischen Gesetzmäßigkeiten einerseits entspricht und andererseits für die bestmögliche Deutung der ins Gehirn gelieferten Bilder mit dem geringsten Aufwand verbunden ist. Die Schönheit der Farben leitet sich von der präzisen Erfassung ihrer Wellenlängen ab. Überlagern sich mehrere oder zu viele unterschiedliche, verwischen sie sich oder sie verlieren sich zu Grau. Je klarer die Trennung, desto reiner die Farbe. Proportionalitäten ergeben sich aus optimierten Funktionen. Dass sich vielen Proportionalitäten der Goldene Schnitt zugrunde legen lässt, bekräftigt die sich darin äußernde Wirksamkeit auch außerhalb unserer spezifischen Menschenwelt. Weshalb sie für uns Menschen eine so große Rolle spielt, hoffen wir hinlänglich genug begründet zu haben. Wir halten die extrem lange Lebenserwartung des Menschen für den entscheidenden Hintergrund. Wir haben eigentlich sehr viel Zeit zum Leben, auch wenn das die meisten Menschen, die nicht nur ums Überleben kämpfen, wenn überhaupt, dann zumeist erst in fortgeschrittenem Alter realisieren. Dann wenden sie sich vermehrt oder überhaupt erstmals «der Kunst» zu.

Leben ist kein statischer Zustand, sondern ein Prozess. Lebewesen sind infolgedessen Zeitgestalten. Sie verändern sich mit der Zeit; sie altern, wenn es sich nicht um Mikroben, sondern um komplexe, höhere Organismen handelt. Auch der Mensch ist Veränderungen in der Zeit unterworfen. Seine Zeitgestalt entwickelt sich zuerst im Mutterleib und dann nachgeburtlich über einen außergewöhnlich langen Zeitraum. Entsprechend stark verändert sich seine Gestalt. Für keinen Zwischenzustand lässt sich festlegen, dass dies der «Richtige» sei. Kleine anfängliche Abweichungen können sich, wenn es zu keinen entsprechenden Korrekturen während der Entwicklung kommt, über die Zeit immens verstärken. Sie reichen von letalen Symmetrie- und Proportionsabweichungen während der Embryonalentwicklung bis zu nicht-tödlichen, entstellenden Aberrationen. Die «Tendenz zur Mitte», die sich unter anderem auch in der Idealisierung von Gestalt und Gesicht ausdrückt, verhindert, dass die Streuung im Ergebnis zu groß wird. Gleichzeitig fördert die beim Menschen ausnehmend große Variabilität die Ausprägung unserer Individualität. Das Gegenstück dazu steckt in unserem Immunsystem. Komplexer Körperbau und langes Leben machen den Organismus besonders anfällig für Krankheiten und Verletzungen. Je mehr Individuen ein und derselben Art auf engem Raum zusammenleben, desto höher wird das Infektionsrisiko. Ein immer wieder neu zusammengesetztes Immunsystem bietet den besten Schutz vor den nicht minder flexiblen Erregern. Variation ist somit notwendig, überlebensnotwendig. Zu starke Vereinheitlichung in Richtung «Mitte», also zum Schönheitsideal, wäre verheerend, weil dies die genetische Vielfalt einschränken und die Wirksamkeit des Immunsystems entsprechend schmälern würde. Zu große Abweichungen von der «Mitte» hingegen geraten in Konflikt mit grundlegenden Proportionen und Funktionsabläufen im Körper. Das Ideal der Schönheit wirkt so als Mittel zum Zweck, das zu weite Auseinanderdriften der Individuen zu verhindern, während die beim Entstehen neuer Menschen eintretende genetische Paarung mit ihren Abertausenden von Kombinationsmöglichkeiten Abweichungen von der «Mitte» verursacht. Selten wird die «Mitte» erreicht; schon die starke Annäherung daran wird als besonders schön empfunden. Dass die fleischgewordene Schönheit dann unproduktiv bleibt oder sich narzisstisch geradezu selbst verzehrt, deckt sich mit den genetisch-biologischen Notwendigkeiten genauso wie das Inzestverbot mit der Gefahr zu geringer genetischer Variabilität. Das Züchten «reiner Linien» zeigt nach wenigen Generationen die Schwächen und die vielfältige genetische Belastung, die in jedem Individuum steckt. Der Versuch, im ‹Jungborn› schöne neue Arier heranzuzüchten, hätte im Niedergang geendet und keinesfalls einen «Aufstieg» zu Höherem, die erwünschte «Aufartung», gebracht. Ob sich die von sich und ihrer Einmaligkeit besonders Überzeugten durch Klonen selbst erhalten werden, mag die Zukunft zeigen. Als ältere Ausgabe ihrer selbst werden sie eher mit Schrecken auf ihre verflossene Jugend schauen, als in ihr die eigene Zukunft sehen. Wiederholen lässt sich ihr Lebensweg ohnehin nicht. Denn was vorbei ist, ist vorbei und kann nicht noch einmal in gleicher Weise wie beim Zurückdrehen eines Films abgespult werden.

Das Schöne wäre nicht zu erkennen, gäbe es nicht die Kontraste dazu. Sie sind es, die das Vergleichen ermöglichen. Ganz unabhängig von philosophischen oder rein begrifflichen Erwägungen beweist die lebendige Natur mit ihrer Unterschiedlichkeit, dass es sich bei den mit Sinnen erfassbaren Zuständen um mehr oder minder breite Spektren handelt und nicht um feste Einheiten. Wir haben es mit Vergänglichem zu tun und nicht mit Dauerhaftem. «Verweile doch, du bist so schön», ruft Goethe dem glücklichen Augenblick zu; wohl wissend, dass dieser Wunsch unmöglich ist und dass er besser auch nicht in Erfüllung gehen sollte. Allzu schnell hätte sich der Augenblick abgenutzt. Mit seinem Fortdauern wäre er in einen faden Zustand übergegangen, dem man zu entrinnen trachtet. Wir brauchen die Höhen und Tiefen. Aus ihnen ergibt sich das Ästhetische, das Ausgewogene. Was zu sehr davon abweicht, entspricht nicht mehr dem Lot, also der Ausrichtung. Es kann zum Übel werden. Übel stammt vom althochdeutschen Wort ‹ubiloz›, der Abweichung vom Lot. Mit der Ästhetik bemessen wir unbewusst, ob das Betrachtete ausgewogen ist. Die Proportionalität bestimmt also das Ästhetische; im optischen wie im akustischen. Passen und Zusammenpassen fordert uns permanent im täglichen Leben heraus. Ohne nachzudenken wird Vieles, in der Regel das Meiste, beurteilt, ob es passt – zu diesem oder jenem, räumlich wie zeitlich, farblich wie strukturell. Insofern schränken wir das Schöne und das Ästhetische eigentlich unzulässig stark auf das Besondere ein, wo es doch ganz allgemein vorhanden ist und wirkt. Das rein persönliche Urteil sagt uns bereits, was uns gefällt, bevor wir überhaupt gefragt haben. Wir dürfen daher davon ausgehen, in uns eine Art «Sinn für das Schöne» zu haben – keinen diktatorischen, dem wir kraft Erfahrung nicht widersprechen könnten, sondern einen Rahmen, der sich füllen und entwickeln lässt, weil wir uns selbst weiterentwickeln. An manches, was anfänglich hässlich erschien oder für besonders schön gehalten wurde, gewöhnt man sich mit der Zeit und es wird interessant oder auch banal. Anderes entfaltet sich mit den Jahren und reift, wie so manche Beziehung im Leben, die klein anfing und zu großer Schönheit gediehen ist. Dann wirkt die graue Strähne im Haar wie ein glänzender Silberstreif, und das Lächeln wird zum Geschenk, das aus dem schönsten Gesicht kommt. In dieser Wandlungskraft steckt eines der Geheimnisse der Schönheit.

# Nachgedanken

Am Ende unserer Ausführungen angelangt, fragen wir uns, was wir nun zum Ursprung der Schönheit vorgebracht haben. Ausgangsbasis war das «Biologische». Prachtkleider und Balzgesänge in der Vogelwelt, Gebilde mit Schauwert, wie die Hirschgeweihe, und das Sich-selbst-zur-Schau-Stellen führten hinein in die Problematik des Schönen. Nicht behandelt haben wir die Formen- und Farbenfülle der Blumen, nur gestreift die faszinierenden Schönheiten, die es im Meer gibt und gar nicht behandelt all jene Muster, die im Kleinen und Kleinsten wie im ganz Großen unsere Bewunderung erregen, obgleich sie offensichtlich an keinen Betrachter gerichtet sind. So werden die Spiralarme von Galaxien erst mit Hilfe leistungsfähiger Fernrohre sichtbar. Die meisten Muster, die manche Meeresschnecken so schön machen, dass sie mit klangvollen Namen belegt wurden, sehen die Träger selbst nicht, und wir können sie nur bewundern, wenn der Weichkörper entfernt und die Schale sauber geputzt ist. Ob *Conus Gloriamaris*, die «Schnecke der Meeresglorie», oder das zarte Rosa im Schaleneingang einer Stachelpurpurschnecke, ob Schneekristall oder Feinbau von «Strahlentierchen» (Radiolarien), ihre Schönheit ist nicht ihre, sondern «unsere Schönheit». Sie selbst sehen diese nicht, und niemand sonst sieht sie. Die Schönheit vieler Blumen bewundern wir so sehr, dass wir sie schneiden und als vergänglichen Schmuck in Vasen stellen, ohne darüber nachzudenken, dass wir damit den betreffenden Pflanzen die Fortpflanzungsorgane abgeschnitten haben. Insofern hat der alte Spruch «Schönheit liegt im Auge des Betrachters» seine Berechtigung. Eine Erklärung für das Phänomen der Schönheit liefert er uns allerdings nicht.

«Das Schöne an sich» suchten wir auch nicht! Wir wollten es auch nicht entzaubern oder banalisieren, das sei nachdrücklich betont. Uns ging es um die Herkunft, um das Zustandekommen und um die Funktionen von Schönheit. Deshalb hielten wir uns auch fern von philosophischen Einlassungen; nicht weil wir solchen ausweichen wollten, sondern weil wir sie für eine andere Betrachtungsebene halten. Und gerade weil es sich um «Ebenen» oder «Stufen» des Ganzen handelt, wird eine philosophische Betrachtung des Schönen nicht umhinkommen, sich mit den Gründen und Hintergründen zu befassen, die mit dem Phänomen verbunden sind. Ein Mensch ist ohne seinen Körper kein Mensch, auch wenn viele ein rein geistiges Wesen grundsätzlich für vorstellbar halten. Wer sich mit dem Menschen befasst, muss (!), das betonen wir mit Nachdruck, seine Natur hinreichend kennen. Gerade so verhält es sich unserer Meinung nach mit der Schönheit.

Fast alles, was bisher zum Ursprung der Schönheit von Biologenseite vorgebracht wurde, bezieht sich auf Darwins «Sexuelle Selektion». Doch die Benennung gibt noch keine Erklärung. Eine solche bot Amotz Zahavi mit seinem Handicap-Prinzip. Das Leben ein Handicap, das scheint uns doch zu fragwürdig angesichts der Vielfalt, Durchsetzungskraft und Dauerhaftigkeit des Lebens. Dass das Handicap die Männer zu tragen haben, weil sie ein weitgehend überflüssiges Geschlecht sind, mag als Erklärung aus feministischer Sicht von gewissem Reiz sein. Je mehr wir aber nach den Folgen des Handicaps suchten, desto mehr verflüchtigte es sich. Eine gegenteilige, für sexistische Vorurteile gleichwohl «ergiebige» Begünstigung des männlichen Geschlechts kam zutage. Männchen, auch und gerade auch solche, die Prachtkleider tragen, überstehen die Fährnisse des Lebens vielfach besser als die Weibchen, denen die Produktion von Eiern, die Austragung von Föten im Mutterleib und die Versorgung des Nachwuchses beträchtlich mehr abverlangt als den Männchen. Dass sich am Ende die Leistungen beider Geschlechter ausgleichen und sinnvoll ergänzen, führt zurück zu Darwins genialem Wurf der Natürlichen Selektion, stellt aber zugleich dessen rigides Anpassungskonzept in Frage. Gerade die Prachtentfaltung zeigt, dass Lebewesen, die sich eine solche «leisten», eben nicht so eng an ihre Umwelt angepasst sein müssen, wie das seit Darwin angenommen wird.

Die Entfaltung von Schönheit und ihre Zulässigkeit im Rahmen von Freiheiten von der Umwelt führten uns zum Menschen und zu einem besseren Verständnis seiner eigenen Freiheiten. Sich anzupassen, mag da und dort und unter diesen oder jenen Bedingungen durchaus notwendig sein.

Wichtiger ist aber die mehr oder minder starke Lösung von der Umwelt. Je besser sie gelingt, desto mehr können die Organismen (sich) leisten. Die Evolution eröffnet immer wieder neue Freiheitsgrade. Sie schreitet nicht fort zu stärkerer, besserer Anpassung, sondern die Organismen lösen sich von den Zwängen, wo immer das geht. Die Möglichkeiten stecken in der inneren Organisation der Lebewesen. Sie folgt den Prinzipien von Symmetrie und geregelten Abläufen bei der Entwicklung. Sie teilt die Materialflüsse den verschiedenen Funktionsbereichen zu. Der Leistung der Weibchen bei der Nachwuchsproduktion entsprechen bei den Männchen die Verbesserung der Kondition oder die Ausbildung von scheinbaren Luxusbildungen. Nicht das Äußere, sondern das Innere legt fest, wie groß die Variation, wie ausgeprägt die Individualität werden darf, ohne die Funktionsfähigkeit des Ganzen zu stören oder gar zu zerstören. Wir haben vorgebracht, welch eminent wichtige Rolle den Krankheitserregern und Parasiten dabei zukommt. Sie – und wer würde das ohne vertiefte Betrachtung der Vorgänge glauben wollen –, sie sind es, die Schönheit fördern. Die von ihnen ausgehende Form der Natürlichen Selektion war Darwin noch weitgehend unbekannt. Inzwischen wissen wir aber, dass Krankheiten und Parasiten gleichsam als bildende Hände am Kunstwerk eines lebendigen Organismus wirken und dass sie zu den stärksten Triebkräften der Evolution gehören. Sie sind, um Mephisto aus Goethes *Faust* zu zitieren, «ein Teil von jener Kraft, die stets das Böse will und stets das Gute schafft». Deshalb brauchen auch wir Menschen immer wieder die Abweichung vom Ideal, weil uns eine allzu starke Annäherung daran zu anfällig, zu wenig lebenstüchtig machen würde. Aus gutem Grund schätzen wir unsere Individualität als nicht wiederholbare Einmaligkeit des einzelnen Menschen. Dass sie aus der Abweichung vom Ideal der Schönheit hervorgeht, mag jene etwas beruhigen, die von der Natur benachteiligt wurden. Für die von Schönheit Begünstigten gilt hingegen: Ihre Vorzüge bleiben nicht bestehen! Sie sind wie alle lebendige Schönheit vergänglich.

*Josef H. Reichholf & Miki Sakamoto*
*Februar 2011*

# Anhang

## Anmerkungen

**1** The Descent of Man, and Selection in Relation to Sex; dt.: Die Abstammung des Menschen und die geschlechtliche Zuchtwahl. | **2** Wie immer gibt es Ausnahmen. Die Großfußhühner scharren aus Erde und Pflanzen große Haufen auf, in denen sie von der Erdwärme ihre Eier ausbrüten lassen. Zur Kontrolle der Temperatur und zu ihrer eventuell notwendigen Regulierung müssen sie mit Kopf und Hals durchaus auch in diese Haufen hinein. Ihr Kopfgefieder entwickelt dementsprechend keine Schmuckfedern. | **3** Zahavi gibt eine Menge Beispiele für Verhaltensweisen, die sich aus seiner Sicht mit dem Handicap-Prinzip erklären lassen. Besonders ergiebig ist die Menschenwelt. Man kann sich des Eindrucks nicht erwehren, dass es für ihn schlussendlich nichts mehr gibt, was sich nicht mit einem Handicap erklären ließe. Das macht sein «Prinzip» jedoch verdächtig. Wenn alles ein Handicap ist, lässt sich das Prinzip nicht widerlegen. Man kann es nicht einmal mehr auf einen bestimmten Wirkungsbereich eingrenzen. Dieses Problem der Überprüfbarkeit wird später erneut und ausführlicher aufgegriffen. Hier soll der Hinweis darauf genügen.

# Literatur

Alcock, J. (1975): Animal Behavior – An evolutionary approach. Sunderland, Mass.

Andersson, M. (1994): Sexual Selection. Princeton, N.J.

Angier, N. (2000): Frau. Eine intime Geographie des weiblichen Körpers. München

Aubrecht, G. & G. Holzer (2000): Stockenten. Leopoldsdorf

Bagemihl, B. (1999): Biological Exuberance. Animal Homosexuality and Natural Diversity. New York

Balabanova, S. (1993): ... aber das Schönste war ihr Haar, es war rot wie Gold ... Ulm

Bammes, G. (1975): Die Gestalt des Tieres. Leipzig

Barrow, J.D. (1997): Der kosmische Schnitt. Die Naturgesetze des Ästhetischen. Heidelberg

Benedikt, R. (1955): Urformen der Kultur. Reinbek bei Hamburg

Berlyne, D.E. (1971): Aesthetics and Psychobiology. New York

Bezzel, E. (1985 u. 1993): Kompendium der Vögel Mitteleuropas. Nichtsingvögel & Singvögel. Wiesbaden

Brentjes, B. (1982): Der Tierstil in Eurasien. Leipzig

Bruns, M. (2005): Die Weisheit des Auges. Stuttgart

Buss, L.W. (1987): The evolution of individuality. Princeton

Clutton-Brock, T.H., F.E. Guinness & D.S. Albon (1978): Red Deer – Behaviour and Ecology of Two Sexes. Chicago

Conniff, R. (2003): Magnaten und Primaten. Über das Imponiergehabe der Reichen. München

Darwin, C.R. (1859): On the origin of species by mean of natural selection. London (dt.: Über die Entstehung der Arten durch natürliche Zuchtwahl oder die Erhaltung der begünstigten Rassen im Kampf ums Dasein. Stuttgart 1920)

Darwin, C.R. (1871): Die Abstammung des Menschen und die geschlechtliche Zuchtwahl. Leipzig

Dawkins, R. (1995): Das egoistische Gen. Heidelberg

Diamond, J. (1998): Warum macht Sex Spaß? München

Drößler, R. (1980): Kunst der Eiszeit. Leipzig

Durrer, H. (1962): Schillerfarben beim Pfau. – Verhandlungen der Naturforschenden Gesellschaft Basel 73: 204–224.

Eberhardt, W. G. (1985): Sexual Selection and Animal Genitalia. Cambridge, Mass.

Eco, U. (2006): Die Geschichte der Schönheit. München

Eibl-Eibesfeldt, I. (1970): Liebe und Haß. München

Eibl-Eibesfeldt, I. (1987): Grundriß der Vergleichenden Verhaltensforschung. München

Ellenberg, H. (1978): Zur Populationsökologie des Rehs (*Cyapreolus capreolus* L., Cervidae) in Mitteleuropa. Spixiana Supplement 2, München

Etcoff, N. (2001): Nur die Schönsten überleben – Die Ästhetik des Menschen. München

Ferrari, M. (1993): Farben im Tierreich. Leipzig

Finlay, V. (2003): Das Geheimnis der Farben. München

Fischer, E. P. (1997): Das Schöne und das Biest. München

Fouts, R. (1998): Unsere nächsten Verwandten. München

Fox, D. L. (1976): Animal Biochromes and Structural Colors. Berkeley

Freedman, R. (1989): Die Opfer der Venus. Vom Zwang, schön zu sein. Stuttgart

Friday, N. (1997): Die Macht der Schönheit. München

Füller, H. (1995): Die Schönheit der Tiere. Leipzig

Genz, H. (1992): Symmetrie – Bauplan der Natur. München

Glutz von Blotzheim, U., Hrsg. (1966–1997): Handbuch der Vögel Mitteleuropas. Wiesbaden

Gould, S. J. (1974): The origin and function of «bizarre» structures: antler size and skull size in the «Irish Elk», Megaloceros giganteus. – Evolution 28: 191–220

Gould, S. J. (2002): The Structure of Evolutionary Theory. Harvard, Mass.

Grammer, K. (1995): Signale der Liebe. München

Grant, P. R. (1986): Ecology and Evolution of Darwin's Fiches. Princeton, N. J.

Guggenberger, B. (1997): Einfach schön. München

Haeckel, E. (1879): Das System der Medusen. Jena

Haeckel, E. (1904): Kunstformen der Natur. Leipzig

Hampel, L. (1981): Das Verbergen und Maskieren in der Mode. – Matreier Gespräche: Maske – Mode – Kleingruppe. Wien

Hargittai, I. & M. (1998): Symmetrie. Eine neue Art, die Welt zu sehen. Reinbek bei Hamburg

Harrison, G. P. (2001): Der Adonis-Komplex. Schönheitswahn und Körperkult bei Männern. München

Hatt, H. & R. Dee (2008): Das Maiglöckchen-Phänomen. Alles über das Riechen und wie es unser Leben bestimmt. München

Hauner, A. & E. Reichart, Hrsg. (2004): Body Talk. Der riskante Kult um Körper und Schönheit. München

Heinroth, O. (1941): Pfauen- und Truthahnbalz. – Zeitschrift für Tierpsychologie 4: 330–332

Hemenway, P. (2008): Der geheime Code. Köln

Hersey, G. L. (1998): Verführung nach Maß. Berlin

Hogan-Warburg, A. J. (1966): Social behaviour of the Ruff Philomachus pugnax. – Ardea 54: 109–129

Ings, S. (2008): Das Auge. Meisterstück der Evolution. Hamburg

Ivanov, V. (1983): Gerade und Ungerade. Stuttgart

Kandinsky, W. (1955): Essays über Kunst und Künstler. Stuttgart

Koenig, O. (1970): Kultur und Verhaltensforschung. München

Krebs, J. R. & N. B. Davies (1984): Einführung in die Verhaltensökologie. Stuttgart

Lavers, C. (2001): Warum Elefanten große Ohren haben. Bergisch Gladbach

Lewis, M. (1993): Scham. Annäherung an ein Tabu. Hamburg

Lorenz, K. (1963): Das sogenannte Böse. Wien

Loschek, I. (1991): Mode – Verführung und Notwendigkeit. München

Lythgoe, J. N. (1970): The ecology of vision. Oxford

Maaz, H.-J. (2003): Der Lilith-Komplex. München

Maynard Smith, J. (1976): Sexual selection and the handicap principle. – Journal of Theoretical Biology 57: 239–242.

McMahon, T. A. & J. T. Bonner (1985): Form und Leben. Heidelberg

McNeill, D. (2001): Das Gesicht – Eine Kulturgeschichte. München

Menninghaus, W. (2007): Das Versprechen der Schönheit. Frankfurt

Menninghaus, W. (2008): Kunst als ‹Beförderung des Lebens›. München

Möbius, K. (1908): Ästhetik der Tierwelt. Jena

Møller, A. P. (1994): Sexual selection and the barn swallow. Oxford

Møller, A. P. (1990): Sexual behaviour is related to badge size in the house sparrow Passer domesticus. – Behavioural Ecology and Sociobiology 27: 23–29.

Morris, D. (1968): Der nackte Affe. München

Naumann, F. (2000): Schöne Menschen haben mehr vom Leben. Frankfurt

Niemitz, C. (2004): Das Geheimnis des aufrechten Gangs. München

Nørretranders, T. (2004): Homo generosus. Reinbek bei Hamburg

Nørretranders, T. (2004): Über die Entstehung von Sex durch generöses Verhalten. Reinbek bei Hamburg

Orians, G. (1969): On the evolution of mating systems in birds and mammals. – The American Naturalist 103: 589–603.

Penz, O. (2001): Metamorphosen der Schönheit. Wien

Petrie, M., T. Haffiday & C. Sandres (1991): Peahens prefer peacocks with elaborate trains. – Animal Behavior 41: 323–331.

Portmann, A. (1948): Die Tiergestalt. Basel

Portmann, A. (1994): Vom Wunder des Vogellebens. München

Posch, W. (1999): Körper machen Leute. Frankfurt

Reichholf, J. H. (1990): Das Rätsel der Menschwerdung. München

Reichholf, J. H. (1992): Der schöpferische Impuls. Eine neue Sicht der Evolution. München

Reichholf, J. H. (1993): Comeback der Biber. München

Reichholf, J. H. (1996): Die Feder, die Mauser und der Ursprung der Vögel. – Archaeopteryx 14: 27–38.

Reichholf, J. H. (2001): Gemeinsam gegen die Anderen: Evolutionsbiologie kultureller Differenzierung. – Abhandlungen der Bayerischen Akademie der Wissenschaften, Philosophisch-Historische Klasse, Neue Folge 120: 270–281

Reichholf, J. H. (2003): Der Riesenhirsch *Megaloceros giganteus* und die Funktion seines Schaufelgeweihs. – Archaeopteryx 21: 19–32

Reichholf, J. H. (2008): Warum die Menschen sesshaft wurden. Frankfurt

Reichholf, J. H. (2009): Warum wir siegen wollen. Frankfurt

Renz, U. (2006): Schönheit. Berlin

Ridley, M. (1981): How the peacock got its tail. – New Scientist 91: 398–401

Ridley, M. (1995): Eros und Evolution. München

Riedl, R. (1975): Die Ordnung des Lebendigen. Hamburg

Rothenberg, D. (2007): Warum Vögel singen. Heidelberg

Sager, E. (1955): Morphologische Analyse der Musterbildung beim Pfauenrad. – Revue Suisse Zoologie 62: 25–127

Schad, W. & K.-P. Endres (1997): Biologie des Mondes. Stuttgart

Schlette, L. (1988): Von Lucy bis Kleopatra. Die Frau in der frühen Geschichte. Berlin

Schumacher, G.-H. (1996): Monster und Dämonen. Berlin

Sommer, V. (1979): Die Affen. Unsere wilde Verwandtschaft. Hamburg

Thompson, d'A. W. (1973): Über Wachstum und Form. Stuttgart

Uexküll, J. J. von (1909): Umwelt und Innenwelt der Tiere. Reinbek bei Hamburg (Nachdruck)

Uhl, M. & E. Voland (2002): Angeber haben mehr vom Leben. Heidelberg

Valéry, P. (1959): Über Kunst. Frankfurt

Van Lawick-Goodall, J. (1971): Wilde Schimpansen. Reinbek bei Hamburg

Voigt, A. (1961): Exkursionsbuch zum Studium der Vogelstimmen. Würzburg (Reprint Wiesbaden)

Voland, E. (1993): Grundriß der Soziobiologie. Stuttgart

Waal, F. de (1991): Wilde Diplomaten. München

Wachtel, S. & A. Jendrusch (1990): Das Linksphänomen. Berlin

Weiner, J. (1994): Der Schnabel des Finken. München

Wickler, W. (1968): Mimikry. München

Wolf, N. (1991): Der Mythos Schönheit. Reinbek bei Hamburg

Wörner, U. (2002): Der Salome-Komplex. Vom Zwang, schön zu sein, und wie man sich davon befreit. Stuttgart

Zahavi, A. & A. (1998): Signale der Verständigung. Das Handicap-Prinzip. Frankfurt

E-Mail-Kontakt: reichholf-jh@gmx.de

## Bildnachweis

Tafel 1:           Florian Möllers
Tafel 2:           Florian Möllers
Tafel 3 oben:      Günther Holzer
Tafel 3 unten:     Josef H. Reichholf
Tafel 4 oben:      Dieter Damschen
Tafel 4 unten:     Markus Botzek
Tafel 5 oben:      Deutsche Wildtierstiftung / T. Martin
Tafel 5 unten:     Deutsche Wildtierstiftung / M. Begander
Tafel 6:           Josef H. Reichholf
Tafel 7:           picture-alliance / united-archives / mcphoto
Tafel 8:           Josef H. Reichholf
Tafel 9:           Nach einer Fotografie von Alfred Limbrunner, Dachau
Tafel 10:          Josef H. Reichholf
Tafel 11:          Ernst Haeckel, Das System der Medusen, Jena 1879, Tafel XX
Tafel 12:          Josef H. Reichholf
Tafel 13:          www.beautycheck.de
Tafel 14:          akg-images / Erich Lessing
Tafel 15:          akg-images / Rabatti – Domingie
Tafel 16:          akg-images / Album

# Register

Natur und Biologie bei C.H.Beck

Wolfgang Behringer
*Kulturgeschichte des Klimas*
Von der Eiszeit bis zur globalen Erwärmung
5., aktualisierte Auflage. 2010
352 Seiten mit 44 Abbildungen. Gebunden

Thomas Junker / Sabine Paul
*Der Darwin-Code*
Die Evolution erklärt unser Leben
2. Auflage. 2009
224 Seiten mit 22 Abbildungen im Text. Gebunden

Hansjörg Küster
*Geschichte der Landschaft in Mitteleuropa*
Von der Eiszeit bis zur Gegenwart
4., vollständig überarbeitete und aktualisierte Auflage. 2010
448 Seiten mit 220 überwiegend farbigen Abbildungen und Karten
Broschiert

Josef H. Reichholf
*Die Zukunft der Arten*
Neue ökologische Überraschungen
2., durchgesehene Auflage. 2006
237 Seiten mit 46 Abbildungen. Gebunden

Eckart Voland
*Die Natur des Menschen*
Grundkurs Soziobiologie
2007. 175 Seiten mit 7 Abbildungen und 2 Tabellen
Gebunden

Lewis Wolpert
*Wie wir leben und warum wir sterben*
Das geheime Leben der Zellen
Aus dem Englischen von Elsbeth Ranke
2009. 240 Seiten. Gebunden

**Verlag C.H.Beck**